高等学校"十四五"规划教材·无人机应用技术

无人机空气动力学与飞行原理

（第 2 版）

符长青　编著

西北工业大学出版社

西　安

【内容简介】 本书是在《无人机空气动力学与飞行原理》(第1版)的基础上修订而成的。全书共分4篇12章。第一篇基础篇,包括2章:第1章无人机空气动力学基本知识,第2章无人机飞行原理与翼型特性。第二篇固定翼无人机篇,包括3章:第3章固定翼无人机空气动力学,第4章固定翼无人机飞行平衡、稳定性和操纵性,第5章固定翼无人机的飞行性能分析。第三篇旋翼无人机篇,包括3章:第6章旋翼无人机空气动力学,第7章旋翼无人机飞行平衡、稳定性和操纵性,第8章旋翼无人机飞行性能分析。第四篇电动垂直起降飞行器篇,包括4章:第9章电动垂直起降飞行器基本知识,第10章电动垂直起降飞行器气动布局,第11章多旋翼电动垂直起降飞行器气动布局,第12章复合无人机与复合电动垂直起降飞行器气动布局。

本书取材新颖、内容丰富、深入浅出、概念清楚易懂,具有很强的可操作性,适合作为高等学校相关专业学生的专业课程教材,也适合作为从事无人机,包括电动垂直起落飞行器在内的科研、生产制造、使用运维和培训机构工作人员,以及广大无人机爱好者的学习和培训教材。对于希望全面了解无人机,包括电动垂直起落飞行器在内的空气动力学与飞行原理知识的各类读者,本书也是一本较好的参考读物。

图书在版编目(CIP)数据

无人机空气动力学与飞行原理 / 符长青编著. —2版. —西安:西北工业大学出版社,2023.10(2024.8重印)
ISBN 978 - 7 - 5612 - 8826 - 9

Ⅰ. ①无… Ⅱ. ①符… Ⅲ. ①无人驾驶飞机-空气动力学 ②无人驾驶飞机-飞行原理 Ⅳ. ①V279

中国国家版本馆 CIP 数据核字(2023)第 133803 号

WURENJI KONGQI DONGLIXUE YU FEIXING YUANLI

无 人 机 空 气 动 力 学 与 飞 行 原 理

符长青 编著

责任编辑:杨 军		策划编辑:杨 军	
责任校对:孙 倩		装帧设计:董晓伟	

出版发行 西北工业大学出版社
通信地址 西安市友谊西路 127 号 邮编:710072
电　　话 (029)88491757,88493844
网　　址 www.nwpup.com
印 刷 者 兴平市博闻印务有限公司
开　　本 787 mm×1 092 mm 1/16
印　　张 16.75
字　　数 440 千字
版　　次 2018 年 6 月第 1 版 2023 年 10 月第 2 版 2024 年 8 月第 2 次印刷
书　　号 ISBN 978 - 7 - 5612 - 8826 - 9
定　　价 59.00 元

第 2 版前言

无人机是一种机上没有搭载驾驶员,由无线电遥控的自动化、智能化驾驶的飞行器。它是高科技、新技术的集中载体,具有体积小、造价低、效费比高、生存能力强、机动性能好、操作简单、使用方便、用途广泛等许多优点,可广泛应用于民用和军事的各领域。

电动垂直起降飞行器是以电能或油电混合系统为动力,无须专用飞行跑道即可实现垂直起落的飞行器,它是为了解决城市地面交通拥堵,在多旋翼无人机基础上发展起来的一种新型空中交通工具。目前,随着电动垂直起降飞行器概念的提出,有三种不同类型的航空器:

(1)有人驾驶航空器。航空器上有人,要有人(飞行员)驾驶,如固定翼飞机和直升机。

(2)无人驾驶航空器。航空器上无人,没有飞行员和乘客,如固定翼无人机和旋翼无人机。

(3)电动垂直起降飞行器。航空器上有人(乘客),但机上没有飞行员,无人驾驶,全自主飞行。

航空器上有人还是无人,对航空器的气动布局、总体结构设计和要求有很大的差别,因为在进行航空器气动布局和总体结构设计时,如果航空器上有人首先要考虑的是机上人员的安全,安全第一,毋庸置疑。虽然电动垂直起降飞行器与无人机一样,都不需要飞行员驾驶,但是它与无人机不同的是,电动垂直起降飞行器上有人(乘客),因而既要确保电动垂直起降飞行器飞行安全,又要满足乘客乘坐方便、舒适的要求,即电动垂直起降飞行器的总体结构设计要在具有自主飞行能力的无人机基础上增加乘客座舱,包括座椅、安全带及其他确保乘客安全的设施。

在当前激烈的全球市场竞争中,无人机应用领域的拓展速度非常快,使世界无人机市场近年来获得了超乎寻常的迅猛发展。有数据预测未来 10 年,国内外无人机市场规模有望超预期实现年均 30% 以上的加速增长。特别是近几年来,世界各国的地面二维交通,尤其是对于大城市来说,道路利用率基本上已经到了一个极限。大城市的路网规划和其他商业用地、住宅用地之争,早就是一个很严重的问题,道路堵车尤其严重,浪费和消耗了大量的社会资源。为了解决这一难题,电动垂直起降飞行器作为空中三维交通工具应运而生,其核心是垂直起降、无污染、低噪声以及全自主飞行。

本书在修订过程中增加了电动垂直起降飞行器空气动力学与飞行原理的相关内容。使学生能够进一步了解到无人机发展的趋势和方向,也能使学生的眼界更加开阔,奋斗努力的目标更加明确。

为了深化我国创新创业教育改革,优化专业结构,提高教学质量,促进学生在创新创业中全面发展,适应和服务经济社会发展和国家战略需求,把创新创业教育融入人才培养体系,改革教育教学内容方法,改进课程,强化实践。本书着眼于切实深入推进高等学校创新创业教育改革的责任感和紧迫感,全面提高人才培养质量,为促进大众创业、万众创新和建设创新型国家提供有力人才支撑。为了便于教学需要,本书配有相应的教学课件,请登录 https://gdsy. nwpu. edu. cn/♯/home 下载。

本书层次分明,体系完整,适合作为高等学校相关专业学生的专业课程教材,也适合作为从事无人机科研、生产制造、使用运维和培训机构工作人员,以及广大无人机爱好者的学习和培训教材,对于希望全面了解无人机空气动力学与飞行原理知识的各类读者,本书也是一本较好的参考读物。

在编写本书的过程中,参阅了相关文献资料,在此,谨向其作者表示衷心感谢。

由于水平有限,书中难免有不足之处,敬请各位同行、专家和读者指正(fcq828@163.com)。

编　者
2022 年 12 月

第1版前言

无人机(无人驾驶飞机,英文为 Unmanned Aerial Vehicle)是一种机上没有搭载驾驶员,由无线电遥控的自动化、智能化的飞行器。一般来说无人机分为固定翼无人机和旋翼无人机两大类,无人机是高科技、新技术的集中载体,具有体积小、造价低、效费比高、生存能力强、机动性能好、操作简单、使用方便、用途广泛等优点,可广泛应用于民用和军事的诸多领域。

无人机与有人驾驶飞行器(以下简称有人机)相比有许多不同,包括使用和功能上的差别,而造成这些差别的根本因素就是"人"。无"飞行员座舱"是无人机的主要特点,正是这一特点,成就了无人机使用上的特殊优越性。对于任何一种无人机来说,基本上都具备以下四个方面的突出优势:

(1)效用成本比较低,机动性好,使用方便。无人机可以毫无顾忌地执行各种高危险任务,例如战场侦察,尤其是对敌纵深目标的侦察。对于有人机而言,战场侦察历来都是一项十分危险的任务。这种危险不仅来自于飞行员的生命受到威胁,而且一旦有人驾驶侦察机的飞行员被对方俘虏或扣留,必然会引起政治和外交上的很大麻烦。因此,无人机可以避免人员伤亡代价,使用成本比较低。

战场上的危险任务还包括对敌防空压制、攻击和电子战等。另外,无人机在民用领域也发展迅速,已有许多领域在使用,例如电力巡检、应急救灾、反恐监视等,这些都可以由无人机去完成。

(2)生存能力强。无人机可以长时间持续飞行,在很大程度上提高了作战能力和作战效能。由于无须考虑飞行员的生理承受力等因素,无人机的尺寸、过载、飞行高度等完全可依据任务需要来设计,因而可以在隐蔽性、灵活性、机动性方面表现得非常出色。例如,无人机可以飞到有人机无法进入的高空而获得宝贵的高度优势,可以不知疲倦地长时间进行侦察监视而使目标无处遁形,可以战时急速飞越别国领空而不被对方锁定,可以出其不意地锁定并实时打击时敏目标,还可以像昆虫一样进入窄小区域侦察而不为人所知等。这些有人飞机无法企及的性能优势极大地拓展了无人机的应用空间。

(3)生产成本低。无人机的研制、生产和使用成本明显低于有人机。由于"无人"的原因,无人机在设计时完全不必考虑飞行员(人)的需求,进而可简化机载设备和平台的设计要求,使得无人机的研制、生产成本远远低于有人机。另外,无人机的使用、训练和维护费用也比有人机低得多。

(4)发展空间大。随着载人型多旋翼无人机的快速发展,载人的多旋翼无人机作为人们出行用新型的航空交通运输工具,具有可在自家后院或家门口起飞降落,飞行速度快,在途时间短,以及操作简单、安全可靠、舒适便捷等许多优点。载人型多旋翼无人机作为"飞行汽车",为人们创造了一种全新的交通方式,成为几乎人人都可以安全驾驶的飞行器。不久的将来,就会像如今地面上的小汽车一样,在人们的生活中普及开来,从而有助于解决许多大城市长期存在的地面交通拥堵等难题,成为居民不可或缺的交通运输工具。

在当前激烈的全球市场竞争中,无人机应用领域的拓展飞快,世界无人机市场近年来获得了迅猛发展。有统计数据预测,未来 10 年,国内外无人机市场规模有望超预期实现年均 30%以上的加速增长。

为了深化我国创新创业教育改革,优化专业结构,提高教育质量,促进学生在创新创业中全面发展,适应和服务经济社会发展和国家战略需求,把创新创业教育融入人才培养体系,改革教育教学内容方法,改进课程,强化实践。本书着眼于切实增强深入推进高等学校创新创业教育改革的责任感和紧迫感,全面提高人才培养质量,为促进大众创业万众创新和建设创新型国家提供有力人才支撑。为了便于教学需要,本书配有教学课件。

本书层次分明,体系完整,适合作为高等学校相关专业学生的专业课程教材,也适合作为从事无人机科研、生产制造、使用运维和培训机构工作人员,以及广大无人机爱好者的学习和培训教材,对于希望全面了解无人机空气动力学与飞行原理知识的各类读者,本书也是一本较好的参考读物。

由于水平与精力所限,书中难免有偏颇与不足之处,敬请各位同行、专家和读者指正。

编　者

2018 年 1 月

目　　录

第四篇　电动垂直起降飞行器篇

第一篇　基　础　篇

第1章　无人机空气动力学基本知识

1.1　无人机空气动力学的基本概念

无人机空气动力学属于飞行器空气动力学范畴。在各类飞行器、各类流体运动形态，以及各种流体介质中，空气动力学或流体力学的普遍方程（连续方程、动量方程和能量方程）与基本解法是相通的。

1.1.1　空气动力学的定义和研究方法

1.空气动力学的定义

空气动力学来源于流体力学。流体力学是物理学的一个重要分支，它主要研究流体本身的静止状态和运动状态，以及流体和固体界壁间有相对运动时的相互作用和流动的规律。流体动力学研究的是流体运动时，其运动规律和作用力的规律。

空气动力学主要研究物体和空气之间有相对运动，即物体在空气中运动时，空气的运动规律及作用力所服从的规律，具体包括气体在相对运动情况下的受力特性、气体流动规律和伴随发生的物理化学变化。传统意义上的空气动力学，是指飞行器的空气动力学。

2.空气动力学的研究方法

空气动力学是航空技术研究的重要组成部分，是飞行器气动布局设计的理论依据。其研究方法，如同物理学各个分支的研究方法一样，包括实验研究、理论分析和数值计算三种方法。

这些方法并不相互排斥,而是相互补充的。另外,通过恰当的空气动力学知识还可以寻求最好的飞行器气动布局形式、确定整个飞行范围内作用在飞行器上的力和力矩,以得到其最终性能,并保证飞行器的操纵性、稳定性与飞行安全。

(1)实验研究方法

实验研究方法主要依靠风洞、水洞、激波管以及测试设备进行模型试验或飞行试验。其优点在于,依据相似理论,它能在与所研究的问题完全相同或大体相同的条件下,进行模拟与观测,因此所得结果较为真实、可靠。但是,实验研究方法会受到一定的限制,例如,受模型尺寸的限制和实验条件的影响。此外,实验测量的手段也会影响所得结果的精度,并且实验通常要耗费大量的人力和物力。

(2)理论分析方法

理论分析方法一般包括以下步骤:

1)通过实验或观察,对问题进行分析研究,找出影响其的主要因素,忽略因素的次要方面,从而抽象出近似合理的理论模型。

2)运用基本定律、原理和数学分析,建立描述问题的数学方程,以及相应的边界条件和起始条件。

3)利用各种数学方法准确或近似地解出方程。

4)对所得结果进行分析、判断,并通过必要的实验与之比较,确定其精度和适用范围。

5)考虑未计及的因素,对公式或结果进行必要的修正。

理论分析方法的特点在于,它的科学、抽象,能够利用数学方法求得理论结果,以揭示问题的内在规律。然而,由于受到数学发展水平的限制以及理论模型抽象的简化,难以得到工程上认为满意的有价值结果。

(3)数值计算方法

自20世纪70年代以来,随着大型高速电子计算机的不断更新与发展,以及一系列有效的近似计算方法(例如有限差分法、有限元素法和有限基本解法等)的发展,数值计算方法在空气动力学研究中的作用和地位不断提高。与实验方法相比,其研究所需费用较少,对某些无法进行实验而又难以做出理论分析的问题,采用数值方法进行研究,可以得到解决。当然,数值方法也有其不足,需要不断发展与完善。

综上所述,实验研究、理论分析和数值计算这三种方法各有利弊,只有扬长避短,相互促进,相互补充,协同共进,才能更好地推动空气动力学的研究与发展。

1.1.2 无人机空气动力学的定义、内容和工具

1.无人机空气动力学的定义

无人机空气动力学是研究无人机与周围空气有相对运动时所产生的空气动力的一门科学,它是将空气动力学的普遍原理应用到无人机这一特定研究对象上。无人机包括固定翼无人机和旋翼无人机两大类型,因此无人机空气动力学的研究对象也就有针对性地分为固定翼无人机空气动力学和旋翼无人机空气动力学两部分。

2.无人机空气动力学研究的内容

无人机空气动力学研究的主要内容如下:

(1)基本理论方面

阐明无人机飞行过程中与周围空气相互作用的空气动力现象、流动现象、流场分布等,分析空气流动时无人机的受力情况,以便对无人机的几何外形进行改造,来改善无人机的气动特性,提高无人机的飞行性能,增进飞行品质。

(2)性能计算方面

在理论和实验的基础上,分析主要构造参数对无人机飞行性能的影响,建立无人机的空气动力计算方法,为无人机设计所用。

(3)飞行力学方面

它主要包括性能计算(例如速度、高度、航程和燃油消耗量的定量计算)、飞行动力学正解技术以及飞行动力学逆解技术(即由给定的飞行轨迹求解所需的操纵规律等)。

(4)飞行品质方面

研究整架无人机的平衡问题及其对控制系统与功率变化的反应;分析无人机在各种飞行状态下的稳定性及操纵性,包括对大气紊流的反应及如何控制的问题;等等。

1.2 大气飞行环境的基本知识

大气飞行环境主要指飞行器在大气层内飞行时所处的环境条件。大气环境对无人机的空气动力性能、发动机的工作状态、操纵人员都有非常重要的影响。只有了解和掌握了大气的特性和变化规律,并设法克服或减少大气飞行环境对无人机的影响,才能保证无人机安全、可靠地飞行。

1.2.1 大气飞行环境的定义和组成

1. 大气飞行环境的定义

大气层又叫大气圈,是指环绕在地球周围的空气层,地球就被这一层很厚的大气层包围着。飞行器在大气层内飞行时所处的环境条件,称为大气飞行环境。包围地球的空气层,即大气是航空器的唯一飞行活动环境,也是导弹和航天器的重要飞行环境。

在地球引力作用下,大量气体聚集在地球周围,形成数千千米的大气层。气体密度随离地面高度的增加而变得愈来愈稀薄。探空火箭在 3 000 km 高空仍发现有稀薄大气,有人认为,大气层的上界可能延伸到离地面 6 400 km 左右。

2. 大气的组成

包围在地球周围的一层气体,称为大气。大气是混合气体,其组成成分是地球长期演化的结果。据科学家估算,大气质量约 6 000 万亿 t,约占地球总质量的百万分之一。大气由干空气、水分及悬浮其中的粉尘颗粒物组成。

1)干空气的组成包括 78%的氮气、21%的氧气,以及少量的其他气体,例如氩气、二氧化碳、氖气和臭氧等。

2)水蒸气是低层大气的重要成分,含量不多,只占大气总容积的 0.4%,是大气中含量变化最大的气体。大气中的水蒸气主要来自地表海洋、江、河、湖等水体表面的蒸发和植物体的蒸腾,并通过大气垂直运动输送到大气高层。水分子是云、雨水、雾等形成的必要条件,参与全球的水循环。

3)粉尘颗粒物主要是悬浮在大气中的固态、液态的微粒,主要来源于有机物燃烧的烟粒、风吹扬起的尘土、火山灰尘、宇宙尘埃、海水浪花飞溅起的盐粒、植物花粉、细菌微生物以及工业排放物等,大多集中在大气底层。大气杂质对太阳辐射和地面辐射具有一定的吸收和散射作用,影响着大气温度的变化。杂质大部分是吸湿性的,往往成为水汽凝结核心。

1.2.2 大气的分层

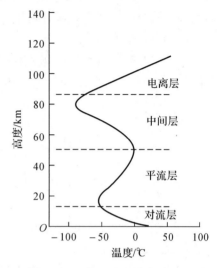

图 1-1 大气层分布示意图

大气层的空气密度随高度的增加而减小,越高空气越稀薄,但没有明显的界线。整个大气层随高度不同表现出不同的特点,大气层从地球表面向上分为对流层、平流层、中间层、电离层(暖层)和散逸层,再上面就是星际空间了,大气层分布示意图,如图 1-1 所示。航空器飞行的大气环境是对流层和平流层。

1. 对流层

对流层是最接近地球表面的一层大气层,该层空气的移动是以上升气流和下降气流为主的对流运动,故称作"对流层"。对流层最显著的特点是有强烈的对流运动,是天气变化最复杂的层次。地球上的水受太阳照射而蒸发,水蒸气几乎都存在于对流层,刮风、下雨、降雪等天气现象也都发生在对流层内。恶劣的天气条件会危及飞行安全,因此对流层是对飞行影响最严重的大气层。

对流层是大气中最稠密的一层。由于地球引力作用,对流层集中了全部大气质量的 3/4。但它的厚度在地球各处不一,其下界与地面相接,上界高度随地理纬度和季节的变化而变化。在低纬度地区(如赤道上空)平均高度为 17~18 km,在中纬度地区平均高度为 10~12 km,南北极地区平均高度为 8~9 km,并且夏季高于冬季。

2. 平流层

平流层位于对流层之上,其上界伸展到 50~55 km。在平流层内,气流主要表现为水平方向运动,对流现象减弱,因此这一大气层叫作"平流层",又称"同温层"。由于平流层内基本上没有水蒸气,晴朗无云,很少发生天气变化,而且在平流层中,空气没有垂直方向运动,只有水平方向的风,气流平稳,空气阻力小,是航空器比较理想的飞行空间,目前大型客机大多飞行于平流层。

平流层空气稀薄,所包含的大气质量占整个大气质量的 1/4 左右。在平流层高处,氧分子在紫外线作用下,形成臭氧层,像一道屏障保护着地球上的生物免受太阳高能粒子的袭击。大气层随着高度的增加,气温最初基本保持不变(约 -56.5 ℃),这是因为受地面温度影响较小,到 20 km 以上,气温升高较快,到了平流层顶气温升至 0~20 ℃,其原因是该大气层存在大量臭氧能直接吸收太阳辐射的热。

3. 中间层

中间层位于平流层之上,距地球表面 50~85 km。这一层空气更为稀薄,质量仅占整个大气质量的 1/3 000。该层的突出特征是气温随高度的增加而迅速降低,在这一层的顶部气温可低至 160 K,几乎是整个大气层中的最低温度。这种温度垂直分布有利于气流垂直运动发展,因而空气的垂直对流强烈。

4.电离层

中间层之上是电离层,该层顶端距离地平面大约 800 km。这层的大气已极稀薄,其温度因为大气大量吸收太阳紫外线辐射而升高,层内温度很高,所以也称"暖层"。该大气层的另一个重要特征是空气处于部分电离或完全电离的状态,存在相当多的自由电子和离子,能反射无线电短波,从而使得在地面上可以实现短波无线电通信。许多有趣的天文现象,如极光、流星等都发生在电离层中。电离层的变化会影响飞行器的无线电通信。

5.散逸层

散逸层在电离层之上,即距离地平面 800 km 以上的大气层,是地球大气的最外层,由带电粒子所组成。该层空气极其稀薄,同时又远离地面,受地球的引力作用较小,因而大气分子不断地向星际空间逃逸。大气外层的上界为 2 000～3 000 km,航天器脱离这一层后便进入了太空。

1.3 大气的基本物理性质

物体在大气中做相对运动时,会受到空气对它的作用力和力矩。这些力和力矩的分布情况及其合力,不仅取决于物体的形状(包括运动时的姿态)和速度,还取决于气体的属性,如密度、黏性、弹性、传热性和流动性等。

1.3.1 连续介质假设和空气特性

1.连续介质假设

气体与固体不同,气体没有确定的几何形状。把气体盛入某容器内,它的形状就取决于该容器的几何形状。气体总是能够充满容纳它的整个容器。

空气动力学认为,物体在大气中运动时,空气受到物体的扰动,必然是大量气体分子一起运动的。因此,一般不需要详细地研究气体分子的个别运动,而是研究气体的宏观运动。可以把气体看成是连绵一片的、没有间隙的、充满了它所占据的空间的连续介质,即连续介质假设。

连续介质假设在空气动力学中很重要。根据连续介质假设,可以把气体介质的一切物理属性(如密度、速度、压强等)都看作是空间的连续函数。因此,在解决空气动力学实际问题时,就可以应用数学分析这一有力工具来处理。

2.空气密度

空气密度是指单位体积内的空气质量。在连续介质假设的前提下,对气体微团乃至气体内部某一几何点处的密度给出如下定义:质量为 m 的空气,如果其体积为 V,则密度 ρ 为空气密度,ρ 的国际单位为千克每立方米(kg/m^3)。

$$\rho = \frac{m}{V} \tag{1-1}$$

空气是由分子组成的,空气的密度大,说明单位体积内的空气分子多,比较稠密;反之,空气密度小,则空气比较稀薄。大气层的空气密度随高度的增加而减小,越高空气越稀薄。在 10 km 高度下,空气密度只相当于海平面空气密度的 1/3。空气密度随高度的这种变化,不仅对作用在固定翼无人机上的空气动力大小有影响,还对发动机产生的推力大小有很大影响。随着空气密度的减小,发动机功率会相应减小并产生其他方面的变化。

3. 空气温度

空气温度是指空气的冷热程度，主要有三种标定方法：摄氏温度、华氏温度和绝对温度。大多数国家用摄氏温度来表示，单位是摄氏度（℃）；少数国家和地区（如美国）使用华氏温度，单位是华氏度（℉）。两种单位的换算公式为

$$t_C = (t_F - 32) \times \frac{5}{9} \tag{1-2}$$

式中：t_C 为摄氏温度（℃）；t_F 为华氏温度（℉）。

理论计算中常用热力学温度来表示，单位是开尔文（K）。热力学温度和摄氏温度之间的换算公式为

$$T_K = t_C + 273.15 \tag{1-3}$$

式中：T_K 为热力学温度（K）。

在大约 11 km 高度以下的大气层内，随着高度增加，大气温度下降，近似按线性变化。

4. 空气压力

空气压力是指空气的压强，即物体单位面积上所承受的空气的垂直作用力。压力单位帕（Pa），表示力为 1 N 作用在 1 m² 上，1 Pa＝1 N/m²。

地球大气密度具有由地面向高空递减的特性，即单位体积的大气质量随高度的增加而递减，气压亦有相同的变化，即随着高度的增加，气压不断降低。大气压力随着高度的增加基本呈线性下降，航空器一直使用该规律来确定飞行的高度，如图 1-2 所示。固定翼无人机如果飞行高度太高，空气密度和空气压力很小，发动机的效率就会很低，因此固定翼无人机的飞行高度是有限制的，即所谓"升限"。

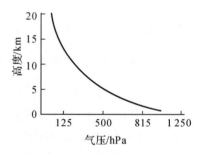

图 1-2　大气压力随高度的变化

5. 大气温度、密度和压力随高度的变化

（1）大气温度、密度和压力在海平面上的标准值

在海平面上的标准值为：$T_0 = 288.2$ K＝15 ℃；$p_0 = 101\,325$ N/m²＝760 mmHg＝1.034 kgf/cm²；$\rho_0 = 1.225$ kg/m³。其中下标"0"代表海平面（即高度为零）的参数值；气体压力单位也有用毫米汞柱（mmHg）表示的。在海平面上的空气压力 p_0 称为 1 个大气压，在工程计算中有时会简单地把 1 kgf/cm² 算作 1 个大气压。

（2）大气温度随高度的变化规律

1）在对流层中（高度 H 在 11 000 m 以下），空气温度递减。空气温度随高度分布的规律是高度每上升 1 000 m，温度下降 6.5 ℃。

2）在平流层中（高度 H 在 11 000～20 000 m 之间），温度保持为常数，$T = 216.7$，K＝ -56.5 ℃。

3）高度由 20 000 m 到 32 000 m，高度 H 每上升 1 000 m，温度上升 1 ℃。

（3）大气密度随高度的变化规律

1）由大气温度和大气压力计算大气密度，大气密度 ρ（kg/m³）可由当时大气温度 t（℃）和大气压力 p（mmHg）通过下式求出：

$$\rho = 0.465 p / (273.15 + t) \tag{1-4}$$

2) 粗略估算标准大气中空气的相对密度

ⅰ. 当高度 $H \leqslant 13$ km 时, 空气的相对密度 $\Delta = \rho_H / \rho_0$ 由下式计算:

$$\Delta = (20 - H)/(20 + H) \qquad (1-5)$$

ⅱ. 当高度 13 km $\leqslant H \leqslant 18$ km 时, 空气的相对密度 $\Delta = \rho_H / \rho_0$ 由下式计算:

$$\Delta = 0.315 \times (25 - H)/(5 + H) \qquad (1-6)$$

(4) 大气压力随高度的变化的规律

1) 当高度 $H \leqslant 11$ km 时, 空气的相对压力 (p_H / p_0) 由下式计算:

$$(p_H / p_0) = (1 - 0.022\,57H)^{5.256} \qquad (1-7)$$

2) 当高度 $H \geqslant 11$ km 时, 空气的相对压力 (p_H / p_0) 由下式计算:

$$(p_H / p_0) = 0.752\Delta \qquad (1-8)$$

1.3.2　空气的压缩性、黏性和国际标准大气

1. 空气的压缩性

空气的压缩性是指一定量的空气, 当其所受到的压力或温度改变时, 其密度或体积也要发生相应变化的物理性质。不同状态的物质, 其压缩性也不同, 液体对这种变化的反应很小, 因此一般认为液体是不可压缩的; 而气体对这种变化的反应很大, 一般认为气体是可压缩的。

工程实践表明, 当空气的流动速度不大时, 即对应于固定翼无人机低速飞行时, 空气的压力变化一般不大, 空气密度的变化很小, 空气的压缩性对固定翼无人机的飞行影响很小。因此, 在研究低速气流流动的规律时, 可以略去气流密度的变化而不考虑空气的压缩性, 认为密度是一个不变的数值, 把气流当成是不可压缩的气流, 这样研究低速气流问题比较方便, 而且不会影响空气动力计算结果的工程精度。但是, 当气流速度较高时, 即对应固定翼无人机高速飞行时, 速度变化所引起的压力变化较大, 由此而产生的气流密度的改变就不可忽略, 这时就必须考虑空气的压缩性。

2. 空气的黏性

空气的黏性是空气在流动过程中表现出的一种物理性质。空气的黏性力是相邻空气分子之间相互运动时产生的牵扯作用力, 也叫作空气的内摩擦力。造成空气具有黏性的主要原因是空气分子的不规则运动, 表现为气体的内摩擦。由于黏性的耗能作用, 在无外界能量补充的情况下, 运动的空气将逐渐停止下来。实验研究表明, 空气黏性大小取决于以下四个方面:

(1) 速度梯度

速度梯度越大, 相邻两层空气做不规则运动所引起的动量变化越大, 两层之间空气的牵扯力越大, 黏性力就越大。

(2) 空气温度

空气温度越高, 空气分子不规则运动速度越大, 空气层之间交换的分子数越多, 黏性越大。

(3) 气体性质

气体性质不同, 黏性力就不同。空气的黏性比氧气的黏性大, 因为空气的平均运动速度比氧气分子的平均运动速度大。

(4) 接触面积

空气层之间接触面积越大, 相互交换的空气分子就越多, 黏性力就越大。

一般情况下,空气对物体的黏性作用力可以不予考虑。通常把不考虑黏性的流体,称为理想流体。但对于像无人机那样在空气中快速运动的物体,空气在无人机外表面上的摩擦阻力已不是一个小数值量,因此必须考虑空气的黏性。

3. 国际标准大气

无人机的飞行性能与大气状态(温度、气压、密度等)密切相关,大气状态随着纬度、季节、时间、高度的不同而变化。随着大气状态的变化,无人机的空气动力和飞行性能也发生变化。因此,同一架无人机在不同地点做飞行试验,所得出的飞行性能会有不同,就是同一架无人机在同一地点同一高度试飞,只要季节和时间不同,所得出的飞行性能也会不同。为了在进行航空器设计、试验和分析时所用的大气物理参数不因地而异,必须建立一个统一的标准。为此,国际民航组织制定了国际标准大气。

国际标准大气(International Standard Atmosphere,ISA)是人为规定大气温度、密度、压力等随高度变化的关系,得出的统一的数据,作为计算和试验飞行器的统一标准,以便对无人机、发动机和其他飞行器的试飞结果和计算结果加以比较。国际标准大气见表 1-1。

表 1-1   国际标准大气表

H/m	T/K	$a/(\text{m} \cdot \text{s}^{-1})$	p/Pa	$\rho/(\text{kg} \cdot \text{m}^{-2})$
0	288.2	340.3	$1.013\ 3 \times 10^5$	1.225
100	287.6	340.0	$0.979\ 4 \times 10^5$	1.187
500	284.9	338.4	0.954 61	1.167
1 000	281.7	336.4	0.898 76	1.111
1 500	278.2	334.5	0.845 60	1.058
2 000	275.2	332.5	0.795 01	1.007
2 500	271.9	330.6	0.746 92	0.957 0
3 000	268.7	328.6	0.701 21	0.909 3
3 500	265.4	326.6	0.657 80	0.863 4
4 000	262.2	324.6	0.616 60	0.819 4
4 500	258.9	322.6	0.577 53	0.777 0
5 000	255.7	320.5	0.540 48	0.736 4
5 500	252.4	318.5	0.505 39	0.697 5
6 000	249.2	316.5	0.472 18	0.660 1
6 500	245.9	314.4	0.440 75	0.624 3
7 000	242.7	312.3	0.411 05	0.590 0
7 500	239.5	310.2	0.383 00	0.557 2
8 000	236.2	308.1	0.356 52	0.525 8

续　表

H/m	T/K	$a/(\text{m} \cdot \text{s}^{-1})$	p/Pa	$\rho/(\text{kg} \cdot \text{m}^{-2})$
8 500	233.0	306.0	0.331 54	0.495 8
9 000	229.7	303.8	0.308 01	0.467 1
9 500	226.5	301.7	0.285 85	0.439 7
10 000	223.3	299.5	0.265 00	0.413 5
11 000	216.7	295.1	0.227 00	0.364 8
12 000	216.7	295.1	0.193 99	0.311 9
13 000	216.7	295.1	0.165 80	0.266 6
14 000	216.7	295.1	0.141 70	0.227 9
15 000	216.7	295.1	0.121 12	0.194 8
16 000	216.7	295.1	0.103 53	0.166 5
17 000	216.7	295.1	$8.849\ 7 \times 10^{3}$	0.143 2
18 000	216.7	295.1	$7.565\ 2 \times 10^{3}$	0.121 7
19 000	216.7	295.1	6.467 5	0.104 0
20 000	216.7	295.1	5.529 3	0.088 91
25 000	221.5	298.4	2.549 2	0.040 08
30 000	226.5	301.7	1.197 0	0.018 41
35 000	236.5	308.3	0.574 59	0.008 463
40 000	250.4	317.2	0.287 14	0.003 996
45 000	264.2	325.3	0.149 10	0.001 966
50 000	270.7	329.8	79.779×10^{0}	0.001 027
55 000	265.6	326.7	42.751 6	0.000 560 8
60 000	255.8	320.6	22.461	0.000 305 9
65 000	239.3	310.1	11.446	0.000 166 7
70 000	219.7	297.1	5.520 5	0.000 087 5
75 000	200.2	283.6	2.490 4	0.000 043 4
80 000	180.7	269.4	1.036 6	0.000 02

注:a—声速。

1.4　空气流场的基本概念

当空气流过无人机时,其速度、压力和密度等的变化规律与作用在无人机上的空气动力有着密切的关系,在研究无人机飞行原理之前,必须先了解空气流动的特性,即空气流动的基本规律。

1.4.1 空气流动的基本规律

1. 空气的相对运动原理

空气充满了地球表面四周的空间,构成了无人机的大气飞行环境。只要空气和物体之间有相对运动,空气就会对物体产生空气动力。例如,大风吹过房屋时可以把屋顶掀翻,大风可以将大树连根拔起等,这些都是空气流过物体时对物体产生了作用力的结果。同理,无人机上产生的空气动力就是空气和无人机之间存在着相对运动的结果。事实证明,只要空气与物体之间的相对速度相同,所产生的空气动力也就相同,这个道理称为相对运动原理。

空气相对于物体的流动称为相对气流,相对气流的方向与物体运动方向相反。在日常生活中,有风的时候人们会感到有空气流过身体,特别凉爽;无风的时候,如果在公路上骑着自行车向前飞奔,感到有空气流过身体,也会有同样的体会,这就是相对气流的作用结果。

2. 运动的转换原理

当无人机在原来静止的空气中做等速直线飞行时,将引起物体周围空气的运动,同时空气将给无人机以作用力。研究这种空气运动的规律和作用力是空气动力力学所面临的任务之一。这里有两种坐标系可以使用:一种是采用静止坐标系,坐标系固连于地球上,直接将牛顿定律用于空气对物体的相互作用;另一种是采用动坐标系,坐标系固连于等速飞行的固定翼无人机上,即在固定翼无人机上看空气的运动及其对物体的作用力。而用这两种坐标系求得物体所受的力是完全相同的。这就是运动的转换原理,它是根据伽利略的相对运动原理而建立的。

根据相对运动原理和运动的转换原理可知,如果在一个运动物体系上附加一个任意的等速直线运动,则此附加的等速直线运动并不破坏原来运动的物体系中各物体之间的相对运动,也不改变各物体所受的力。无人机的相对气流就是空气相对于无人机的运动,相对气流方向就是无人机飞行速度的反方向。影响空气动力的重要因素是无人机与空气之间的相对速度,只要相对气流速度相同,无人机产生的空气动力就相同,即如果无人机以速度 v 在静止的大气中飞行,与空气以相同的速度 v 流过静止的固定翼无人机,在无人机上产生的空气动力完全相同。

因此,在研究无人机上的空气动力及气流的变化规律时,为了使研究问题的方法更为直观、简单,可以采取让无人机静止不动,而使空气以相同的速度流过无人机表面。此时,无人机上产生的空气动力效果与无人机以同样的速度在空气中飞行所产生的空气动力效果完全一致。风洞试验就是建立在相对运动原理之上的。在风洞试验时,为了模拟无人机在天空中的飞行情况,可以让模型固定不动,让气流吹过模型,这样就大大简化了试验技术。

3. 流场的基本概念

(1)流场的定义

流体流动所占据的空间称为流场。用以表征流体特性的物理量,如速度、温度、压强、密度等,称为流体的运动参数。因此,流场又是分布上述运动参数的物理场。实际上大气层就是一个很大的空气流场。

(2)定常流动与非定常流动

根据运动参数随时间的变化,可以将流动分为定常流动与非定常流动。流场中任一固定点的任一个流动参数(如速度、压强、密度等)随时间而变化的流动称为非定常流动。流场中任一固定点的所有流动参数都不随时间而变化的流动称为定常流动。

有些非定常流动可以通过适当选择参考坐标系而变为定常流动,因而不能看成是真正的非定常流动。以无人机在静止空气中等速平飞的情况为例:在固连于地面的参考坐标系中,空气的流动是非定常流动;在固连于无人机的参考坐标系中,空气的流动是定常的。

严格来讲,定常运动是不存在的。例如,对于无人机而言,即使飞行速度和高度保持不变,但随着燃油的消耗,无人机的质量在不断减小,因而迎角也会变化。但是,如果无人机运动参数随时间变化十分缓慢,则至少在一段时间内可近似认为运动参数不变,这就是通常所说的"准定常运动"。

（3）迹线

迹线是流体质点的运动轨迹。在流场中对某一质点做标记,将其在不同时刻所在的位置连成线就是该流体质点的迹线。迹线是流场中实际存在的线。喷气式飞机喷出的白烟,在天空中画出的线就是迹线。迹线具有持续性,随时间的增长,迹线不断延伸。在定常流动中通过某一固定点的迹线只有一条。但在非定常流场中,通过同一点的迹线可以有多条,不同时刻经过该点的流体质点可以走不同的轨迹。

（4）流线

空气的流动一般是看不见的,为了更形象和直观地描述空气的流动情况,可以在空气流动的流场中,在某一瞬时绘制出许多称为流线的空间曲线,在每一条曲线的各个点上,它的切线方向就是该点处空气微团的流动速度方向,如图 1-3（a）所示。

流线不能相交,也不能折转,只能是一条光滑曲线。因为流线上每一点只能有一个运动方向,如果两条流线相交,则交点处空气微团将有两个方向。

在定常流动中,流线的形状不会随时间变化,流线就是空气微团流动的路线,即流线与迹线重合。在非定常流动中,由于流场中速度随时间改变,经过同一点流线的空间方位和形状是随时间改变的。

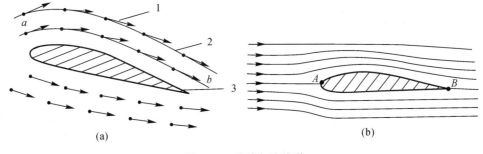

图 1-3　流线与流线谱

（a）流线；　（b）流线谱

（5）流线谱

由许多流线所组成的流动图形称为流线谱,如图 1-3（b）所示。

流线谱真实地反映了空气流动的全貌,不仅可以看出流场中各点的运动方向,还可以比较出各点空气流动速度的快慢。流线谱的疏密程度反映了该时刻流场中速度的不同。空气流过不同形状物体的流动情况不同,其流线谱就不同。即使物体的形状相同,只要空气流向物体的相对位置关系不同,流线谱也就不同。此外,当空气流过物体时,在物体的后部都会形成一定的涡流区(见图1-4)。不同的流线谱产生的空气动力不一样。一般分析无人机空气动力的产生和变化,就是从分析空气流过无人机的流线谱着手的。

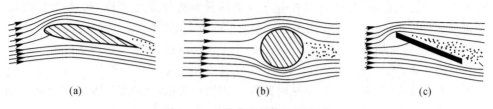

图1-4　几种典型物体的流线谱

(a)翼剖面的流线谱;　(b)圆柱体的流线谱;　(c)斜立平板的流线谱

(6)流管和流束

在流场中任画一封闭曲线,在该曲线上每一点作流线,由这许多流线所围成的管状曲面称为流管,如图1-5所示。由于流管表面是由流线所围成,而流线不能相交,因此流体不能穿出或穿入流管表面。这样,流管就好像刚体管壁一样把流体运动局限在流管之内或流管之外,在稳定流动时流管好像真实管子一样。充满在流管内的流体,称为流束。

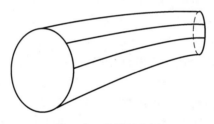

图1-5　流管示意图

当空气流向物体受到阻挡时,流管就扩张变粗。若流管的横截面积为 A,流体密度为 ρ,在横截面积上的流速为 v,那么单位时间内流过 A 的流体体积为 Av,称为流体的体积流量;单位时间内流过 A 的流体质量称为流体的质量流量,用 q 表示,有

$$q = \rho A v \tag{1-9}$$

1.4.2　连续性定理与伯努利定理

质量守恒定律和能量守恒定律是自然界的两条基本定律。其中质量守恒定律说明物质既不会消失,也不会凭空增加。能量守恒定律则说明能量不会消失,也不会无中生有,只能从一种形式转换为另一种形式,但能量的总和保持不变。

1.连续性定理

空气在流动时,需要遵守质量守恒定律,这条定律在空气动力学中称为连续性定理。当流体低速、连续不断地、稳定地流过一个粗细不等的流管时,由于流管中任一部分的流体都不能中断或堆积起来,因此根据质量守恒定律,在同一时间,流过流管任意截面的流体质量应该相等,这就是流体的连续性定理。流体的连续性定理的实质是质量守恒定律在空气流动过程中的应用。

气流在变截面管道中流动的情况如图1-6所示,现假设空气流过一粗细不等的流管,流过截面1和截面2的速度、空气密度、截面面积分别如图1-6所示。根据连续性定理,单位时间内

流过任意截面的空气质量相等,即

$$\rho_1 A_1 v_1 = \rho_2 A_2 v_2 \qquad (1-10)$$

式(1-10)为连续性定理的数学表达式,称为可压缩流体沿管道流动的连续性方程。当空气低速流动(马赫数小于 0.4)时,可不考虑空气的压缩性,密度 ρ 可近似认为是一个常数,则式(1-10)中的密度可消去,得

$$A_1 v_1 = A_2 v_2 \qquad (1-11)$$

式(1-11)说明了气流流动速度和流管截面积之间的关系。当低速定常流动时,气流速度的大小与流管的截面积成反比,截面积小的地方流速快,而截面积大的地方流速慢。流体流动速度的快慢,可用流管中流线的疏密程度来表示,如图1-6所示。流线密的地方,表示流管细,流体流速快,反之则慢。需要指出的是,连续性定理只适应于低速(流速 $v < 0.3a$,a 为声速)的范围,即认为流体密度不变,它不适于亚声速,更不适于超声速。但是,连续性方程的推导对流体的性质未加以限制,因此它既可用于理想流动,也可用于黏性流动。

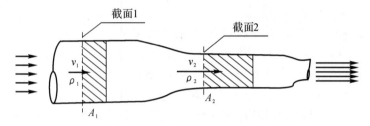

图 1-6　气流在变截面管道中的流动

2.伯努利定理

流体在流动中,不仅流速和管道切面之间互相联系着,而且流速和压力之间也是互相联系的。在日常生活中,可以观察到一些在流体的速度发生变化时,压力也跟着变化的情况。例如:在两张纸片中间吹气,两张纸不是分开,而是相互靠近;两条船在水中并行,也会互相靠拢;当台风吹过房屋时,往往会把屋顶掀掉;等等。

伯努利定理就是阐述流体在流动中流速和压力之间的关系的,它是流体流动的另一个很重要的基本规律。伯努利定理是能量守恒定律在流体流动中的应用,其数学表达式称为伯努利方程。空气稳定流动时,主要有四种能量:动能、热能、压力能和重力势能。对于不可压缩、理想的流体来说,流动中不会产生热量,可不考虑热能的变化;流管高度变化很小,可认为流体的重力势能不变。这样,在流动的空气中,参与转换的能量有两种:动能和压力能。因此,在流体流动中只有压力能和动力能之间的转换。

动能是由于流体有速度而具备的做功能力,流过任意截面积 A 的动能为

$$E_v = \frac{1}{2} m v^2 \qquad (1-12)$$

式中,E_v 为流体的动能;v 为速度;m 为流体质量。

由于 $m = \rho A v \Delta t$,因此有

$$E_v = \frac{1}{2} \rho v A \Delta t \times v^2 \qquad (1-13)$$

压力能是由于流体有压力而具备的做功能力。流过任意截面积 A 的压力能为

$$E_P = PAv\Delta t \tag{1-14}$$

式中，E_P 为流体的压力能；P 为压力；Δt 为流动时间。

若取单位体积的空气，则

$$\left.\begin{aligned} E_v &= \frac{1}{2}\rho v^2 \\ E_P &= p \end{aligned}\right\} \tag{1-15}$$

由能量守恒定律可得

$$p_0 = \frac{1}{2}\rho v^2 + p \tag{1-16}$$

式中，p_0 为总压（全压）；$\frac{1}{2}\rho v^2$ 为动压，即流体流动时在流动方向上所产生的压强，它是单位体积空气所具有的动能；p 为静压，即流体流动时其本身实际具有的压强，它是单位体积空气所具有的压力能。在静止的空气中，静压等于当地的大气压。总压是动压和静压之和，也可以理解为气流速度减小到零时的静压。

式（1-16）是伯努利定理的数学表达式，即伯努利方程。

由伯努利方程可以看出：在同一流管的各切面上流体动压和静压之和始终保持不变，这个不变的数值，就是全压。动压大，则静压小；动压小，则静压大。这就是伯努利定理，它是研究气流特性和固定翼无人机上的空气动力产生和变化的基本定理之一。

需要注意的是，伯努利定理只适用于连续、稳定的流体，流动中的流体与外界没有能量交换，流体没有黏性，流体是不可压缩的，即密度是不变的。

连续性定理和伯努利定理是空气动力学中两个最基本的定理，它们说明了流管截面积、气流速度和压力这三者之间的关系。综合这两个定理，可以得出以下结论：流体在变截面管道中流动时，凡是截面面积小的地方，流速就大，压强就小；凡是截面积大的地方，流速就小，压强就大。这一结论是解释机翼上空气动力产生的依据。

习　　题

1. 简单说明固定翼无人机空气动力学的定义及固定翼无人机空气动力学研究的内容。
2. 大气是由哪些物质组成的？如何分层？
3. 简述空气密度、空气温度和空气压力的定义。
4. 什么是空气的压缩性和空气的黏性？
5. 举例说明空气的相对运动原理。
6. 简述流场、定常流动与非定常流动、迹线和流线的定义。
7. 什么是流管和流束？说明它们的特点。
8. 写出伯努利方程，并说明其含义。

第 2 章 无人机飞行原理与翼型特性

2.1 固定翼无人机飞行的基本原理

无人机之所以能在空中飞行,最基本的原理是有一股力量克服了飞机的重力把它托举在空中,这股力量被称为升力。无人机分为固定翼无人机和旋翼无人机两大类,它们产生升力的主要部件的结构形式是不相同的。固定翼无人机产生升力的主要部件是(固定)机翼,而旋翼无人机产生升力的主要部件是旋翼。

2.1.1 固定翼无人机的机翼

当包括固定翼无人机在内的固定机翼飞机在空中飞行时,作用在飞机(含固定翼无人机)上的升力主要由机翼产生,而空气动力的大小和方向会受机翼形状的影响。固定翼无人机机翼的形状与有人飞机机翼的形状基本类似,主要是指机翼的剖面形状、平面形状和安装位置。

1. 飞机机翼的剖面形状

机翼的剖面形状,简称翼型,是用平行于对称平面的切平面切割机翼所得的剖面。

最早的飞机,其翼型是平板剖面,这种机翼的升力很小。后来出现了弯板剖面,对升力特性有所改进。再后来随着飞机的发展又出现了平凸形、双凸形、对称形、层流形、菱形、网弧形等翼型,如图 2-1 所示。

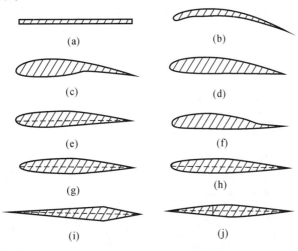

图 2-1　各种不同形状的机翼翼型

其中平凸形和双凸形翼型的空气动力特性较好,制造和加工也较为方便,是现代低速飞机广泛采用的翼型。对称形翼型,前缘比较尖,最大厚度位置靠后,阻力小,这种翼型常用于各种飞机的尾翼和某些高速飞机的机翼。层流形翼型,前缘较尖,最大厚度一般在 $50\%\sim60\%$ 弦长位置,可推迟附面层转捩,减小摩擦阻力,这种翼型常用于速度较高的飞机。圆弧形和菱形翼型常用在超声速飞机上,特点是前端很尖,相对厚度较小,即很薄;超声速飞行时阻力很小,但其低速飞行时的空气动力特性不好,使飞机起落性能变差。

2.飞机机翼的平面形状

机翼平面形状是指从上往下看时机翼在平面上的投影形状,是决定飞机性能的重要因素。

早期的飞机,机翼平面形状大都为矩形,矩形机翼制造简单,但阻力较大。为了适应高速飞行的需要,解决阻力与飞行速度之间的矛盾,后来又制造出了梯形翼和椭圆翼。椭圆翼的阻力(诱导阻力)最小,但因制造复杂,成本较高,只有少数飞机采用。梯形机翼结合了矩形翼和椭圆形机翼的优点,阻力较小,制造也简单,因而是目前活塞式发动机飞机用得最多的一种机翼。矩形翼、椭圆翼和梯形翼三种机翼统称为平直翼。随着喷气式飞机的出现,为适应高速飞行,出现了后掠翼、三角翼等机翼,并获得广泛应用,如图 2-2 所示。

矩形翼　　　　椭圆翼　　　　梯形翼　　　　后掠翼　　　　三角翼

图 2-2　各种不同的机翼平面形状

2.1.2　固定翼无人机升力的产生

1.迎角的基本概念

翼弦与相对气流速度之间的夹角叫作迎角,用 α 表示,如图 2-3 所示。

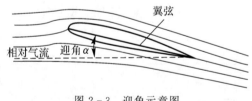

图 2-3　迎角示意图

迎角不同,相对气流流过机翼时的情况就不同,产生的空气动力就不同,即迎角是飞机飞行中产生空气动力的重要参数。迎角有正负之分,相对气流方向与翼弦平面下表面的夹角为正迎角,相对气流方向与翼弦平面上表面的夹角为负迎角。飞机飞行时绝大多数时间内处于正迎角状态。飞机的飞行状态不同,迎角的正负、大小一般也不同。飞机机翼产生的升力大小与翼型的形状和迎角有很大关系,机翼的迎角改变后,流线谱会改变,压力分布也随之改变,压力中心发生前后移动。相对气流方向与翼弦重合时,迎角为 0°。迎角不同,产生的升力也就不同。

2.升力的产生

飞机上不仅机翼会产生升力,而且水平尾翼和机身也会产生升力。但是,同机翼上产生的升力相比,飞机其他部位产生的升力是微不足道的。因此,通常用机翼的升力来代表整个飞机的升力。

当空气接近机翼前缘时,气流开始折转,一部分空气向上绕过机翼前缘流过机翼上表面;另一部分空气则由机翼下表面通过。这两部分空气最终在机翼后缘的后方汇合,恢复到与机翼前方未受扰动的气流相同的均匀流动状态。在气流被机翼分割为上、下两部分时,由于翼型上表面凸起较多而下表面凸起较少,加之机翼有一定的迎角,流过机翼上表面的流管面积减小,流速增大;翼型下表面气流受阻而使流管面积增大,流速减小。由伯努利定理可知,机翼上表面的压力降低,机翼下表面的压力增大。这样上、下翼面之间会产生压力差,从而产生翼型表面的空气动力,将表面各处的空气动力合成到一处就成了翼型的总空气动力 R,R 的方向向上并向后倾斜。根据它所起的作用,可将它分解为垂直于相对气流方向和平行于相对气流方向的两个分力。垂直于相对气流方向上的分量就是机翼的升力,用 L 表示。升力通常起支撑飞机的作用,平行方向阻碍飞机前进的力叫阻力,用 D 表示。升力和阻力的作用点叫压力中心。升力产生的示意图如图 2-4 所示。

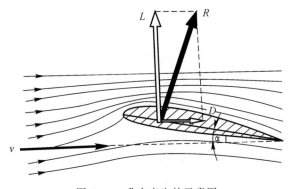

图 2-4　升力产生的示意图

2.2　旋翼无人机飞行的基本原理

与无人机采用固定机翼产生升力不同,旋翼无人机由旋翼提供飞行所需的升力。旋翼由桨毂和数片桨叶构成,桨毂安装在旋翼轴上,形如细长机翼的桨叶则连在桨毂上。发动机驱动旋翼轴旋转,并由桨毂带动桨叶在空气中旋转,从而产生向上的升力。由于旋翼无人机与传统有人直升机都是依靠旋翼产生的升力才能升空飞行,因此它们统称为旋翼飞行器。

2.2.1　旋翼无人机的旋翼

1.旋翼的基本结构和功用

(1)旋翼的基本结构

从总体结构上看,旋翼无人机与有人直升机一样,具有一个(单旋翼)或多个(多旋翼)转轴都近于铅直安装的旋转机翼(旋翼)。旋翼由数片桨叶及一个桨毂组成,桨毂用来连接旋转轴和桨叶。旋翼的桨叶在动力装置的驱动下高速旋转,产生向上的升力。旋翼的桨叶在升力作用下,绕桨毂水平铰向上挥舞,形成一个倒锥体,桨叶与桨毂旋转平面之间的夹角称为锥体角。锥体角的大小取决于桨叶升力及离心力的大小;桨叶升力越大,锥体角越大;桨叶转动的速度越大,桨叶产生的离心力越大,锥体角越小,如图 2-5 所示。

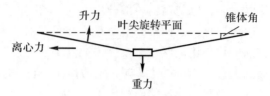

图 2-5 旋翼桨叶锥度角示意图

(2)旋翼的功用

旋翼是旋翼无人机的关键部件,它的主要功用有:

1)产生向上的力(习惯上叫拉力)以克服全机重力,类似于飞机机翼的作用;

2)产生向前的水平分力使直升机前进,类似于推进器的作用;

3)产生其他分力及力矩使直升机保持平衡或进行机动飞行。

2.旋翼无人机旋翼的主要几何参数

(1)旋翼的直径 D

旋翼旋转时,叶尖所画圆圈的直径叫作旋翼直径 D,如图 2-6 所示。直径是影响旋翼性能的重要参数之一。通常,旋翼直径增大则拉力随之增大,效率提高,故在结构允许的情况下尽量选直径较大的旋翼。此外还要考虑桨尖气流速度不应过大,否则可能出现激波,导致效率降低。

(2)旋翼桨叶宽度 b

桨叶剖面的弦长就是该半径处的桨叶宽度,用 b 表示。四种平面形状的桨叶如图 2-7 所示。对于矩形桨叶,宽度沿径向不变;对于梯形桨叶或其他桨叶,宽度 b 沿径向改变。

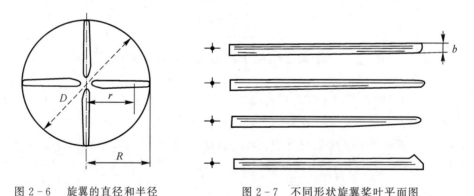

图 2-6 旋翼的直径和半径　　　　图 2-7 不同形状旋翼桨叶平面图

(3)旋翼桨叶数目 k

桨叶数目 k 是指一个旋翼具有的桨叶数量。桨叶数目在旋翼设计中也是一个非常重要的指标,直接影响旋翼的气动特性和效率。一般旋翼的拉力系数和功率系数与它的桨叶数目成正比,随着旋翼吸收功率的增大,桨叶的数目也在增加,由双叶桨,增加到 4 叶桨、6 叶桨和 8 叶桨等。微型及轻小型旋翼无人机的旋翼大多采用结构简单的双叶桨,只是在旋翼直径受到限制时采用增加桨叶数目的方法使旋翼与发动机获得良好的配合。增大桨叶数目,必须考虑以下两个方面的问题:

1)增加桨叶数目 k 会降低旋翼的效率。这是因为当旋翼旋转时,包围桨叶的扰流数目多的桨叶要比数目小的桨叶大。

2)旋翼的重量要增加。一般每增加一片桨叶,旋翼相对重量增大 23%～25%。

(4)旋翼桨叶翼型

旋翼桨叶的剖面形状称为翼型,它是旋翼能够产生拉力的关键因素。类似于固定翼无人机,桨叶翼型可以有不同的形状和尺寸,但产生升力的原理相同。当旋翼转动时,每片桨叶都会产生升力,所有桨叶产生的升力合成为一个向上的总拉力,该总拉力克服了无人直升机本身的重力,从而能够使无人直升机升空飞行。

(5)旋翼旋转速度

旋翼转速一般以每分钟转的圈数为单位,而角速度以每秒钟一个弧长为单位。两者的关系为

$$\Omega = \frac{\pi n}{30} \qquad (2-1)$$

提高旋翼转速会受叶尖速度的限制,以避免叶尖出现过大的空气压缩效应。目前旋翼的叶尖速度为 $\Omega R = 180 \sim 220$ m/s,相当于叶尖马赫数为 $0.55 \sim 0.60$。

2.2.2　旋翼无人机飞行原理、特点和旋翼反扭矩

旋翼无人机与有人直升机在飞行原理、特点和旋翼反扭矩等方面基本相同。

1. 旋翼无人机的飞行原理

旋翼无人机旋翼绕主轴旋转时,每片桨叶类同于固定翼飞机的一个机翼,桨叶与发动机(或变速器)主轴相连接的部件称为桨毂。旋翼桨叶的截面形状称为翼型,翼型弦线与垂直于桨毂旋转轴平面之间的夹角称为桨叶的安装角,也称为桨距,它相当于飞机固定机翼的迎角。

当空气接近桨叶前缘时,气流开始折转,一部分空气向上绕过桨叶前缘流过桨叶上表面;另一部分空气仍然由桨叶下表面通过,如图 2-8 所示。这两部分空气最后在桨叶后缘的后方汇合,恢复到与桨叶前方未受扰动的气流相同的均匀流动状态。在气流被桨叶分割为上、下两部分时,由于桨叶上表面凸起较多而下表面凸起较少,加上桨叶有一定的桨距(迎角),流过桨叶上表面的流管面积减小,流速增大;桨叶下表面气流受阻而使流管面积增大,流速减小。由伯努利定理可知,桨叶上表面的压力降低,桨叶下表面的压力增大。这样上、下叶面之间产生压力差,从而产生了桨叶表面的空气动力。根据不同的飞行状态,桨距的变化范围为 2°～14°。旋翼的转速或桨距的大小可以通过操纵系统进行操纵和控制,从而改变桨叶升力的大小。沿半径方向每段桨叶上产生的空气动力在桨轴方向上的所有分量的合成力,即为桨叶的总升力,所有桨叶的总升力合成,构成旋翼总拉力。在旋转平面上的分量产生的阻力将由发动机所提供的功率来克服。

2. 旋翼无人机的飞行特点

旋翼无人机与固定翼飞机在结构外形上和飞行原理上的差别,使得旋翼无人机具有大多数固定翼飞机所不具备的飞行特点:垂直升降,空中悬停,小速度前飞、后飞、侧飞,原地回转和树梢高度飞行等。这些飞行特点使得旋翼无人机在飞行和使用上要比固定翼飞机灵活得多,弥补了固定翼飞机因飞行速度大而存在的诸多不足,在很多固定翼飞机无法涉及的领域或地区可以"大显身手"。当然,任何事物都不是完美无缺的,旋翼无人机与固定翼飞机相比,具有速度低、耗油量较高、航程较短等缺点。

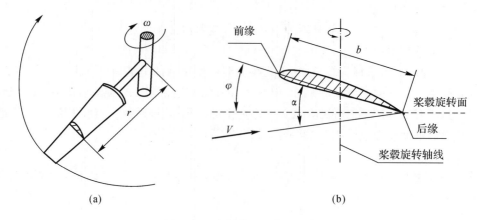

图 2-8　旋翼桨叶工作示意图

3.旋翼反扭矩及其补偿措施

旋翼由发动机驱动在空气中旋转,给周围空气以扭矩,因而空气必定以大小相等、方向相反的扭矩作用于旋翼,继而传递到机体上。如果不采取补偿措施,这个反扭矩将使机体发生逆向旋转。为了消除这个反扭矩作用以保持旋翼飞行器机体的航向,可以采用不同的方式,因此出现了不同构造形式的旋翼飞行器。

(1)单旋翼式

单旋翼式飞行器是一种单旋翼带尾桨的旋翼飞行器(见图 2-9),用尾桨推力来平衡主旋翼反扭矩。这种形式是传统直升机中最流行的形式,在结构上要比双旋翼飞行器简单,但要多付出尾桨的功率消耗。

(2)共轴式双旋翼

两旋翼在同一轴线上,相逆旋转,因此反扭矩彼此相消(见图 2-10)。这种形式的外廓尺寸较小,但传动和操纵机构复杂。

图 2-9　单旋翼机械驱动式旋翼飞行器

图 2-10　共轴双旋翼式旋翼飞行器

(3)纵列式双旋翼

两旋翼纵向前后布置,相逆旋转,反扭矩彼此相消(见图 2-11)。这种形式的优点是机身宽敞,容许机体重心位置移动较大;缺点是后旋翼的空气动力效能较差。

(4)横列式双旋翼

两旋翼左右安装在支臂或固定机翼上,相逆旋转,反扭矩彼此相消(见图 2-12)。这种形式的优点是构造对称,稳定性、操纵性较好;缺点是迎面空气阻力较大。

图 2-11　纵列双旋翼式旋翼飞行器

图 2-12　横列双旋翼式旋翼飞行器

（5）多旋翼飞行器

旋翼数量多达 4 个或 4 个以上，通常分为 4 个，6 个，8 个，12 个，16 个，18 个，24 个，36 个旋翼等，每两个旋翼相逆旋转，因而反扭矩彼此相消（见图 2-13）。

（6）其他特殊形式

为了提高旋翼飞行器的有效载荷、前飞速度、升限和航程等性能，人们设计研制出了一些特殊形式的旋翼飞行器，例如复合式、组合式、倾转旋翼式、涵道式等。其中值得一提的是倾转旋翼式（见图 2-14），这种形式的旋翼飞行器有固定机翼，双旋翼分别安装在固定机翼的两端。在起飞时它就像是横列式旋翼飞行器那样垂直起飞，起飞后旋翼轴相对于机体逐渐向前转动，逐渐转入前飞状态，过渡到平飞时就能像普通的固定翼飞机那样，依靠固定机翼产生向上的升力支撑机体重量。依靠转轴近乎水平的旋翼产生向前的拉力，牵引旋翼飞行器向前飞行，其飞行速度能提高 2 倍多，达到 600 km/h。

图 2-13　多旋翼飞行器（6 旋翼）

图 2-14　倾转旋翼式旋翼飞行器

2.3 翼型的几何参数和主要类型

由于翼型直接影响着无人机的气动性能和飞行品质,所以要想更好地探索无人机的飞行性能,就必须对其翼型的几何参数和气动性能有所了解。

2.3.1 翼型的定义和几何参数

1.翼型的定义

固定翼无人机机翼和旋翼无人机旋翼桨叶的剖面称为翼型。翼型是所有依靠空气动力飞行的飞行器能够在天空飞翔的关键因素,对飞行器的性能影响很大。

翼型设计和选择是空气动力学研究的一项重要内容,翼型的发展过程就是人类在空气动力学领域不断进步的写照,是人类从实现早期的飞天梦想,到追求更快、更高飞行理想的理论基础。对于不同类型的飞行器和不同的飞行速度,所要求的翼型形状是不同的,如固定翼飞机机翼与直升机旋翼桨叶的翼型,其几何参数(见图 2-15)差别相当大。为了适应各种不同的需要,航空前辈们应用空气动力学理论知识和大量的风洞实验,通过不懈的努力发展了许多各种不同类型的翼型,以供后人选用,并为现代翼型进一步发展打下了坚实的基础。

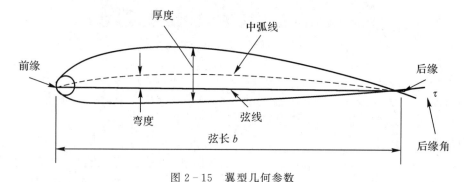

图 2-15 翼型几何参数

2.翼型的几何参数

翼型的各部名称如图 2-15 所示,翼型是由中弧线(或弯度线)和基本厚度翼型叠加而成的。由于翼型由几何要素组合生成,和翼型的上表面和下表面等距离的曲线称为中弧线。中弧线与上表面和下表面的外形线在前端的交点称为前缘,后端的交点称为后缘,前缘和后缘端点的连线称为弦线,弦线是测量迎角的基准线。翼型表面的无量纲坐标如下。

(1)弦长

弦线被前缘、后缘所截长度称为弦长,或前、后缘在弦线上投影之间的距离,用 b 表示。以前缘作为原点,弦线作为 x 坐标轴,方向从前缘指向后缘;y 坐标轴垂直于弦线。翼型上、下表面各点距离弦线的 y 数值用弦线长度的相对坐标的函数表示(上、下表面分用下标 u 和 l 标注)。

$$\left.\begin{array}{l}\bar{y}_u=\dfrac{y_u}{b}\\[2mm]\bar{y}_l=\dfrac{y_l}{b}\end{array}\right\}\quad 0\leqslant\bar{x}\leqslant 1 \qquad (2-2)$$

（2）弯度

翼型中弧线是其上弧线和下弧线之间的内切圆圆心的连线。中弧线和弦线的间隔称为弯度，以 f 表示。中弧线坐标 y 的最大值称为最大弯度，其最大值的 x 轴向位置称为最大弯度位置。相对弯度定义为弯度 f 与弦长 b 之比。如果中弧线是一条直线（与弦线合一），则这个翼型是对称翼型。如果中弧线是曲线，则此翼型有弯度。在一定的范围内，弯度越大，升阻比越大。但超过了这个范围，阻力就增大得很快，升阻比反而下降。中弧线最高点到翼弦的距离一般是翼弦长的 $4\% \sim 8\%$，中弧线最高点位置同旋翼桨叶上表面边界层的特性有很大关系。翼型的最大厚度是指上弧线同下弧线之间内切圆的最大直径。一般来说，厚度越大，阻力也越大。中弧线 y 坐标（弯度函数）为

1）相对弯度

$$\bar{f} = \frac{f}{b} = \bar{y}_{f\max} \qquad (2-3)$$

2）最大弯度位置

$$\bar{x}_f = \frac{x_f}{b} \qquad (2-4)$$

（3）厚度

翼型于中弧线垂直的方向测量的上表面和下表面的距离称为翼型厚度，以 c 表示，其最大值称为最大厚度。对于普通的翼型，垂直于弦线（除去前缘附近）的上下表面的距离作为翼型厚度也没有很大差别。翼型厚度沿弦线的变化称为厚度分布。翼型的最大厚度与弦长的比值即相对厚度，例如厚度 10 的翼型，表示最大厚度和弦长的比是 10%。厚度分布函数为

$$\bar{y}_c(\bar{x}) = \frac{y_c}{b} = \frac{1}{2}(\bar{y}_u - \bar{y}_l) \qquad (2-5)$$

1）相对厚度

$$\bar{c} = \frac{c}{b} = \frac{2y_{c\max}}{b} = 2\bar{y}_{c\max} \qquad (2-6)$$

2）最大厚度

$$\bar{x}_c = \frac{x_c}{b} \qquad (2-7)$$

（4）前缘、后缘

翼型中弧线的最前点和最后点分别称为翼型的前缘和后缘。

（5）前缘半径

翼型的前缘是圆的，要很精确地画出前缘附近的翼型曲线，通常得给出前缘半径。这个与前缘相切的圆，其圆心在 $\bar{x} = 0.05$ 处中弧线的切线上（见图 2-15）。翼型前缘半径决定了翼型前部的"尖"或"钝"，前缘半径小，在大迎角下气流容易分离，使飞机的稳定性变坏。

（6）后缘角

翼型上、下表面在后缘处切线间的夹角称为后缘角。

2.3.2　空气在翼型表面的流动和压力分布

1. 空气在翼型表面的流动

翼型因为流过其上、下表面的气流速度不同而产生升力。其基本原理是：翼型的迎角和弯

度使得翼型上表面的空气比下表面的空气运动得快,因为翼型下表面呈水平状或凹状,上表面呈凸状,翼型迎向空气流,空气沿翼型上、下表面从前缘向后缘流动,而后在翼型尾端汇合,如图2-16所示。

图2-16 空气在翼型表面的流动示意图

由于沿翼型上表面的流动路程比下表面的流动路程长,空气沿翼型上表面的流速比沿下表面的流速大,相应的翼型上表面的压力小于下表面,空气流体对翼型将有一个由下向上的作用力。

2.翼型表面的压力分布

由伯努利方程可知,较高的速度产生较低的压力,翼型的上表面流速高而下表面流速低,因而旋翼桨叶上下表面的总压差产生净升力,这是旋翼升力的来源。

翼型上下表面典型的压力分布如图2-17所示,上表面产生的压力约是总升力的2/3,因此上表面比下表面更重要。

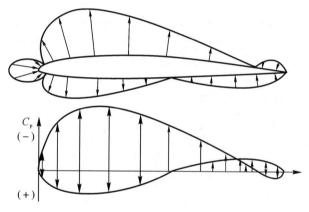

图2-17 翼型压力分布曲线

相对于来流有迎角的平板也会产生升力,例如风筝,平板形状的风筝也可以在气动升力的作用下飞上天空。当然,风筝最后的稳定是多种作用力综合作用的结果。还有一些使用各种平板材料作为机翼剖面形状的航模飞机,在强劲动力的作用下也可以飞,因为流过平板"翼型"上面的气流必然要从翼型表面分离,使得升力减小而阻力大幅增加,所以飞机要维持平衡就靠发动机输出比有弯度翼型更大的动力来提高速度,使得升力进一步增大从而保证垂直方向力的平衡,同时也保证水平方向力的平衡,故整机的气动效率是很差的。

翼型的升力随迎角的变化用以下参数来描述:零升迎角,升力线斜率,升力线偏离线性时的迎角最大升力系数和最大升力系数对应的迎角等。因为目前的计算手段很难准确确定气流分离后的特性,所以翼型的升力特性一般尽可能地利用试验数据。一个有弯度的翼型,即使其弦线与来流夹角(迎角)为零,也会产生升力。对于有弯度的翼型,存在一个产生升力为零的角度,因为有弯度的翼型迎角为零时升力大于零,所以这一角度必然小于零度,称为零升迎角,此迎角几乎等于以度为单位的翼型的相对弯度。

2.3.3　翼型的主要类型

翼型一般都有名称,通常是用设计者或者研究机构名字的缩写加上数字来表示的。随着航空科学的发展,世界上航空方面比较发达的主要国家都设计出了大量高性能的翼型,建立了各种翼型系列。美国有 NACA 系列,德国有 DVL 系列,英国有 RAE 系列,俄罗斯有 ЦАГИ 系列等。这些翼型的资料包括几何特性和气动特性,可供飞行器气动设计人员选取。

翼型的名称既有像 Go795、RAF15、NACA0012 等在表示机构的名字后面加上表示开发顺序的数字来描述的,也有用翼型的几何尺寸来表示的,还有用气动特性的数字来表示的。

一般来说,对于低速飞行器,选择翼型时要求升阻比大、最大升力系数高、最小阻力系数低、低阻范围宽、失速过程缓和等。它的外形特点是头部丰满,最大厚度靠前。典型低速翼型有 Clark Y,NACA 四位数字和五位数字翼型。早期的翼型大部分是采用试凑法设计的。在20 世纪 30 年代,NACA 发展了一系列使用广泛的翼型族。NACA 系列翼型族按中弧线和基本厚度划分,每族翼型都有一定分布规律的一组中弧线和一定的基本厚度。按这种基本厚度翼型组和这种中弧线组所组成的翼型称为标准翼型。以标准翼型为基础,作某些修改的称为修改翼型。

1. NACA 四位数字翼型族

NACA 四位数字翼型族用 4 个数字表示翼型的几何特征。以 NACA2415 翼型为例来说明,如图 2-18 所示。

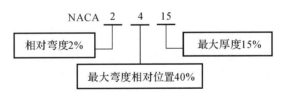

图 2-18　NACA 四位数字翼型说明

第 1 个数字 2 表示相对弯度的百倍数值,即相对弯度是 2。第 2 个数字 4 表示最大弯度相对位置的 10 倍数值,即在 40% 弦长处弯度最大值(对称翼型为 0)。第 3 和第 4 个数字 15 表示翼型的相对厚度的百倍数值,即最大厚度位于 15 弦长处。

此外还有四位数字翼型的改良型:修正四位数字翼型。例如 NACA6412-34,前面的 4 个数字和四系列翼型的意义相同。横线后的第一个数字表示修正翼型的前缘半径是原来翼型的几倍。比如,0 表示翼尖的前缘,3 表示 1/3 倍,6 表示 1 倍,9 表示 3 倍。最后的数字 4 表示最大厚度在 40 弦长处。

2. NACA 五位数字翼型族

NACA 五位数字翼型的意义和四位数字翼型有些类似,但是也有不同点,如图 2-19 所示。

NACA 五位数字翼型的第 1 个数字 2,其正确的理解是设计升力系数的 3/20 倍,这是用弯度来表示设计升力系数。第 2 个数字 3 的 1/2 表示最大的弯度点相对位置的 10 倍数值。第 3 个数字表示后段中弧线的类型,0 表示直线,1 表示反弯度曲线。最后两个数字 15 表示相对厚度的百倍数值。

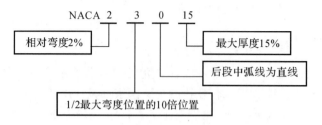

图 2-19　NACA 五位数字翼型说明

3. NACA 六位数字翼型族

NACA 发表了由一系列、二系列到八系列的翼型,但是最成功的是一系列、六系列和七系列翼型。其中六系列翼型是目前低速飞机的机翼中使用最广泛的翼型(见图 2-20),一系列翼型主要用于螺旋桨翼型。

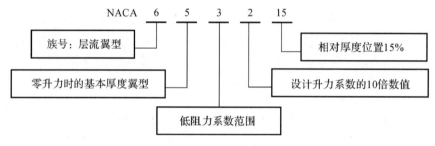

图 2-20　NACA 六位数字翼型说明

以 NACA633-218 为例说明六系列翼型的数字意义。第 1 个数字 6 是 6 数字翼型。第 2 个数字是零升力时最小压力点的相对横坐标位置的 10 倍数值。第 3 个数字 3 是翼型的低阻升力系数范围,即高于或低于设计升力系数的 10 倍数值。第 4 个数字是设计升力系数的 10 倍数值。最后两个数字是相对厚度的百倍数值。

2.4　翼型空气动力特性和影响因素

空气动力学主要研究物体在空气中做相对运动情况下的受力特性、气体流动规律和伴随发生的物理化学变化。要想了解固定翼无人机飞行中的空气动力学知识,包括如何依靠机翼或旋翼产生的升力克服自身重力而飞起来,以及怎样控制飞行姿态和保持平稳,首先要学习和了解翼型空气动力学特性,因为后者是前者的基础。

2.4.1　翼型空气动力特性

1. 翼型的空气动力系数

在翼型平面上,把来流 V_∞ 与翼弦线之间的夹角定义为翼型的几何迎角,简称迎角 α。相对弦线而言,来流上偏为正,下偏为负。空气绕翼型流动视为平面流动,翼型上的气动力视为无限长桨叶在展向取单位展长所受的气动力。当气流绕过翼型时,在翼型表面上每点都作用有压强 p(垂直于翼面)和摩擦切应力 τ(与翼面相切),它们将产生一个合力 R,合力的作用点称为压力中心,合力在来流方向的分量为阻力 X,在垂直于来流方向的分量为升力 Y,如图

2-21 所示。

$$N = \oint (-p\cos\theta + \tau\sin\theta)\mathrm{d}s \left. \right\}$$
$$A = \oint (\tau\cos\theta + p\sin\theta)\mathrm{d}s \left. \right\}$$

(2-8)

由式(2-8)和图 2-21 可得出翼型的升力 Y 和阻力 X 分别为

$$Y = N\cos\alpha - A\sin\alpha \left. \right\}$$
$$X = N\sin\alpha + A\cos\alpha \left. \right\}$$

(2-9)

空气动力矩取决于力矩点的位置。如果取矩点位于压力中心,力矩为零。如果取矩点位于翼型前缘,叫作前缘力矩;如果位于力矩不随迎角变化的点,叫作翼型的气动中心,为气动中心力矩。规定使翼型抬头为正、低头为负。以往的实践表明,薄翼型的气动中心为 $0.25b$,大多数翼型在 $0.23b \sim 0.24b$ 之间,层流翼型在 $0.26b \sim 0.27b$ 之间。

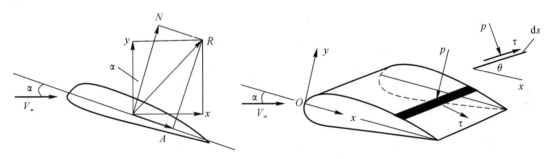

图 2-21　翼型上的气动力示意图

2.翼型的升力特性

翼型无量纲升力系数定义为

$$C_y = \frac{Y}{\frac{1}{2}\rho_\infty V_\infty^2 b}$$

(2-10)

式中,C_y 为翼型升力系数;ρ_∞ 为空气密度;V_∞ 为气流相对速度;b 为翼型弦长;Y 为翼型升力。

在升力系数随迎角的变化曲线中,在迎角较小时是一条直线(见图 2-22),其斜率称为升力线斜率,其表达式为

$$C_y^\alpha = \frac{\mathrm{d}C_y}{\mathrm{d}\alpha}$$

(2-11)

1)薄翼型的升力线斜率理论值等于 $2\pi/\mathrm{rad}$,即 $0.109\,65/(°)$,实验值略小。NACA 23012 的升力线斜率是 $0.105/(°)$,NACA 631-212 的升力线斜率是 $0.106/(°)$。实验值略小的原因在于实际气流的黏性作用。有正迎角时,上下翼面的边界层位移厚度不一样,其效果等于改变了翼型的中弧线及后缘位置,从而减小了有效的迎角。

2)对于有弯度的翼型,其升力系数曲线是不通过原点的,通常把升力系数为零的迎角定义为零升迎角 α_0,而过后缘点与几何弦线成 α_0 的直线称为零升力线。一般弯度越大,α_0 越大。

3)迎角大过一定的值之后,就开始弯曲,再大一些,就达到了它的最大值,此值记为最大

升力系数 C_{ymax}，它是翼型用增大迎角的办法所能获得的最大升力系数，相对应的迎角称为临界迎角 α_s。之后再增大迎角，升力系数反而开始下降，这一现象称为翼型的失速，临界迎角也称为失速迎角。在临界迎角 α_s 以下，C_y 与气动迎角 α 呈线性关系。气动迎角 α 与几何迎角之间的关系为

$$\alpha = \alpha_{ge} - \alpha_0 \tag{2-12}$$

式中，α_{ge} 为几何迎角；α_0 为以几何弦为准的零升迎角，一般为负值。

3. 翼型的阻力特性

虽然空气黏性很小，但是由于黏性的存在，当空气流过物体时，就会产生阻力。翼型阻力是由表面摩擦、流动分离和超声速的激波三种情况产生的，包括摩擦阻力和形状阻力（也叫黏性压差阻力）两部分。翼型摩擦阻力是空气流经翼型表面时，由于空气黏性的作用而产生的阻力。另外，空气离开翼型表面时因与附近的空气相互牵制摩擦也要产生阻力。翼型阻力特性曲线如图 2-23 所示。

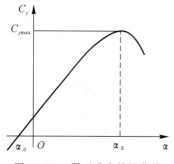

图 2-22　翼型升力特性曲线

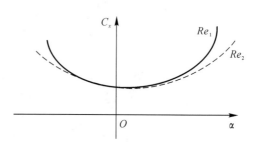

图 2-23　翼型阻力特性曲线

翼型的升力和阻力特性受中弧线的形状、翼型厚度和厚度分布的影响较大，特别是受弯度和翼型厚度的影响很大。翼型弯度增加，升力系数增加，翼型厚度减小，最小阻力系数减小。无论摩擦阻力，还是压差阻力，都与黏性有关。因此，阻力系数与雷诺数 Re（Reynolds number）存在密切关系。翼型无量纲阻力系数定义为

$$C_x = \frac{X}{\dfrac{1}{2}\rho_\infty V_\infty^2 b} \tag{2-13}$$

式中，C_x 为翼型阻力系数；X 为翼型阻力；其余参数与式（2-10）相同。

1）在任何迎角下翼型的阻力系数（型阻系数）都不会等于零，因为气体是有黏性的，流过翼型时必然产生阻力。

2）在迎角较小时，随着迎角的增大，型阻系数基本不变，当迎角较大时，型阻系数随迎角的增大增长较快，这是由于黏性作用导致边界层分离而引起的。

3）存在一个最小阻力系数。在小迎角时翼型的阻力主要是摩擦阻力，阻力系数随迎角的变化不大；在迎角较大时，出现了黏性压差阻力的增量，阻力系数与迎角的二次方成正比。当迎角等于或大于临界迎角后，分离区扩展至整个上翼面，阻力系数增大。

4. 翼型的极曲线

通常情况下，把翼型升力特性和阻力特性结合起来，构成表示翼型升力系数和阻力系数的关系曲线，称为极曲线，如图 2-24 所示。

极曲线上的每一个点都代表相应的一个迎角,由原点至该点的连线表示翼型在这一迎角下的气动合力的大小和方向。因此,极曲线其实就是空气动力合力的矢量曲线。从曲极线中还可以找出五个特征点:

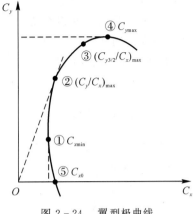

图 2-24　翼型极曲线

1) 阻力系数最小点 $C_{x\min}$ 点。

2) 最有利状态点 $(C_y/C_x)_{\max}$ 点。升阻比为最大,与航程最远相关。

3) 最经济状态点 $(C_{y3/2}/C_x)_{\max}$ 点。与续航时间最久相关。

4) 升力系数最大点 $C_{y\max}$ 点。

5) 零升阻力系数点 C_{x0} 点。

5. 翼型的俯仰力矩特性

力矩是描述使物体绕支点旋转的作用力的大小。

翼型的俯仰力矩特性表示翼型绕前缘的力矩系数 C_m 相对于迎角 α 的变化曲线,也可以表示为 $C_m - C_y$ 的关系。由于翼型压力中心是气动力合力作用线与翼型弦线的交点,则在应用范围,气动合力力矩可以近似写成

$$C_m = -\bar{x}_p C_x \tag{2-14}$$

式中,$\bar{x}_p = x_p/b$ 是翼型压力中心离开前缘的相对距离;b 为弦长。

对于普通翼型来说,有

$$C_m = C_{m0} + \frac{\partial C_m}{\partial C_y} C_y \tag{2-15}$$

式中,C_{m0} 为零升力矩;$\dfrac{\partial C_m}{\partial C_y}$ 为力矩系数对升力系数的斜率,为常数,一般为负数,意味着随着升力系数的增大低头力矩增加。

相距前缘为 x(无量纲 $\bar{x} = x/b$)的任意一点的俯仰力矩系数为

$$C_{mx} = -C_y(\bar{x}_p - \bar{x}) = C_m + \bar{x} C_y \tag{2-16}$$

6. 翼型的气动中心(焦点)

在任意迎角下,翼型绕某一特定点的俯仰力矩保持不变,该点称为气动中心,又叫焦点,即气动力增量的作用点。气动力增量作用点和气动力的作用点是不一样的,是迎角发生变化时,气动力的增加量力矩为零的点,是和飞行器的操纵性与稳定性紧密相关的一个重要参数,也是测量俯仰力矩的参考点之一。如果使 $\bar{x} = -\dfrac{\partial C_m}{\partial C_y} = \bar{x}_F$,则有

$$C_{mx} = C_{m0} = 常数 \tag{2-17}$$

此 F 点即为翼型焦点,绕焦点的力矩不随 C_y 而变,始终等于零升力矩系数。焦点位置是固定的,它不因迎角变化而移动。在亚声速情况下,大多数翼型绕 1/4 弦点的俯仰力矩几乎与迎角无关,$C_{m0} \approx -0.01$,$\bar{x}_F \approx 0.25$,即气动中心位于 1/4 弦点处。

7. 翼型的压力中心

翼型压力中心又叫压心,是翼型上下表面所受的气动分布力按照力的合成的基本原则合成的总力的作用点,所有的分布力相对于这一点的和力矩(假设抬头力矩为正,低头力矩为负)

为零。压力中心在迎角变化时,在翼型中央弦线上前后移动,翼型的弯度越大,移动的距离越大。压力中心的位置和速度无关。对于对称机翼,即使迎角变化,压力中心也在弦线25%附近不变化。对于对称翼型,$C_{m0}=0$,压力中心(p)与焦点(F)重合。而对于非对称翼型两者不重合,压力中心(p)位置与焦点(F)的关系式:

$$\overline{x}_p = -(C_m / C_y) = -(C_{m0}/C_y) + \overline{x}_F \qquad (2-18)$$

2.4.2　影响翼型空气动力的因素

影响翼型空气动力的因素很多,例如飞行器的飞行高度、飞行速度、风速、空气温度和湿度状况,以及翼型几何形状、表面粗糙度等,其中主要影响因素有雷诺数、马赫数等。

1. 雷诺数 Re

雷诺数是一种可用来表征流体流动情况的无量纲数,以 Re 表示。在流体力学中,雷诺数 Re 是指给定来流条件下,流体惯性力和黏性力的比值。雷诺数的大小决定了黏性流体的流动特性。雷诺数越小意味着黏性力影响越显著,雷诺数越大则惯性力影响越显著。雷诺数很小的流动,其黏性影响遍及全流场;雷诺数很大的流动(例如一般飞行器绕流),其黏性影响仅在物面附近的边界层或尾迹中才显著。在不同的流动状态下,流体的运动规律、流速的分布等都是不同的,因此雷诺数的大小决定了黏性流体的流动特性。

雷诺数的计算公式为

$$Re = \rho v d / \eta \qquad (2-19)$$

式中,v,ρ,η 分别为流体的流速、密度与黏性系数;d 为一特征长度。

如同水或油有黏性一样,空气有比水或油小的黏性。雷诺数在计算飞行器的阻力特征时很重要,飞行器在空气中飞行所遇到的阻力主要分为摩擦阻力和压差阻力两种,空气的黏性与这两种阻力的大小有密切关系。雷诺数被用来分析不同的流体特征,比如层流和乱流:雷诺数小,意味着流体流动时各质点间的黏性力占主要地位,呈层流流动状态;雷诺数大,意味着惯性力占主要地位,流体呈紊流(也称湍流)流动状态。一般 $Re < 2\,300$ 为层流状态,$Re > 4\,000$ 为紊流状态,Re 在 $2\,300 \sim 4\,000$ 之间为过渡状态。

雷诺数对常用翼型的升力线斜率影响很小,但对最大升力系数有明显的影响。一般 $C_{y\max}$ 随雷诺数的增大而增大,翼型阻力随雷诺数的增大而减小。因为雷诺数越大,黏性的影响就越小,从而延缓了气流分离的发生,如图 2-25 所示。雷诺数及翼型表面的光滑程度决定着翼型表面的附面层状态和转捩点位置,从而影响翼型摩擦阻力。

气动外形优化设计的目的在于实现翼型良好的气动效率,满足飞行器的性能需求。续航时间和航程是飞行器设计中考虑的重要问题,也成为翼型气动优化的重要目的。从续航时间角度考虑,亚跨声速内飞行的飞行器,在最佳续航和升阻比最大状态下的续航时间最长,因此传统高雷诺数翼型气动优化的目标是获取升阻比最大的翼型。而对于低雷诺数条件内的飞行器,翼型气动外形优化目标从功率因子方面考虑有利于实现续航时间延长的目的,翼型升阻比最大时的功率因子不一定最大,反之也成立。因此,低雷诺数翼型的气动优化从功率因子角度考虑,能获得满足低速小型飞行器航时性能要求的优化翼型。

2. 马赫数 Ma

马赫数(Mach number)定义为物体速度与声速的比值,即声速的倍数。其中又有细分多种马赫数,如飞行器在空中飞行使用的飞行马赫数、气流速度的气流马赫数、复杂流场中某点流速的局部马赫数等。由于马赫数是速度与声速之比值,而声速在不同高度、温度等状态下又有不同数值,无法将马赫数的数值换算为固定的 km/h 或 m/h 等单位。马赫数如果作为速度单位来使用,则必须同时给出高度和大气条件(一般缺省为国际标准大气条件)。

马赫数主要用于亚声速、超声速或可压流动计算。马赫数在计算飞行器的飞行性能时很重要,如图 2-26 和图 2-27 所示。飞行器 Ma 为 0.3 以下可以认为是低速(可以不考虑空气压缩性的影响);Ma 为 0.8 以下的是亚声速;Ma 为 0.8~1.2 的是跨声速;Ma 为 1.2~5.0 的是超声速;Ma 为 5.0 以上的是高超声速。一般民用飞机飞行速度多为亚声速或高亚声速,军用战斗机 Ma 可以达到 3.0 或更高,美国最新高超声速飞机 Ma 已达到 7.0,航天飞机在飞入大气层时 Ma 可以达到 25.0 以上。

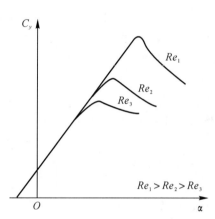

图 2-25　雷诺数对翼型升力特性的影响

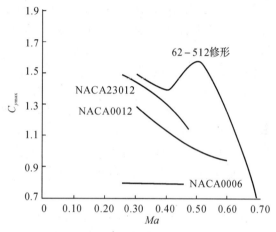

图 2-26　Ma 对升力特性的影响

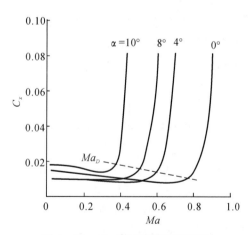

图 2-27　Ma 对阻力特性的影响

由于声音在空气中的传播速度随着不同的条件而不同,因此马赫数也只是一个相对的单位。在低温下声音的传播速度低些,Ma 为 1 对应的具体速度也就低一些。因此相对来说,在高空比在低空更容易达到较高的马赫数。当 $Ma < 0.3$ 时,流体所受的压力不足以压缩流体,仅会造成流体的流动。在此状况下,流体密度不会随压力而改变,此种流场称为亚声速流,流场可视为不可压缩流场。一般的水流及大气中空气的流动,例如湍急的河流、台风和汽车的运

动等,皆属于不可压缩流场。但流体在高速运动(流速接近声速或大于声速)时,流体密度会随压力而改变,此时气体之流动称为可压缩流场。

Ma 是标志空气压缩性影响的一个相似参数。对于旋翼固定翼无人机前飞时前行桨叶翼剖面有

$$Ma = (\Omega r + V_0)/a \qquad\qquad (2-20)$$

式中,a 为声速;Ω 为旋翼旋转转速;r 为桨叶翼剖半径;V_0 为飞行速度。

3. 音障

(1)音障的定义

音障是一种物理现象,当飞行器的速度接近声速时,将会逐渐追上自己发出的声波。声波叠合累积,会造成震波的产生,进而对飞行器的加速产生障碍,而这种因为声速造成提升速度的障碍称为音障。突破音障进入超声速后,从飞行器最前端起会产生一股圆锥形的音锥,这股震波如爆炸一般,故称为音爆或声爆。强烈的音爆不仅会对地面建筑物产生损害,对于飞行器本身伸出冲击面之外的部分也会产生破坏。而音障不仅有声波,还有来自空气的阻力。

(2)突破音障

在 20 世纪 50 年代之前,飞机音障是一个非常大的问题。当飞机向声速冲击的时候,飞机头部被高速压缩的空气像一堵墙一样,很多飞机都在这堵"墙"上撞得空中解体。不过人们在实践中发现,在飞行速度达到声速的 9/10,即马赫数为 0.9 时,局部气流的速度可能就达到声速,产生局部激波,从而使气动阻力剧增。因此,要进一步提高速度,就需要发动机有更大的推力。

由于声波的传递速度是有限的,移动中的声源便可追上自己发出的声波。当物体速度增加到与声速相同时,声波开始在物体前面堆积。如果这个物体有足够的加速度,便能突破这个不稳定的声波屏障,冲到声音的前面去,也就是突破音障。1947 年 10 月 14 日,美国试飞员耶格尔驾驶的 X-1 实验飞机在美国加利福尼亚州南部上空脱离 B-29 母机,在 12 000 m 高空,飞行达到 1 066 km/h 的速度,成为人类突破音障的第一人。在飞行器突破这一障碍后,周围空气压力陡降,"整个世界都安静了",一切声音全被抛在了身后。

(3)超声速飞机的特点

突破音障重要的是技术因素,不光是一味地提高发动机推力,还在于通过改变飞机外形以便于突破音障,现在大多数军用飞机的机型通过持续加速,都能突破音障飞行,甚至达到 3 倍声速。

超声速飞机的机体结构,与亚声速飞机相当不同:机翼必须薄得多;关键因素是相对厚度,即机翼最大厚度处厚度与翼弦的比率。以亚声速的活塞式飞机为例,相对厚度为 17%,但对超声速飞机来说,相对厚度很难超过 5%,即机翼最大厚度处厚度只有翼弦的 1/20 或更小,机翼的最大厚度可能只有十几厘米。超声速飞机的翼展不能太大,而是趋向于较宽较短,翼弦增大,如将机翼做成三角形,前缘的后掠角较大,翼根很长。

(4)避免旋翼无人机发生音障的速度限制

对于旋翼无人机而言,当旋翼桨叶桨尖的 Ma 接近 1 时,桨叶前方急速冲来的空气不能够像平常一样通过旋翼扩散开,于是气体都堆积到了旋翼和机体的周围,产生极大的压力,引发出一种看不见的空气旋涡,俗称"死亡漩涡",即音障,使旋翼和机体剧烈抖动,往往瞬间会被摇成碎片。由于旋翼桨叶剖面的相对气流与其半径有关,因此旋翼无人机是不可能像飞机一样通过持续加速突破音障的。即使旋翼桨叶的桨尖速度超过了声速,那么在桨叶上靠近旋转中

心近一些的某一处必然是在声速附近的,这样一来旋翼就会一直受到音障的影响而无法正常工作。此时为了保障安全,旋翼无人机飞行速度要立即降下来,即为了避免产生音障,飞行时要确保旋翼桨叶的桨尖速度不能超过声速,导致其前飞速度不可能高。通常旋翼无人机飞行速度一般不超过 250 km/h。

4.失速

在正常情况下,机翼的升力是与迎角成正比的,迎角增加,升力随之增大。但是一旦迎角增大到某一数值时,则会出现相反的情况,即迎角增加,升力反而急剧下降,这个迎角称为临界迎角。超过临界迎角之后,流经桨叶上表面的气流会出现严重分离,形成大量涡流,升力开始下降,阻力急剧增加,飞行速度急剧下降,并剧烈抖动,随后下坠,造成严重的飞行事故,这种现象就是失速。为了避免产生失速,机翼的迎角必须小于临界迎角。

临界迎角与雷诺数有关,雷诺数越大越不容易失速。因为雷诺数越大,流经机翼上表面的边界层会越早从层流边界层过渡为紊流边界层,而紊流边界层不容易从桨叶表面分离,所以不容易失速。雷诺数小的机翼上表面尚未从层流边界层过渡为紊流边界层时就先分离了,造成失速。一般翼型数据都会注明该数据是在雷诺数多大时所得,并注明雷诺数多少时在几度攻角发生失速。

不同的翼型在失速时的特性并不相同,有的失速后升力很快减小,有的减小幅度就缓和得多。一般来说翼型分为三种类型,如图 2-28 所示。

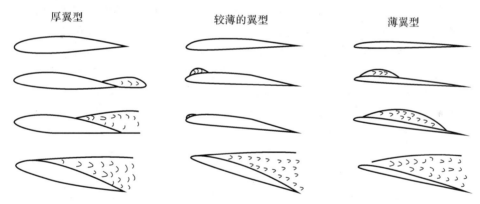

图 2-28　不同厚度翼型的失速特性示意图

(1)厚翼型

厚翼型一般指圆前缘,最大厚度大于 14% 的翼型。发生失速时,翼型从后缘开始失速,开始时,湍流边界层随着迎角的增加而增厚,在迎角 10° 左右时,边界层开始从后缘分离。迎角进一步增大,分离点向前移动。升力的损失比较缓慢,俯仰力矩的改变也较小。

(2)较薄的翼型

翼型从前缘开始失速。如果翼型为中等厚度(6% ~14%),则在很小的迎角下气流就从前缘分离,但是立即会又附着在翼型表面上,因此操控人员几乎无法觉察到失速。在更大的迎角下,边界层不再附着,整个翼型几乎立即失速,从而导致升力和俯仰力矩的剧烈变化。

(3)薄翼型

薄翼型发生失速形时,在小迎角下从头部分离,而后立即再附着,这些分离气泡随着迎角的增加会向后延伸,当延伸到翼型后缘时,翼型达到最大升力,超过这一迎角后,气流在整个翼型上分离,从而失速,升力下降比较平缓,但是俯仰力矩变化较大。

2.5 翼型的发展历程和固定翼无人机的翼型选择

翼型的气动特性直接影响到无人机的气动特性和飞行品质,在空气动力学理论和航空飞行器气动设计中具有重要的地位。翼型的选择和设计是空气动力学研究,以及无人机设计研制过程中的一项重要内容。

2.5.1 翼型的发展历程

翼型的发展历程就是人类在空气动力学领域不断进步的写照,是人类从实现早期的飞天梦想,到追求更快、更高飞行理想的理论基础。在人类社会文明发展史上,翼型的产生和发展是空气动力学和航空工程实践的结果,从最初观察和研究鸟的飞行,到关注升力的莱特兄弟时代的传统翼型,再到关注速度的亚声速翼型,以及关注速度与机动性的超声速翼型和翼身融合设计,充分体现出来人们对航空飞行器发展的需求越来越多元化。翼型发展历程可以划分为四个阶段。

1. 第一阶段:人类早期,观察和研究鸟的飞行

被世界公认的航空创始人之一的意大利著名科学家、工程师达·芬奇,长期对鸟的飞行进行观察和研究,于公元 15 世纪末,写出《论鸟的飞行》一书,书中还画出多幅模仿鸟的飞行器。这些飞行器具有明显的近现代飞行器特征,其中的机翼有一定的剖面形状和平面形状,结构形式和近代飞机没有本质区别,明显脱离了早期航空蒙昧时期的飞行装置的随意性。

世界上很多技术发明是在动物的特异功能启发下研究成功的,飞机就是个典型的例子。机翼产生升力,就是在鸟的翅膀升力启发下逐步发展改进而得来的。1889 年,德国科学家李林达尔(O. Lilienthal)发表了著名的《鸟类飞行:航空的基础》一书,论述了鸟类飞行的特点。他注意积累数据,总结经验,纠正了前人"多层叠置窄条翼"的片面做法,第一次提出了"曲面机翼比平面机翼升力大"的观点,这对翼型的发展产生了深远影响。

李林达尔于 1891 年制成一架仿鸟翼的弓形翼面滑翔机,亲自试飞,飞行了 30 多米,从而成了人类靠自制重于空气的飞行器飞行成功的先驱。他的实践充分证实了人类若想飞上蓝天,必须要有一对像鸟一样的拱形翅膀,用其产生升力才能飞行。

飞机发明人美国的莱特兄弟读了《鸟类飞行:航空的基础》一书受到很大启发,并按书中写到的"每只鸟都是一名特级飞行员,谁要飞行,谁就得模仿鸟"的论述,对鸟的飞行动作进行了更仔细地观察、研究,于 1903 年 12 月成功地发明了世界上首架有动力、可操纵的飞机,成为世界公认的飞机发明人。

莱特兄弟所使用的翼型和李林达尔所开发的翼型很相似:薄翼型和较大的弯度。可能是由于早期的翼型选择试验是在低雷诺数下测试的,薄翼型比厚翼型有优势。高效率翼型必须薄和高弯度的错误信念间接导致早期的飞机都是双翼机或多翼机。

2. 第二阶段:20 世纪 50 年代前,风洞实验+经验

20 世纪 50 年代前的经典翼型或第一代翼型是人们利用风洞实验,凭借经验与耐心,采用试误法,反复进行迭代计算及结果比较的研究成果。流体力学方面的风洞实验是指在风洞中安置飞行器或其他物体模型,研究气体流动及其与模型的相互作用,以了解实际飞行器或其他

物体空气动力学特性的一种空气动力实验方法。风洞是空气动力学研究和试验中最广泛使用的工具。它的产生和发展是同航空航天科学的发展紧密相关的。风洞广泛用于研究空气动力学的基本规律,以验证和发展有关理论,并直接为各种飞行器的研制服务,通过风洞实验来确定飞行器的气动布局和评估其气动性能。

世界上公认的第一个风洞是英国人韦纳姆(E. Mariotte)于 1869—1871 年建成,并测量了物体与空气相对运动时受到的阻力。它是一个两端开口的木箱,截面 45.7 cm×45.7 cm,长 3.05 m。美国的莱特兄弟在他们成功地进行世界上第一次动力飞行之前,于 1900 年建造了一个风洞,截面 40.6 cm×40.6 cm,长 1.8 m,气流速度 40～56.3 km/h。1901 年莱特兄弟又建造了风速为 12 m/s 的风洞,为他们的飞机进行有关的实验测试。风洞的大量出现是在 20 世纪中叶,目前世界上已有上千个风洞。现代飞行器的设计对风洞的依赖性很大。例如,20 世纪 50 年代美国 B-52 型轰炸机的研制,曾进行了约 10 000 h 的风洞实验,而 20 世纪 80 年代第一架航天飞机的研制则进行了约 100 000 h 的风洞实验。

风洞中的气流需要有不同的流速和不同的密度,甚至不同的温度,才能模拟各种飞行器的真实飞行状态。测量翼型表面压力分布、升力、阻力、力矩、激波位置,以及临界马赫数等来研究其气动特性。通常采用两种方法进行测量。

1)用天平直接测量翼型的气动力。

2)通过测量翼型表面压力分布及尾迹流场推导出气动升力、阻力和力矩。

用天平直接测量翼型的气动力的方法比较麻烦,且不易得到高精度的实验数据,故广泛采用测量翼型压力分布的方法,同时采用测量尾流流场的方法来得到翼型的气动特性。

随着风洞实验技术的普遍应用和发展,多样化的翼型通过风洞实验开发出来了。其中最成功的包括 Clark Y 系列和 Gottingen 398 系列,它们是基于 20 世纪 20 年代 NACA 的一族翼型。在各国的研究特别是 1930 年左右,美国的 NACA(现在的 NASA)设计的 NACA 四位数字翼型成为此后翼型研究的主流。由中心线和沿中心线厚度的分布组合的方法进行设计,其气动特性由风洞实验得到,从而了解了设计出优秀翼型的关键,研究工作也得以顺利进行;四位数字翼型之后,五位数字翼型、层流 1 系列翼型、六位数字系列翼型、七位数字系列翼型等也随之诞生。

1922 年,美国在兰利实验室建造了压力达 25 个大气压的变密度、高雷诺数风洞。该风洞能进行接近飞行雷诺数的模型试验。NACA 在 1929—1934 年间,共设计、研究和试验了 100 多种翼型,建立了很大的数据库,并在 1933 年首次出版了可供设计师参考应用的翼型手册,很受欢迎。在五位数字系列的翼型中,NACA23012 很出名,与早期厚翼型的 Clark Y 翼型比较,其最大升力系数提高 8% 左右,最小阻力系数约降低 20%,在全世界得到了广泛应用。

3. 第三阶段:20 世纪 60 年代末及 70 年代,计算机应用

20 世纪 50—60 年代由于翼型技术的重要性未引起足够的重视,翼型研究处于停滞阶段。直到 20 世纪 60 年代末及 70 年代,计算机应用普及到社会更多的领域。第三代集成电路计算机具有良好的性能价格比和可靠性,它促进了计算机的推广应用。计算机技术与通信技术的结合,使计算机网络技术及其应用得到飞速发展,在此基础上,诞生了计算流体动力学(Computational Fluid Dynamics,CFD)。它是建立在流体力学与数值计算方法基础上的新型独立的学科,通过计算机数值计算和图像显示的方法,在时间和空间上定量描述流场的数值解,从而达到对物理问题研究的目的。它兼有理论性和实践性的双重特点,建立了理论和方

法,把原来在时间域及空间域上连续的物理量的场,如速度场和压力场,用一系列有限个离散点上的变量值来代替,通过一定的原则和方式建立关于这些离散点上场变量之间关系的代数方程组,然后用数值计算求解代数方程组获得场变量的近似值。为现代科学中许多复杂流动和传热问题提供了有效的计算技术。

风洞实验由于受到模型尺寸、流场流动、测量精度的限制,有时可能很难通过试验的方法得到满意的结果。CFD方法恰好克服了风洞实验的弱点,在计算机上实现一个特定的计算,就好像在计算机上做一个物理实验。30多年来计算机及计算技术发展很快,使得许多过去不能求解的空气动力学问题,现在可以用数值方法求解了。

为了深入分析风洞实验中来流参数的扰动对翼型气动试验结果的影响,基于雷诺平均Navier-Stokes方程有限体积方法,采用Spalart-Allmaras湍流模型,发展了一套二维计算流体力学(CFD)程序,应用自动微分方法对CFD程序进行改造,建立了对应过程的敏感性导数计算方法和程序,可以一次性获得翼型各处压力系数和所有气动力系数对迎角、马赫数和雷诺数的敏感性导数。CFD研究结果表明:在亚声速和跨声速中,翼型压力分布对马赫数最敏感,比对雷诺数的敏感性至少高8个量级。但是,在亚声速来流中,翼型压力系数的不确定性由迎角摄动引起的部分比马赫数摄动引起的部分高1个量级,迎角控制精度很大程度上决定了风洞实验结果的精度;在跨声速来流中,迎角摄动引起的不确定性比马赫数摄动引起的要低1个量级。同时,对马赫数敏感性的增强使得翼型压力分布的不确定性在跨声速范围比在亚声速范围高1个量级,此时马赫数的控制精度很大程度上决定了风洞实验结果的精度。20世纪60年代末及70年代,采用CFD方法和风洞实验主要开发了以下翼型。

(1)超临界翼型

超临界翼型是一种高性能的跨声速翼型,能够使机翼在接近声速时阻力剧增的现象推迟发生。它是由美国NASA兰利研究中心的理查德·惠特科姆(Richard T. Whitcomb)在1967年提出的。这种翼型属于双凸翼型的一种,但样子看起来像一个倒置的层流翼型,即下表面鼓起,而上表面较为平坦。超临界翼型不是增加临界马赫数,而是努力增加临界和阻力发散马赫数之间的马赫数增量,因此可以获得较好的跨声速飞行性能。

利用CFD不但能分析超临界翼型的气动特性,而且也能按给定的目标压力分布设计满足需要的超临界翼型。这种翼型的气动力优点是:当气流绕前缘流动时,在其上、下表面速度增加较少,特别是减小了前缘吸力峰值,平坦的上表面使大约从5%弦向位置直到靠近后部的弱激波前都处于均匀的大范围超声速区,该区以等熵或接近等熵压缩的方式恢复到亚声速区。下表面保持亚临界区以避免产生激波。后部下表面弯曲产生的正压力可弥补由于上表面变平对升力的损失。

超临界翼型非常成功,因为现代飞机应用超临界翼型能起到减小机翼后掠角和增加机翼相对厚度并因此减小机翼重量和改善结构效率,达到增大机翼展弦比的目的。大展弦比机翼可降低诱导阻力和增加升力,提高飞机的气动效率(升阻比)。目前超临界翼型已经在美国的波音757、波音767、波音777和MD-11,欧洲的A310、A320、A330、A340和俄罗斯的伊尔-96、图-204等现代客机上得到广泛应用。

(2)高升力翼型

高升力翼型是指具有高升力、低阻力(高升阻比)的翼型。常用的高升力翼型设计方法有两种:一种是直接数值优化设计方法,简称为最优化设计方法;另一种是反设计方法。直接数值优化设计方法将 CFD 与最优化方法结合起来,通过几何形状的不断修正来寻求目标函数(如阻力或升阻比)的极值,从而完成最优化设计。反设计方法则是首先给定期望达到的气动参数分布(如压力分布),然后借助于 CFD 软件,模拟翼型的气动力环境,通过几何和流动控制方程,逐步逼近给定的目标,求得满足给定流场的翼型。

中高空长航时固定翼无人机是固定翼无人机家族的重要组成部分,如美国的"捕食者"(中空)、"全球鹰"(高空)系列、以色列的"苍鹭"等。该类固定翼无人机要求翼型具有较高的升阻比,以维持较长的巡航或巡逻飞行时间,顺利执行侦察、跟踪或中继引导等任务。因此,该类固定翼无人机一般要求采用大展弦比、小后掠或直机翼,使用高升力厚翼型。

比较常用的高升力翼型有低雷诺数高升力翼型 LA203A、高升力两段翼型 NLR 7301,以及 GA W-1、GA W-2、YLSG 107 等翼型。

(3)自然层流翼型

自然层流翼型是一种利用翼型几何形状控制上、下翼面逆压梯度的形成,使翼型有较长层流段的翼型,以获得高升力及高升阻比。与普通翼型相比,层流翼型的最大厚度位置更靠后缘,前缘半径较小,上表面比较平坦,能使翼表面尽可能保持层流流动,从而可减少摩擦阻力。层流翼型基本原理是在气流达到接近机翼后缘升压区之前,尽可能在更长的距离上继续加速,就可以推迟由层流向湍流的转捩。

自然层流减阻技术是指通过对翼型以及机翼的优化设计使得机翼表面附面层保持大面积的层流,从而达到减小阻力的目的。随着近年来航空材料工艺和制造技术的发展,在设计出满足飞机气动性能要求的翼型基础上,加入自然层流减阻设计已经能够实现。这样便出现了气动性能更加优良的自然层流翼型的概念,其优良的气动特性预示了其广阔的应用前景。

4.第四阶段:20 世纪 80 年代至今,翼型优化设计

自 20 世纪 80 年代后,翼型研究趋向于综合性能更优良的翼型。已发展了多目标、多约束的翼型优化设计方法,翼型/机翼一体化设计及翼身融合设计方法。此外,湍流相关结构研究的发展和非定常空气动力学理论的应用,以及多目标、多约束、多学科的局部和全局优化算法的出现为新一代翼型的发展提供了喜人的发展前景。机翼和翼型的设计逐步与升力、速度、阻力、机动性、强度、隐身性等多种性能相结合,这体现出来人们对飞行器发展的需求越来越多元化。相信随着相关学科理论的不断完善和技术水平的不断提高,各个学科的联系将更加紧密,多学科相结合的翼身融合翼型及飞机仍然是未来的发展方向。

2.5.2　中小型固定翼无人机的翼型选择

中小型固定翼无人机雷诺数较大,与有人固定翼飞机在气动力上差别不大,翼型的选择可以按有人飞机的程序进行。对现有各种翼型的几何参数和性能进行对比分析,可挑选出能满足飞行器空气动力学要求的翼型。选择翼型时通常要考虑以下因素。

1.翼型总体外形的考虑

1)双凸翼型的上弧线和下弧线都向外凸,但上弧线的弯度比下弧线大。这种翼型比对称翼型的升阻比大。

2)平凸翼型的下弧线是一条直线,这种翼型最大升阻比要比双凸翼型大。

3)凹凸翼型的下弧线向内凹入,这种翼型能产生较大的升力,升阻比也比较大。

4)S 形翼型的中弧线象横放的 S 形,这种翼型的力矩特性是稳定的。

2.翼型几何参数的考虑

(1)弯度

1)适当增加翼型弯度是提高翼型最大升力系数的有效手段,一般为2%~6%,尤其4%比较常见。

2)适当前移最大弯度位置也可以提高翼型的最大升力系数,失速形式为前缘失速。

3)最大弯度位置靠后,最大升力系数降低,但是可以取得比较缓和的失速特性。

4)对低速和亚声速翼型,阻力主要来自摩擦阻力,因此常选择小弯度层流翼型来减少阻力。

(2)厚度

1)适当增加翼型的厚度可以提高翼型的升力线斜率,使最大升力系数增加。

2)翼型每减小1%的相对厚度可以增加0.015的临界马赫数。

3)对常规的NACA翼型,一般在相对厚度12%~15%达到最大升力系数。

4)低速翼型相对厚度可以在12%~18%之间选择;亚声速翼型相对厚度可以在10%~15%之间选择;超声速翼型参数只能在4%~8%之间较薄的翼型和较薄前缘半径翼型间选择。

(3)前缘

1)翼型头部是确定大迎角下气流分离流动,从而决定最大升力系数及其他重要气动性能的几何参数。

2)适当增加翼型的头部半径还可以提高翼型的升力线斜率。

3)翼型前缘半径越小,越易分离,最大升力小,波阻也小。

4)圆前缘翼型失速迎角大、最大升力系数大、超声速波阻大。

5)亚声速翼型采用圆前缘,超声速翼型采用尖前缘。

(4)对称翼型

1)对称翼型的中弧线和翼弦重合,上弧线和下弧线对称。这种翼型阻力系数比较小,但升阻比也小。

2)对称翼型的最大失速特性远不如有弯度的翼型,但是它的速度特性比较好。

3)翼型的零升力矩是由弯度决定的。对称翼型的零升力矩为零,零升力矩太大会增加配平阻力。

2.5.3 高空长航时和微型固定翼无人机的翼型选择

1.高空长航时固定翼无人机翼型的选择

大气层空气密度随着高度增加而减小,特别是高空空气稀薄,因此,高空长航时固定翼无人机在飞行时要用高升力系数翼型。它又要留空时间长,这就要求固定翼无人机机翼升阻比要大。根据这些要求,应选择大升阻比对应的升力系数高的翼型。

从翼型的极曲线可以看出翼型的特点。一般来说,翼型的阻力系数愈小愈好,也就是说极曲线愈向纵轴靠近愈好。几种翼型极曲线如图2-29所示,可以看出,L1003M翼型的阻力系数较小。不过还不能认为应选用这种翼型。对于长航时固定翼无人机来说,阻力小还不够,因为主要要求对应飞行时的升阻比要愈大愈好。在极曲线图上,通过原点画与极曲线相切的直线决定最大升阻比及对应的升力系数。切线越陡越好,与横轴所构成的夹角越大,表示升阻比越大(见图2-29)。例如,图中的L1003M翼型的最大升阻比较其他的都大,故对要求长航时的无人喷气飞机来说,这种翼型比较好。选择翼型时可以先把升阻比大的选出来。

此外,极曲线当中部分愈垂直愈好(图中的 L1003M 和 WORTMANN 翼型比其他两种好)。这样的极曲线表示机翼在很大迎角范围内阻力系数增加很小,固定翼无人机用这样的翼型将会容易调整。图 2-29 中的 PICK&LIEN 翼型则很难控制到正好在合适的迎角下飞行,升力系数有一点小小的变化便会引起升阻比较大的改变。这就是通常所说的"过分灵敏"。

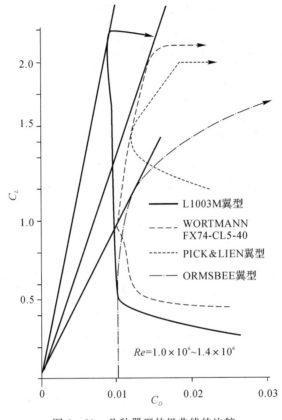

图 2-29　几种翼型的极曲线的比较

高空长航时固定翼无人机都是亚声速飞机,但在高空空气稀薄,机翼要用很大的升力系数,而雷诺数又较低,要选用新的层流翼型来满足这个要求。美国很成功的"全球鹰"固定翼无人机活动高度在 19 000 m 左右。为了能飞很长时间,减少诱导阻力,机翼展弦比很大,即翼弦较短,故虽然飞行马赫数达到 0.63,但雷诺数只有 1 543 000。如果不用新的层流翼型很难满足飞机的性能要求。

2.微型固定翼无人机翼型的选择

微型固定翼无人机的飞行雷诺数一般都很小,比高空长航时固定翼无人机的飞行雷诺数更小,选用的现代层流翼型只要不在翼型临界雷诺数附近,其阻力系数将随雷诺数减少而增加。微型固定翼无人机的翼型只能选用很低雷诺数的翼型。本来微型固定翼无人机适合用弯曲平板翼型,但从结构设计和实用性衡量很难使用。理论设计的高升力系数翼型则很厚,实用性可能好一些。

另外,人力飞机已成功进行了多次"远"距离飞行。它们的雷诺数也是很低($Re =$ 700 000),其中飞越英伦海峡的"秃鹰"号所用 Lissaman 7769 翼型如图 2-30 所示。这些翼型对微型固定翼无人机也是很合适的。

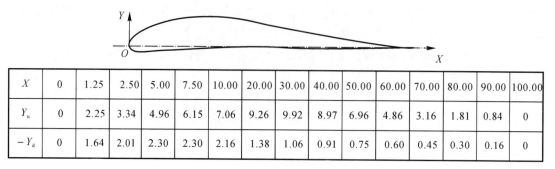

X	0	1.25	2.50	5.00	7.50	10.00	20.00	30.00	40.00	50.00	60.00	70.00	80.00	90.00	100.00
Y_u	0	2.25	3.34	4.96	6.15	7.06	9.26	9.92	8.97	6.96	4.86	3.16	1.81	0.84	0
$-Y_d$	0	1.64	2.01	2.30	2.30	2.16	1.38	1.06	0.91	0.75	0.60	0.45	0.30	0.16	0

图 2-30　人力飞机用的 Lissaman 7769 翼型

2.5.4　旋翼无人机旋翼桨叶的翼型

旋翼桨叶翼型是旋翼气动设计的基础。旋翼无人机旋翼桨叶翼型的选择可以按有人直升机的程序进行。在直升机发展过程中,其旋翼桨叶翼型的发展历程可以分为以下两个阶段。

1. 第一阶段:20 世纪 70 年代前,采用固定翼飞机机翼的翼型

从 1939 年第一架实用直升机 VS-300 升空到 20 世纪 60 年代以前,早期直升机旋翼大多选用 NACA0012 翼型或它的改进型。NACA0012 是一个无弯度、厚 12% 的对称翼型,具有高升阻比的特点,即在允许的速度范围内从翼根到翼尖能够产生较大的升力,同时阻力较小。NACA0012 翼型是美国在 20 世纪 30 年代为固定翼飞机机翼设计的,没有考虑直升机旋翼特殊的空气动力问题,早期直升机旋翼大多选用它或它的改进型的原因主要有两个,首先它的 Ma 性能和升力能力之间有良好折中,能满足直升机旋翼基本的空气动力性能要求;其次直升机旋翼选择对称翼型的主要原因还是它具有稳定的压力中心。

翼型的压力中心是指升力在翼型弦线上的作用点,在固定翼飞机机翼的翼型上,气流随着迎角的变化,压力中心沿着弦线移动,这对于固定翼飞机来说问题不大,因为它的尾翼可提供纵向稳定性;而对于直升机的旋翼桨叶来说则是不可接受的,因为直升机旋翼桨叶的迎角在飞行中是在不停地变化的,压力中心的不停移动将引起桨叶的扭转而使桨叶应力增加,并对直升机的操纵性与稳定性产生很大影响。由于对称翼型的压力中心的作用点与气动中心(焦点)重合,当桨叶剖面迎角发生变化时,气动力的增加量力矩为零。因此,虽然旋翼桨叶的迎角不停地变化,但压力中心作用点位置保持基本不变,这样可以提高直升机的稳定性,减轻飞行员的操纵负担。

不过对称翼型的最大升力系数 C_{Lmax} 过低,于是在 20 世纪 60 年代,有不少直升机旋翼桨叶改用了前缘下垂翼型,如 NACA23012。前缘下垂翼型最大升力系数 C_{Lmax}(在 $Re=6\times10^6$ 时)要比对称翼型高 10% 以上,而且零升俯仰力矩系数很小,最小阻力系数与对称翼型相当。

2. 第二阶段:20 世纪 70 年代以后,旋翼桨叶专用翼型

在 20 世纪 60 年代后期,随着空气动力学的发展,人们从理论和试验两方面都证实了无激波超临界翼型的存在,为进一步提高翼型的阻力发散马赫数提供了依据。从 20 世纪 70 年代到 80 年代初期,为了提高直升机旋翼桨叶翼型的气动特性,人们按照"超临界翼型"的思路,设计出了阻力发散马赫数有明显提高的旋翼桨叶翼型,如 OA2 系列和 TsAGI-2 系列等。

20 世纪 70 年代后期在二维分离流动的研究中提出了后缘涡假设,使得具有后缘分离涡

的当量翼型可以通过位流/边界层迭代来计算翼型的最大升力。在上述理论指导下,采用数值优化技术发展了 OA3 系列翼型,在同样的相对厚度下,OA3 系列翼型与 OA2 系列翼型相比,最大升力系数得到了不同程度的提高。

随后,世界上的各大直升机公司及研究机构都发展各自独家的旋翼桨叶专用翼型,如美国波音-伏托尔公司的 VR 系列,西科斯基公司的 SC 系列,法国国家航空航天研究院的 OA 系列,德国宇航研究院的 DM－H 系列,以及俄罗斯茹科夫斯基中央空气流体力学研究院的 TsAGI 系列等。这些翼型在较宽的马赫数范围内都有较好的气动特性,如图 2－31 所示。

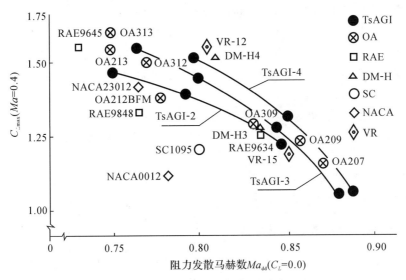

图 2－31　国外主要旋翼桨叶翼型气动特性比较

20 世纪 80 年代后期到 90 年代初,法国国家航空航天研究院相继发展了 OA4 和 OA5 系列旋翼翼型,其最新发展的 OA5 系列旋翼翼型采用了超临界自然层流翼型设计技术,主要追求的目标是减小前飞阻力。俄罗斯茹科夫斯基中央空气流体力学研究院发展了 TsAGI－4 系列,与 TsAGI－2 系列翼型相比,翼型最大升力相对提高了 7%～9%。目前世界各国对新翼型的研究仍在不断深入进行中。

2.6　固定翼无人机的翼型设计

在进行固定翼无人机新型号总体设计时,如果现有的翼型不能满足总体设计要求,就需要重新设计翼型或在原有翼型上进行修改设计,即进行固定翼无人机的翼型设计。目前大量使用 CFD 方法设计和修改新翼型,很大程度上代替以往通过风洞实验进行设计和修正翼型的过程。

2.6.1　翼型几何参数对固定翼无人机性能的影响

翼型设计的目的在于给出能满足固定翼无人机飞行技术指标的翼型几何外形,因此设计固定翼无人机翼型的主要依据是固定翼无人机的用途、大小、重量、飞行速度、升限、最大航时和航程,以及任务负载、雷诺数等。对固定翼无人机新型号的设计性能确定后,首先要了解翼型特性与固定翼无人机性能的关系,以便正确提出翼型设计方案。

1. 翼型几何参数对固定翼无人机气动性能的影响

翼型的几何参数对固定翼无人机的气动性能具有巨大的影响,主要体现在以下几方面:

1)翼型最大升力系数 $C_{L\max}$ 高有利于固定翼无人机起降和机动性能。

2)翼型大升力线斜率有利于固定翼无人机巡航、起降和机动性。

3)翼型失速临界迎角限制了固定翼无人机着陆的擦地角和大迎角飞行性能。

4)翼型零升力迎角标志气动扭转量的大小。

5)翼型最小阻力系数与固定翼无人机的最大速度(Ma)相关。

6)翼型最大升阻比指示最佳巡航迎角,也反映航时、航程,航程因子($M_\infty \times L/D$)越大,则巡航效率越高。

7)翼型零升力矩越大,需较大配平力矩,导致大配平阻力。

2. 翼型几何参数对固定翼无人机结构性能的影响

1)翼型相对厚度越大,机翼的结构重量越轻,容积越大。

2)翼型弦向15%,20%,60%和70%处的翼型厚度决定着机翼翼梁高度,翼梁越高,重量越轻。

3)翼型最大升力时压心的最前位置与最小阻力时压心的最后位置的距离越小,则压心移动小,有利于固定翼无人机结构设计。

2.6.2 固定翼无人机翼型设计方法

固定翼无人机翼型设计首先要按照所设计固定翼无人机新型号的性能要求、设计技术和物理的限制,提出既满足性能要求又能实现的具体设计指标,其次需要确定设计的方法。计算流体动力学(CFD)和现代计算机技术为翼型设计带来了很多便利优势,由于CFD快速、经济、可定量、精细、实时地描述流场及其气动效果,可以方便地改变物体几何形状和流动参数,即能够通过计算机实现自动、优化的气动设计,省时省力,可以有效提高气动特性,因而利用CFD进行翼型设计已成为该领域最主要的方式。目前,基于CFD的翼型设计方法主要有两种:一种是给定目标压力分布的反设计方法;另一种是直接数值优化设计方法,简称最优化设计方法。

1. 翼型设计的反设计方法

翼型设计的反设计方法首先要给定目标压力分布,然后通过几何和流动控制方程,逐步逼近给定的目标,求得满足给定流场的翼型,使得翼型设计最终结果符合给定的目标性能。实际上,反设计方法的过程是一种试误法,需要反复进行迭代计算及结果比较,这需要经验与耐心,并要求设计者具有精深的专业知识和丰富的设计经验。

反设计方法中最具代表性和实用性的是余量修正方法,该方法具有简单实用的特点,且正计算与反设计模块之间相对独立,可以与先进的流场计算分析方法相结合,从而提高设计的准确性和精确性。余量修正法首先利用已有的分析程序计算初始翼型上的实际压力分布,将该压力分布与目标压力分布之间的残值(余量)作为已知量,然后通过求解一个简单的反问题过程得到对应的几何修正量,该几何修正量应使残值趋于零。最后使用该几何修正量修正初始翼型,重复以上过程,直到残值收敛于零。这种方法的优点在于只需求解简单的反问题,因此程序简单,所调用的流场分析程序可以被更高精度的计算程序替换。

翼型设计反设计方法的基本步骤,如图 2-32 所示。

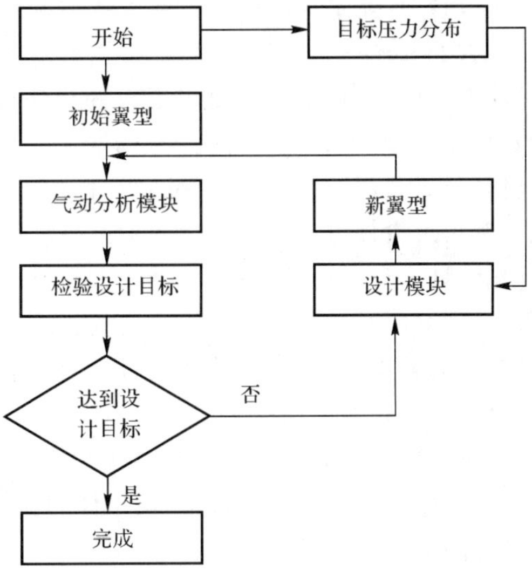

图 2-32　翼型设计反设计方法的基本步骤

1)给定目标期望达到的气动状态(目标压力分布、升阻比等)。

2)选取初始翼型,在给定的设计状态下,通过 CFD 方法求解流场,获得初始翼型表面的压力分布,根据它与目标翼型压力分布之间的差别,采用反设计方法获得新翼型的表面形状。

3)对新翼型采用 CFD 方法进行流场计算,根据新的压力分布差别再进行反设计。

4)如此反复进行迭代设计,直到新翼型的压力分布收敛于目标压力分布。

2.翼型设计最优化设计方法

翼型设计最优化设计方法是基于控制理论、遗传算法等,直接以工程上关心的某种性能参数或几种性能参数组合,如升力系数、阻力系数、升阻比、容积等达到最优为设计目标,在满足一定的约束条件(如不能产生激波/边界层干扰、后缘厚度、前缘半径等)下,用已有的空气动力学分析程序与某个数值优化程序进行交替迭代来优化目标函数进行优化,而且可以按工程结构或工艺上的要求对几何型面提出各种约束,是最有发展潜力的方法。

遗传算法抽象于生物体的进化过程,通过全面模拟自然选择和遗传机制,形成一种具有"生成＋检验"特征的自适应全局优化概率搜索算法,具有全局优化能力。遗传算法以编码空间代替问题的参数空间,以适应度函数为评价依据、编码群体为进化基础,以及对群体中个体位串的遗传操作实现选择和遗传机制,建立起一个位串集合,群体的个体不断进化,逐渐接近最优解,最终达到求解问题的目的。遗传算法的优化机理是:从随机生成的初始群体出发,采用优胜劣汰的选择策略选择优良个体作为父代;通过父代个体的复制、交叉和变异来繁衍进化子代种群,经过多代的进化,种群的适应性会逐渐增强。针对一个具体的优化问题,优化结束时具有最大适应值的个体所对应的设计变量便是优化问题的最优解。

在翼型的设计过程中,翼型流场的研究可以说是翼型研究的一项最基本、最重要的内容,因为翼型设计的最基本要求就是能够模拟实际情况下的气动力环境,提供模型试验所需的气动力环境,而只有通过流场的计算和研究,才能设计出满足试验要求的翼型。翼型设计最优化设计方法采用遗传算法除了具有强的鲁棒性和并行性之外,还具有全局性优化的特点,能够有效地搜索整个解空间,并且适应性很强。因此,遗传算法在工程优化中得到广泛的应用。然而,在采用遗传算法进行优化设计时,其最大缺点是需要大量地调用气动分析程序来计算设计对象的目标函数值,计算量较大。

在基于 CFD 的气动设计中,反设计法虽然取得了很大的成功,但这种方法仍存在一些难以解决的问题:目标函数与设计过程紧密相关,不能任意选取或使用更适当的表达式;在选取目标压力分布或初始外形时,要求用户具有丰富的经验;处理几何、气动以及非设计的约束比较困难。这些不足极大地限制了反设计方法的广泛应用。

与反设计法相比,最优化设计方法具有更大的灵活性,它不但可以把设计对象与目标对象的压力差作为目标,来处理传统的气动反设计问题,而且可以选取升阻比、阻力等气动特性作为目标,直接对目标特性进行优化处理。此外,在处理设计约束时,可以直接应用各种约束算法,也可以很方便地将有约束问题转化为无约束问题,因而具有更大的灵活性和使用价值。从本质上说,气动优化设计是把对设计对象的气动分析与最优化方法相结合,以计算机为载体,改变设计对象的气动外形,使其气动性能在满足给定约束条件的情况下达到最优。

翼型设计最优化设计方法的缺点是计算量巨大。

习　题

1. 什么是翼型?画出五种以上不同形状的机翼翼型。
2. 什么是飞机机翼的平面形状?画出五种不同的机翼平面形状。
3. 什么是机翼迎角?画出机翼迎角示意图,并说明升力产生的原理。
4. 简述旋翼无人机旋翼的基本结构,说明旋翼的功用。
5. 旋翼无人机旋翼的主要几何参数有哪些?简单说明旋翼无人机的飞行原理及特点。
6. 旋翼为什么会有反扭矩?不同构造形式的旋翼飞行器有哪些种类?
7. 画出一个翼型,并在翼型图上用线条和文字标示出其所有的几何参数。
8. 画出翼型压力分布曲线。
9. 说明 NACA 四位数字、五位数字和六位数字翼型的意义。
10. 写出翼型无量纲升力系数和阻力系数公式,画出翼型升力和阻力特性曲线。
11. 画出翼型的极曲线,并在极曲线中找出五个特征点,说明之。
12. 什么是翼型的气动中心(焦点)和压力中心?
13. 什么是雷诺数、马赫数、音障和失速?
14. 画出三种不同厚度(厚、较薄和薄)翼型的失速特性示意图。
15. 简单论述翼型的发展历程。
16. 中小型固定翼无人机选择翼型时通常要考虑的因素有哪些?
17. 高空长航时固定翼无人机在飞行时的特点有哪些?应选择什么类型的翼型。
18. 说明微型固定翼无人机飞行的主要特点。应选择何种翼型?
19. 简述旋翼桨叶翼型的发展历程。
20. 翼型的几何参数对固定翼无人机的气动性能和结构性能有哪些影响?
21. 简单论述翼型设计的反设计方法和最优化设计方法的内容。

第二篇 固定翼无人机篇

第3章 固定翼无人机空气动力学

3.1 固定翼无人机气动结构的组成和布局

对固定翼无人机的空气动力特性展开分析可以发现,整个固定翼无人机受到的空气动力就是各部件受到的空气动力之和。而固定翼无人机的升力主要由机翼提供,包含尾翼在内的其他部件只会产生较小的升力。在阻力方面,固定翼无人机的各部件都会产生阻力。因为各部件之间存在相互干扰作用,所以总的阻力可能要高于各部件阻力之和。

3.1.1 固定翼无人机气动结构的组成和气动布局的类型

1.固定翼无人机气动结构的组成

除了少数特殊形式的固定翼无人机外,大多数固定翼无人机都由机翼、机身、尾翼、起落装置和动力装置五个主要部分组成,如图 3-1 所示。

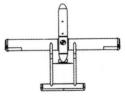

图 3-1 "先锋"固定翼无人机三视图

（1）机翼

机翼的主要功用是产生升力，以支持固定翼无人机在空中飞行，同时也起到一定的稳定和操控作用。在机翼上一般安装有副翼和襟翼，操纵副翼可使固定翼无人机滚转，放下襟翼可使升力增大。机翼上还可安装发动机、起落架和油箱等。不同用途的固定翼无人机其机翼形状、大小也各不相同。

（2）机身

机身的主要功用是装载武器、货物和各种设备，包括飞行控制系统、导航系统、避让防撞系统、数据链路、机载终端等，并将固定翼无人机的其他部件，如机翼、尾翼及发动机等，连接成一个整体。

（3）尾翼

尾翼包括水平尾翼和垂直尾翼。水平尾翼由固定的水平安定面和可动的升降舵组成，有的高速固定翼无人机将水平安定面和升降舵合为一体成为全动平尾。垂直尾翼包括固定的垂直安定面和可动的方向舵。尾翼的作用是操纵固定翼无人机俯仰和偏转，保证固定翼无人机能平稳飞行。

（4）起落装置

起落架是指固定翼无人机在地面停放、滑行、起飞着陆滑跑时用于支撑其重力，承受相应载荷的装置。为适应固定翼无人机起飞、着陆滑跑和地面滑行的需要，起落架的最下端装有带充气轮胎的机轮。为了缩短着陆滑跑距离，机轮上装有刹车或自动刹车装置。此外还包括承力支柱、减震器、前轮减摆器、转弯操纵机构以及可收放装置等。起落架结构形式有前三点式、后三点式、自行车式和多支柱式等类型。

（5）动力装置

动力装置主要用来产生拉力和推力，使固定翼无人机前进，还可为固定翼无人机上的其他用电设备提供电源等。目前固定翼无人机动力装置应用较广泛的有无刷直流电动机加螺旋桨推进器、航空活塞式发动机加螺旋桨推进器、涡轮喷气发动机、涡轮螺旋桨发动机和涡轮风扇发动机。除了发动机，动力装置还包括一系列保证发动机正常工作的系统。

2.固定翼无人机气动布局的类型

气动布局就是指固定翼无人机的各翼面，如主翼、尾翼等，是如何放置的，气动布局主要决定固定翼无人机的机动性。固定翼无人机的设计任务不同，机动性要求也不一样，导致气动布局形态各异。现代固定翼无人机的气动布局有很多种，主要有常规布局、无尾布局、鸭式布局、三翼面布局和飞翼布局等。这些布局都有各自的特殊性及优、缺点，如图3-2所示。

（1）常规气动布局

自从莱特兄弟发明第一架固定翼无人机以来，固定翼无人机设计师们通常将固定翼无人机的水平尾翼和垂直尾翼都放在机翼后面的尾部。这种布局一直沿用到现在，也是现代固定翼无人机最常采用的气动布局，因此称为"常规布局"。

（2）无尾气动布局

通常说的"无尾布局"是指无水平尾翼，但有垂直尾翼。在无尾布局的固定翼无人机上，副翼兼顾了平尾的作用。省去了平尾，可以减少固定翼无人机的重量和阻力，使之容易跨过声速阻力突增区。无尾布局固定翼无人机高空高速性能好，其缺点主要是起降性能差。

（3）鸭式气动布局

鸭式布局是一种十分适合于超声速空战的气动布局。将水平尾翼移到主翼之前的机头两侧,就可以用较小的翼面达到同样的操纵效能,而且前翼和机翼可以同时产生升力,而不像水平尾翼那样,平衡俯仰力矩多数情况下会产生负升力。

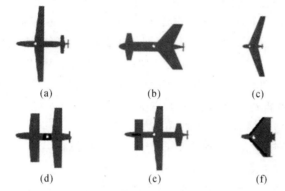

图 3-2　固定翼无人机气动布局类型示意图
(a)常规气动布局；　(b)鸭翼气动布局；　(c)飞翼气动布局；
(d)串列翼气动布局；　(e)三翼面气动布局；　(f)三角翼气动布局
注:图中机体上白点表示质心位置

（4）三翼面气动布局

在常规布局的固定翼无人机主翼前机身两侧增加一对鸭翼的布局称为三翼面布局。三翼面布局的前翼所起的作用与鸭式布局的前翼相同,使固定翼无人机跨声速和超声速飞行时的机动性较好。其缺点是增加了鸭翼,阻力和重量自然也会增大。

（5）飞翼气动布局

飞翼布局没有水平尾翼,甚至无垂直尾翼,像是一片飘在天空中的树叶,因此其雷达反射波很弱,而且空气气动力效率高、升阻比大、隐身性好,但机动性差、操纵效能低。

（6）串列翼气动布局

串列翼气动布局包含前后两个固定机翼,它与鸭翼主要区别是前面的机翼是固定不动的,而且面积也比较大,不能算作鸭翼。在合理布置两个固定机翼相对于重心上下位置的情况下,可以改善双翼面布局的整体气动特性,使得升阻比超过常规单翼面布局,提高无人机空气动力学效率。

（7）三角翼气动布局

三角翼布局由于形状像三角形而得名。在大迎角飞行时,三角翼的前沿能产生大量气流,附着在上翼面,能提高升力。虽然三角翼在高空超声速飞行时阻力小,水平机动性能好,但却不利于低速飞行时的机动性和操纵性。

3.1.2　固定翼无人机气动结构和布局的特点

1.固定翼无人机气动结构

固定翼无人机整体气动结构的特点是没有驾驶舱。因为有人飞机与固定翼无人机相比较,其最大的区别在于前者是有人驾驶,所以在结构设计中必然要首先考虑到人的因素。

有人飞机需要先配置人的操作座舱,即驾驶舱,还需要同时配合人体工程学来配置适合人的操作系统结构和操纵空间,增加许多为保证人的生物维持和安全所必需的设备和系统。因此,有人飞机必须拥有更多相应的设备和系统,以及需要整合更多的系统空间位置和系统相互之间的动作协调。

相比而言,固定翼无人机则不同。它不以人作为其结构布局的核心因素,不需要考虑人在飞行当中的生物维持和安全问题,故固定翼无人机不需要驾驶舱,不需要围绕人而配置各种设备和系统。这不仅仅影响到固定翼无人机的大小,更重要的是影响固定翼无人机的气动布局。例如,有人飞机为了让飞行员获得更好的视野,驾驶舱通常是位于飞机更靠前的位置,那么发动机的进气道就必须避开驾驶舱的位置,从而决定了有人飞机的基本气动布局。而固定翼无人机则不同,它的前部是雷达罩和各种观测系统。另外,由于固定翼无人机上消除了人的因素,技战术要求也不同,造成两者气动结构布局差异很大。

总之,固定翼无人机比起有人飞机来,气动结构上会简单很多。

2. 固定翼无人机气动布局的特点

人类历史上最早对空气动力学的研究,可以追溯到人类对鸟或弹丸在飞行时的受力和力的作用方式的种种猜测。直到19世纪末,经典流体力学的基础已经形成。20世纪以后,随着航空事业的迅速发展,空气动力学从流体力学中发展出来并形成力学的一个新的分支。航空要解决的首要问题是如何获得飞行器所需要的升力、减小飞行器的阻力和提高飞行速度。这就要从理论和实践上研究飞行器与空气相对运动时作用力的产生及其规律。

根据固定翼无人机本身的特点,现有的大部分有人飞机的空气动力学理论可用。但由于很多固定翼无人机尺寸小,也没有人在机内直接控制和操纵,固定翼无人机本身及飞行过程中便遇到一些新问题。例如,对于军用固定翼无人机来说,隐身要求是重要的一项,气动布局设计首先要在隐身性能和气动性能之间进行较好的折中。

对于作战固定翼无人机来说,其气动外形除了要满足隐身和高升阻比的要求外,还要满足高机动性的要求。现在提出的作战固定翼无人机的气动布局方案大多是无尾方案,有的采用推力矢量控制。对于无尾构型来说,在气动力方面的最大挑战是寻找新的操纵机构,能代替被取消的垂直尾翼,产生足够的偏航力矩,使固定翼无人机能完成高敏捷性所要求的各种动作。

此外,大多数固定翼无人机都会遇到小雷诺数空气动力学问题,这是其重要特点。如果要研制超声速固定翼无人机,则可以大量应用已有的超声速飞机和导弹的研究成果。

3.2 固定翼无人机机翼及其气动特性

固定翼无人机机翼的主要功用是产生升力,以支持固定翼无人机在空中飞行,同时也起一定的稳定和操纵作用,机翼是固定翼无人机必不可少的部件。在机翼上一般安装有固定翼无人机的主操作舵面副翼,还有辅助操纵机构襟翼、缝翼等。另外,机翼上还可安装发动机、起落架等设备,机翼的主要内部空间经密封后,作为存储燃油的油箱之用。

3.2.1 固定翼无人机机翼的几何特性

固定翼无人机的机翼都是有限展长的,其主要功用就是产生向上的升力,以克服全机的重力,支持固定翼无人机在空中飞行。

1.机翼的平面形状参数

(1)基本机翼、机翼基本平面和平面形状的定义

1)基本机翼。基本机翼是指包括穿越固定翼无人机机身部分但不包含边条等辅助部件的机翼,其穿越机身部分通常由左右机翼的前缘和后缘的延长线构成,也可以由左右外露机翼根弦的前缘点连线和后缘点的连线构成。

2)机翼基本平面。机翼基本平面是指垂直于固定翼无人机参考面且包含中心弦线(位于固定翼无人机参考面上的局部弦线)的平面。所谓固定翼无人机参考面就是机体的左右对称面,固定翼无人机的主要部件对于此面是左右对称布置的。

3)机翼平面形状。机翼平面形状是指基本机翼在机翼基本平面上的投影形状。按照俯视平面形状的不同,机翼可分为平直翼(包括矩形翼、椭圆翼和梯形翼)、后掠/前掠翼和三角翼等三种基本类型,如图 3-3 所示。

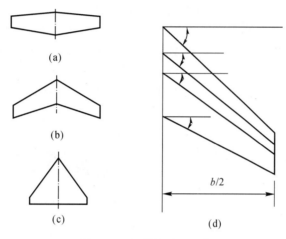

图 3-3　机翼的平面形状

(2)机翼平面形状的主要参数

表示机翼平面形状的主要参数有机翼面积、翼展、展弦比、梯形比和后掠角等。

1)机翼面积。机翼面积是指基本机翼在机翼基本平面上的投影面积,用 S 表示。

2)翼展。在机翼之外刚好与机翼轮廓线接触,且平行于机翼对称面(通常是固定翼无人机参考面)的两个平面之间的距离称为机翼的展长,简称翼展,用 b 表示。

3)展弦比。机翼翼展的二次方与机翼面积之比,或者机翼翼展与机翼平均几何弦长(机翼面积 S 除以翼展 b)之比,称为机翼的展弦比 A,即

$$A = \frac{b^2}{S} \tag{3-1}$$

4)梯形比。机翼翼尖弦长与中心弦长之比,称为机翼的梯形比,又称尖削比,用 λ 表示。

5)后掠角。描述翼面特征线与参考轴线相对位置的夹角称为后掠角。机翼上有代表性的等百分比弦点连线同垂直于机翼对称面的直弦之间的夹角称为机翼的后掠角,用 Λ 表示。通常 Λ_0 表示前缘后掠角,$\Lambda_{0.25}$ 表示 1/4 弦线后掠角,$\Lambda_{0.5}$ 表示中弦线后掠角,$\Lambda_{1.0}$ 表示后缘后掠角。后掠角表示机翼各剖面在纵向的相对位置,也表示机翼向后倾斜的程度。后掠角为负表示翼面有前掠角。如果不特别指明,后掠角通常指 1/4 弦线后掠角。

平直翼的1/4弦线后掠角在20°以下,多用于亚声速固定翼无人机和部分超声速固定翼无人机上;启掠翼1/4弦线后掠角在25°以上,用于高亚声速和超声速固定翼无人机上;三角翼前缘后掠角在60°左右,后缘基本无后掠,多用于超声速固定翼无人机,尤以无尾式固定翼无人机采用较多。

2.机翼相对机身的安装位置

1)根据机翼相对于机身中心线的高度位置,分为上单翼、下单翼和中单翼。

机翼安装在机身上部(背部)为上单翼,机翼安装在机身中部为中单翼,机翼安装在机身下部(腹部)为下单翼。由于高度问题,上单翼的固定翼无人机起落架等装置一般不安装在机翼上,而改为安装在机身上。中单翼因翼梁与机身难以协调,几乎只存在于理论上,实践中很少应用。下单翼的固定翼无人机是目前常见的类型,由于离地面近,便于安装起落架及进行维护工作。

2)根据机翼相对于机身的角度,分为上反角和下反角。

机翼相对于机身的角度通常用机翼的安装角和上反角来说明。机翼弦线与机身中心线之间的夹角叫安装角。机翼翼面与垂直于固定翼无人机对称平面之间的夹角,称为机翼的上反角或下反角。通常规定上反为正、下反为负,如图3-4所示。机翼上反角一般不大,通常不超过10°。使用下单翼的固定翼无人机一般采用上反角的安装,使用上单翼的固定翼无人机一般采用下反角的安装。

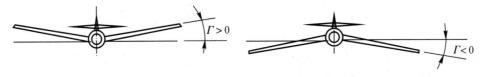

图3-4　机翼相对机身的安装位置(上反角和下反角)

3.机翼的各部分装置

(1)副翼

副翼是指安装在机翼翼梢后缘外侧的一小块可动的翼面,翼展长而翼弦短。副翼的翼展一般约占整个机翼翼展的1/6~1/5,其翼弦占整个机翼弦长的1/5~1/4。副翼作为固定翼无人机的主操作舵面,操纵左右副翼差动偏转,所产生的滚转力矩可以使固定翼无人机做横滚机动。

(2)前缘缝翼

前缘缝翼是安装在基本机翼前缘的一段或者几段狭长小翼,是靠增大固定翼无人机临界迎角来获得升力增加的一种增升装置。

(3)襟翼

襟翼是安装在机翼后缘内侧的翼面,襟翼可以绕轴向后下方偏转,是靠增大机翼的弯度来获得升力增加的一种增升装置。

(4)扰流板

扰流板又称为"减速板""阻流板"或"减升板"等,这些名称反映了其功能。扰流板分为飞行、地面扰流板两种,左右对称分布,地面扰流板只能在地面时才可打开。实际上扰流板是铰接在机翼上表面的一些液压致动板,向上翻起时可增加机翼的阻力,减少升力,阻碍气流的流动,达到减速、控制固定翼无人机姿态的作用。

3.2.2　固定翼无人机机翼的气动特性

固定翼无人机机翼具有独特的剖面,如果用平行于对称平面的切平面切割机翼,所得的剖面形状称为翼型。前面(第 2 章)已经分析了翼型的气动特性,而翼型的气动特性与各剖面形状相同的无限展长机翼的气动特性相同,即无限展长机翼绕流流场为平行平面场,垂直于翼展方向各剖面的流场完全一样。然而,真实固定翼无人机的机翼都是有限展长的,沿展向各剖面的流动不同。

1.固定翼无人机在飞行中所受到的作用力

固定翼无人机在飞行过程中受到四种类型的作用力:

1)升力。由机翼产生的向上作用力。

2)重力。与升力相反的向下作用力,由固定翼无人机及其运载的人员、货物、设备的重量产生的。

3)推力。由发动机产生的向前作用力。

4)阻力。由空气阻力产生的向后作用力,能使固定翼无人机减速。

2.机翼升力系数和翼尖漩涡

机翼的升力系数定义为

$$C_L = \frac{L}{\frac{1}{2}\rho v^2 S} \tag{3-2}$$

式中,C_L 为机翼的升力系数;L 为升力;ρ 为空气密度;v 为气流相对速度(固定翼无人机飞行速度);S 为机翼面积。

在产生正升力的情况下,机翼下翼面的压力总要比上翼面的大,所以有限翼展机翼下表面的高压气流会绕过翼尖而流向上翼面低压区,形成绕翼尖的空气漩涡,如图 3-5 所示。这种流动的直接后果是缓和了上、下翼面的压强差。因此,在同样的迎角下,有限机翼的升力系数就比无限翼展机翼的升力系数小。展弦比越小,横向流动所波及的相对范围就越大,升力系数曲线的斜率(简称升力线斜率)自然就越小。

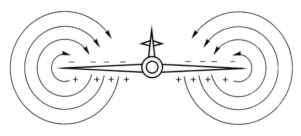

图 3-5　翼尖气流的展向流动及翼尖漩涡

3.3　改善固定翼无人机机翼气动性能的方法

固定翼无人机的升力主要随飞行速度和迎角的变化而变化。固定翼无人机在正常飞行时,升力基本是不变的,这样固定翼无人机在高速飞行或巡航飞行时,即使机翼迎角很小,由于速度很大,机翼仍能产生足够的升力,以克服重力而维持飞行。固定翼无人机在低速飞行,特别是在起飞和着陆时,由于飞行速度较小,只能通过增大迎角来增大升力,但是机翼迎角的增加是有一定限度的,因为当迎角增大到临界迎角时,再增大迎角,就会发生失速现象,升力反而会降低,所以固定翼无人机的迎角最多只能增大到临界迎角。

实际上,固定翼无人机在起飞和着陆时,由于受到擦尾角的限制,迎角是不可能增大到临界迎角的。因此,为了保证固定翼无人机在起飞和着陆时仍能产生足够的升力,有必要在机翼上装设增大升力系数的装置,称为机翼增升装置。机翼增升装置是指机翼上用来改善气流状况和增加升力的活动面,其功用是在起飞、着陆或机动飞行时,可改善固定翼无人机的性能。

3.3.1 机翼增升装置的类型和增升原理

1.机翼增升装置的类型和措施

(1)机翼增升装置的类型

固定翼无人机机翼的增升装置可通过增加机翼弯度、面积和延迟气流分离等方法增加升力,主要由各种前、后缘襟翼组成。增升装置通常装在机翼的前缘和后缘,非使用状态下是机翼剖面的一部分。固定翼无人机机翼的增升装置和襟翼的名称经常是混用的。位于前缘的有前缘缝翼和前缘襟翼;在后缘的有各种形式的后缘襟翼,如图3-6所示。

(2)机翼增升装置的增升措施

增升装置的增升措施主要有以下几方面:

1)增加机翼的弯度效应。增加机翼的弯度,即增加了机翼的环量,从而增加了机翼的升力。但增加弯度会产生较大的低头力矩,会增加平尾或升降舵的配平负担。

2)增加机翼的有效面积。大多数增升装置是以增加机翼的基本弦长的方式运动的。在与剖面形状没有改变时相同的名义面积下,其有效机翼的面积增加了。这种情况,名义面积不变,相当于增加零迎角升力系数,因而提高了最大升力系数。

(3)改善缝道的流动品质

通过改善翼段之间缝道的流动品质,改善翼面上的边界层状态,来增强翼面边界层承受逆压梯度的能力,延迟分离,提高失速迎角,增大机翼最大升力系数。

2.机翼增升装置的增升原理

(1)后缘襟翼

襟翼位于机翼后缘,故称为后缘襟翼。它的种类较多,常见的有分裂襟翼、简单襟翼、开缝襟翼、后退襟翼、后退开缝襟翼等。放下后缘襟翼,既增大升力系数,同时也增大阻力系数。因此,在起飞时一般放下小角度襟翼,着陆时放下大角度襟翼。

1)简单襟翼。简单襟翼与副翼形状相似,放下简单襟翼,改变了翼型的弯度,使机翼更加弯曲,如图3-6(a)所示。这样,流过上翼面的气流流速加快,压强降低;而流过下翼面的气流流速减慢,压强提高,因而上、下翼面压强差增大,升力系数增大。

但是,简单襟翼放下后,机翼后缘涡流区扩大,机翼压差阻力增大,同时由于升力系数增大,诱导阻力增大,总阻力增大,且相对于升力来说,阻力增大的百分比更多。

放下简单襟翼后,升力系数和阻力系数均增大,但升阻比降低,如图3-7所示。在大迎角下放简单襟翼,由于弯度增大,上翼面逆压梯度增大,气流提前分离,涡流区扩大,导致临界迎角降低。

2)开放襟翼。开放襟翼也称为分裂襟翼,它是从机翼后段下表面一块向下偏转而分裂出的翼面,如图 3-6(b)所示。

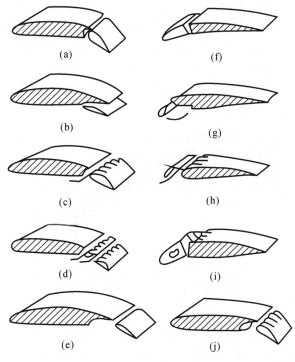

图 3-6 不同类型的机翼增升装置示意图
(a)简单襟翼; (b)开放襟翼; (c)单缝襟翼; (d)双缝襟翼; (e)后退襟翼;
(f)前缘襟翼; (g)克鲁格襟翼; (h)前缘缝翼; (i)前缘吹气襟翼; (j)后缘吹气襟翼

开放襟翼的增升效果如图 3-8 所示。放下襟翼后,一方面,在机翼和襟翼之间的楔形区形成涡流,压强降低,对机翼上表面的气流有吸引作用,使其流速增大,上下翼面压差增大,既增大了升力系数,同时又延缓了气流分离;另一方面,放下襟翼,翼型弯度增大使上、下翼面压强差增大,升力系数增大。出于上述原因,开放襟翼的增升效果很好,一般最大升力系数可增大 75%~85%。但大迎角下放襟翼,上翼面最低压强点的压强更低,气流易提前分离,故临界迎角有所减小。

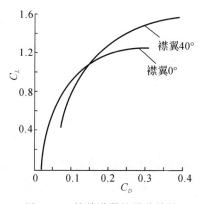

图 3-7 简单襟翼的增升效果

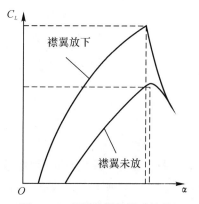

图 3-8 开放襟翼的增升效果

3)开缝襟翼。开缝襟翼是在简单襟翼的基础上改进而成的,这种襟翼在下偏的同时开缝,其类型有单缝襟翼和多缝襟翼(例如开 2～3 条缝)等,比较常用的单缝襟翼如图 3-6(b)所示,双缝襟翼如图 3-6(c)所示。

单开缝襟翼的流线谱如图 3-9 所示。放下开缝襟翼时,一方面,襟翼前缘与机翼后缘之间形成缝隙,下翼面的高压气流通过缝隙高速流向上翼面后缘,使上翼面后缘附面层中空气流速加快,能量增多,延缓气流分离,减少涡流区,提高升力系数。另一方面,放下单开缝襟翼,使机翼弯度增大,也有增升的效果。因此,开缝襟翼的增升效果比较好,最大升力系数一般可以增大 85%～95%,而临界迎角却减小不多。

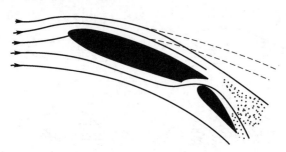

图 3-9　单开缝襟翼的流线谱

开缝襟翼一般开 1～3 条缝,具有 2 条以上缝隙的襟翼称为多开缝襟翼,多开缝襟翼可以克服单开缝襟翼偏转角度较大时,机翼后缘气流分离较严重的缺点。双开缝襟翼(见图 3-10)基本上是重复单开缝襟翼的流线谱的步骤两次,使用两个串列的开缝襟翼。从襟翼的设计来看,这能最大限度地提高升力,但缺点是操作装置非常复杂且重,通常只在现代大型喷气式客机上用到,而一般中小型固定翼无人机大多使用单缝襟翼作为机翼增升装置。

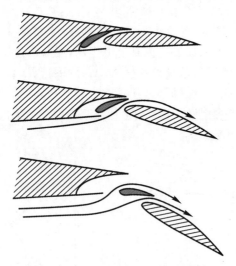

图 3-10　双开缝襟翼的流线示意图

4)后退襟翼。后退襟翼也是在简单襟翼的基础上改进而成的,这种襟翼在下偏的同时还向后滑动,如图 3-6(e)所示。放下后退襟翼,不仅能增大机翼的弯度,使升力系数增大,而且还增大了机翼面积,增升效果好,且临界迎角减小得少,如图 3-11 所示。

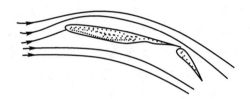

图 3 - 11　后退襟翼的增升原理

5)后退开缝襟翼。后退开缝襟翼就是将后退襟翼与开缝襟翼结合起来:当襟翼下偏和后退时,它的前缘和后缘形成一条或多条缝隙。它兼有后退襟翼和开缝襟翼的优点,增升效果很好,现代高速大、重型飞机广泛使用。

后退开缝襟翼有两种形式:一种是查格襟翼,另一种是富勒襟翼。

查格襟翼:查格襟翼后退量不多,因而机翼面积增加较少,机翼最大升力系数可增大110%～115%。起飞时,查格襟翼下偏角度小,阻力系数增加少,而升力系数却增加很多,升阻比增大,有利于缩短起飞滑跑距离。着陆时,查格襟翼下偏角度大,阻力系数和升力系数都提高较多,有利于缩短着陆滑跑距离。

富勒襟翼:富勒襟翼的后退量和机翼面积的增加量都比查格襟翼的多,而且后退到某些位置时,与翼间形成的缝隙也更大,增升效果更好,其最大升力系数可增大110%～140%。

(2)前缘襟翼

前缘襟翼位于机翼前缘,如图3－6(f)所示。这种襟翼广泛用于高亚声速固定翼无人机和超声速固定翼无人机。因为超声速固定翼无人机一般采用前缘削尖、相对厚度小的薄机翼,在大迎角下飞行时,机翼上表面就开始产生气流分离,如图3－12(a)所示,使最大升力系数降低;如放下前缘襟翼,一方面可以减小前缘与相对气流之间的夹角,使气流能够平顺地沿上翼面流动,延缓气流分离,如图3－12(b)所示;另一方面也增大了翼型弯度。这样就使得最大升力系数和临界迎角增大。

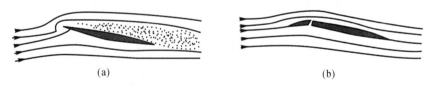

(a)　　　　　　　　　　　　　　　　(b)

图 3 - 12　前缘襟翼的增升原理

(a)前缘襟翼削尖;　(b)前缘襟翼放下

高亚声速固定翼无人机的前缘较超声速固定翼无人机的钝,因而前缘襟翼一般采用克鲁格襟翼,如图3－6(g)所示。这种襟翼贴在机翼前缘下表面,襟翼放出时,它绕前缘向前下方翻转,这样既增大了翼型弯度和机翼面积,又改善了前缘绕流,具有很好的增升效果。

(3)前缘缝翼

前缘缝翼位于机翼前缘,如图3－6(h)所示,其作用是延缓机翼的气流分离,提高最大升力系数和临迎角。前缘缝翼打开时与机翼之间有一条缝隙,如图3－13所示。一方面,下翼面的高压气流流过缝隙后,贴近上翼面流动,给上翼面气流补充了能量,降低了逆压梯度,延缓气流分离,达到增大升力系数和临界迎角的目的;另一方面,气流从压强较高的下翼面通过缝隙流向上翼面,减小了上、下翼面的压强差,又具有减小升力系数的副作用。

机翼在接近临界迎角的大迎角时,上翼面的气流分离是使升力系数降低的主要原因,因而,在此迎角下,利用前缘缝翼延缓气流分离的作用,就能提高最大升力系数和临界迎角。但是,在迎角较小时,机翼上翼面的气流分离本来就很弱,在这种情况下打开前缘缝翼,不仅不能增大升力系数,反而会使上下翼面的压强差减小而降低升力系数,如图 3-14 所示。因此,只有当固定翼无人机迎角接近或超过临界迎角时,即机翼气流分离现象严重时,打开前缘缝翼才能起到增大升力系数的作用。

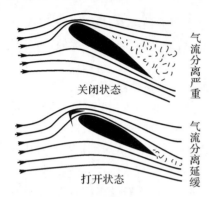

图 3-13 机翼前缘缝翼打开延缓气流分离

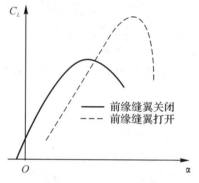

图 3-14 前缘缝翼的增升原理

目前所有的固定翼无人机,只在靠近翼尖且位于副翼之前装设有缝翼,称为翼尖前缘缝翼。它的主要作用是在大迎角下延缓翼尖部分的气流分离,提高副翼的效能,从而改善固定翼无人机的横向稳定性和操纵性。

(4)边界层控制

以上几种机翼增升装置,使固定翼无人机的最大升力系数得到了提高,从而使固定翼无人机的起飞、着陆性能有较大的提升。但这几种增升装置在使用时也会带来一定的副作用,在固定翼无人机起飞时都是有限制地使用,而且随着固定翼无人机的速度越来越高,翼型的相对厚度也越来越小,引起最大升力系数的减小,前面几种装置的增升效果也会较差。现代高速固定翼无人机多采用更先进的边界层控制技术来实现增升。边界层控制主要有如下两种类型。

1)吹气襟翼。吹气襟翼又称边界层吹除增升装置,它的基本原理是利用从涡轮喷气发动机引出的压缩空气或燃烧热气流,通过襟翼与机翼前缘的缝隙沿上翼耐高速向后喷出,形成压制气流,称为前缘吹气襟翼,如图 3-6(i) 所示;或通过襟翼与机翼后缘的缝隙向后下方以高速喷出,形成喷气幕,称为后缘吹气襟翼,如图 3-6(j) 所示。前缘吹气襟翼和后缘吹气襟翼都可以利用边界层吸附效应,又称射流效应或康达效应,推迟气流分离,减小涡流区,改善机翼气流的流场,增加上、下翼面的压力差,从而使升力系数和临界迎角都增大。另外,后缘吹气襟翼所喷出气流的反作用力在竖直方向上的分力也可使机翼升力增加。

吹气襟翼的增升效果很好,但其结构复杂,对发动机、机翼材料都提出了新的要求,目前还没有得到广泛的应用。

2)边界层吸取增升装置。与吹气襟翼相反,这种增升装置利用吸气泵,通过机翼上表面的缝隙,抽吸边界层的气流,使气流的速度和能量增大,减小逆压梯度的作用。这样也可以推迟气流分离,减小涡流区,改善机翼表面气流的流场,增加上、下翼面的压力差,从而使升力系数和临界迎角都增大,如图 3-15 所示。

图 3-15　边界层吸取增升装置工作原理示意图

3.3.2　改善机翼气动性能的其他方法

为了改善固定翼无人机机翼气动性能,除了采用良好翼型、加大展弦比、采用增升装置等方法外,现代固定翼无人机还常用一些其他方法。

1.机翼扭转

固定翼无人机机翼的扭转是为了防止翼尖失速,改善其升力分布,使之接近椭圆分布的理想状态。一般扭转角在 0°～5°之间。

(1)几何扭转

固定翼无人机机翼各剖面绕其前缘相对于机身纵轴的转角称为几何扭转角,其中翼根处的扭转角即为机翼的安装角。如果使得剖面相对于翼根翼型抬头的角度为正值,低头为负值,称其具有外洗,则翼根和翼梢处的扭转角的绝对值较大,翼梢的扭转角一般为负值,翼根的扭转角一般为正值。如果机翼具有"线性扭转",则机翼的扭转与距翼根的距离成正比。

(2)气动扭转

气动扭转是指机翼某一剖面的零升迎角与翼根的零升迎角之间的夹角。当机翼的剖面外形沿展向变化并引起剖面弯度沿展向的变化时,则机翼具有气动扭转。剖面的气功扭转角等于其零升迎角的负值。如果整个机翼采用相同的翼型,则气动扭转和几何扭转相同。

另外,一个没有几何扭转的机翼可能存在气动扭转,例如,机翼翼根和翼尖采用了不同的翼型,则机翼总气动扭转等于机翼的几何扭转加翼根剖面零升迎角减去翼尖剖面零升迎角。任何希望通过扭转使机翼的升力分布最佳的设计,都只能是在某一升力系数下才是正确的,而在其他升力系数下,机翼扭转并不能得到最佳的扭转效果。扭转对机翼的影响取决于机翼原来的迎角,故机翼的扭转角不宜过大。

2.扰流板

扰流板主要是指安装在机翼上表面或者机身背部的可偏转小翼面,如图 3-16 所示。当扰流板向上打开时,一方面可以增加固定翼无人机的阻力,使固定翼无人机速度降低,因此扰流板又被称为减速板。另一方面,打开机翼上的扰流板相当于增加了翼型向上的弯曲程度,由于扰流板的阻滞作用,使从上翼面流过的气流减速,压力差减小,从而减小机翼产生的升力,即扰流板还具有减小力或卸除升力的作用,这点与增升装置正好是相反的。当扰流板收起时,它紧贴于机翼或机身上,不影响机翼表面气流的流动。

扰流板按其作用不同又可分为地面扰流板和空中扰流板,其中地面扰流板仅当固定翼无人机在地面时使用,只有打开和收起两个位置。当固定翼无人机着陆或中断起飞时,地面扰流板可完全打开,从而减小或卸除机翼的升力,增加固定翼无人机机轮与地面之间的摩擦作用力,可提高刹车效率,同时还增大固定翼无人机的气动阻力,从而缩短固定翼无人机的滑跑距离。空中扰流板既可在空中使用,也可以在地面使用。空中扰流板在地面上使用时,可完全打开,与地面扰流板的作用相似。在空中飞行时,空中扰流板打开角度比较小,通常处于不完全打开位置,又称为飞行扰流扳。飞行扰流板主要有两个作用:一是作为减速板使用,作为减速板使用时,左、右两侧的飞行扰流板都升起一定角度;另一个作用是配合副翼进行横滚操纵,即当自动驾驶仪控制伺服机构操纵副翼上偏一侧的飞行扰流板打开(进一步减小升力)时,另一侧的飞行扰流板不作相应偏转,或者在大迎角情况下,与上偏副翼构成"阻力副翼",防止出现横向反操纵的情况,配合副翼进行横滚操纵。当副翼系统出现故障而卡住时,飞行扰流板还可以单独进行应急横滚操纵。

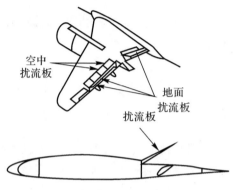

图 3-16　固定翼无人机扰流板示意图

3. 翼尖小翼

为了提高固定翼无人机机翼升阻比,可以采用翼尖小翼的方法。有人曾经对一种小型固定翼无人机进行过试验研究,结果表明加装翼尖小翼后,机翼最大升阻比可提高 10.6%。

但是翼尖小翼的流场复杂,影响翼尖小翼气动特性的几何参数很多,例如小翼的高度、弦长、倾斜角、安装角、前缘后掠角、根梢比、面积和翼型等,难以精确计算。一般采用的方法是借助风洞实验确定其参数的最佳组合。此外,对原型机的气动特性进行改进时,还要注意其对机翼根部弯矩的增加和对全机静稳定性所带来的影响。

3.4　固定翼无人机的飞行阻力

固定翼无人机飞行阻力是与固定翼无人机运动方向相反的空气动力,它会阻碍固定翼无人机的飞行。固定翼无人机上的升力主要是由机翼产生的,但其飞行阻力却不然,不仅机翼会产生阻力,固定翼无人机的其他部分如机身、起落架及尾翼等都会产生飞行阻力。固定翼无人机巡航飞行时,机翼阻力只占整个固定翼无人机总阻力的 25%～35%,因此,不能以机翼阻力来代表整个固定翼无人机的阻力,而应当考虑全机各部件所产生的阻力之和。

3.4.1　附面层的基本概念

1. 附面层的定义

附面层是指空气流过固定翼无人机时,贴近固定翼无人机表面、气流速度由层外主流速度逐渐降低为零的那一层空气流动层。

当有黏性的空气流过固定翼无人机时,紧贴固定翼无人机表面的一层空气,与固定翼无人机表面发生黏性摩擦,这一层空气完全黏附在固定翼无人机表面上,气流速度降低为零。紧靠这静止空气层的外面第二气流层,因受这静止空气层黏性摩擦的作用,气流速度也要降低,但这种作用要弱些,因此气流速度不会降低为零。再往外,第三气流层又要受第二气流层黏性摩擦的作用,气流速度也要降低,但这种作用更弱些,因此气流速度降低就更少些。这样,沿垂直于固定翼无人机表面的方向,从固定翼无人机表面向外,由于黏性摩擦作用的减弱,气流速度就一层一层的逐渐增大,到附面层边界,就和主流速度相等了。这层气流速度由零逐渐增大到主流速度的空气层,就是附面层。

　　附面层的厚度很薄,而且与物面的长度成正比,即物面长度越大,附面层越厚,如图 3-17 所示。在固定翼无人机机翼上形成的附面层一般都是很薄的,厚度大的只有几厘米;螺旋桨上的附面层更薄,只有几毫米;可是巨型飞船和海轮船舷上的附面层,其厚度可达几十厘米,甚至半米。

　　2. 层流附面层和紊流附面层

　　附面层按其性质不同,可分为层流附面层和紊流附面层。就固定翼无人机机翼而言,一般在最大厚度以前,附面层的气流各层不相混杂而分层流动,这部分叫层流附面层。在这之后,气流流动转变为杂乱无章,并且出现了旋涡和横向运动,这部分叫紊流附面层。

　　层流转变为紊流的点叫分离点,如图 3-17 所示。紊流附面层厚度比层流附面层的厚,而且紊流附面层底部气流的横向速度梯度也比层流附面层大得多。在紊流附面层内,流体微团杂乱无章的上下运动也使气流的能量大量消耗,这说明在紊流附面层的底层,物体表面对气流的黏性阻滞作用要比在层流附面层的底层大得多。

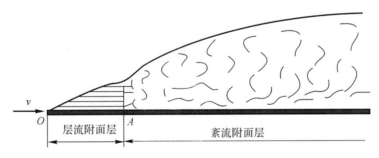

图 3-17　附面层的分离

3.4.2　固定翼无人机飞行阻力的类型和特性

　　1. 摩擦阻力

　　摩擦阻力是在附面层内产生的。附面层内,气流速度之所以越贴近固定翼无人机表面越慢,是由于流动空气受到了固定翼无人机表面给它的向前的作用力的结果。根据作用和反作用定律,这些被减慢的空气,也必然要给固定翼无人机表面一个向后的反作用力,这就是固定翼无人机表面的摩擦阻力。

　　附面层内的摩擦阻力与附面层的性质有很大关系。实验表明,紊流附面层的摩擦阻力要比层流附面层的摩擦阻力大得多。因此,尽可能在机翼上保持层流附面层,对于减小阻力是有利的。所谓层流翼型,就是这样设计的。

　　固定翼无人机摩擦阻力的大小,取决于空气的黏性、固定翼无人机的表面状况以及同空气相接触的固定翼无人机的表面积。空气黏性越大,固定翼无人机表面越粗糙,固定翼无人机表面积越大,摩擦阻力就越大。

2.压差阻力

人在逆风中行走,会感到阻力的作用,这就是一种压差阻力。空气流过固定翼无人机机翼时,在机翼前缘部分,受机翼阻挡,流速减慢,压力增大;在机翼后缘,由于气流分离形成涡流区,压力减小。这样,机翼前后便产生压力差,形成阻力。这种由前后压力差形成的阻力叫压差阻力。机身、尾翼等固定翼无人机的其他部件都会产生压差阻力。

根据实验的结果,气流涡流区的压力与分离点处气流的压力,其大小相差不多,即:分离点靠机翼后缘,涡流区的压力比较大;分离点离开机翼后缘越远,涡流区的压力就越小。由此可见,分离点在机翼表面的前后位置,可以表明压差阻力的大小。

压差阻力与物体的迎风面积、形状和物体在气流中的相对位置有很大关系,如图3-18所示。物体的迎风面积越大,压差阻力也就越大。因此,在保证装载所需容积的情况下,为了减小机身的迎风面积,机身横截面的形状应采取圆形或近似圆形,因为相同体积下圆形的面积数小。

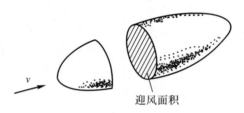

图3-18 迎风面积示意图

物体形状对压差阻力也有很大的影响。把一块圆形的平板垂直地放在气流中。在平板前面气流被阻滞,压力升高;平板后面会产生大量的涡流,造成气流分离而形成低压区。这样它的前后会形成很大的压差阻力。如果在圆形平板的前面加一个圆锥体,它的迎风面积并没有改变,但形状却变了。这时平板前面的高压区被圆锥体填满了,气流可以平滑地流过,压强不会急剧升高,显然这时平板后面仍有气流分离,低压区仍然存在,但是前后的压强差却大为减少,因而压差阻力降低到原来平板压差阻力的1/5左右。如果在平板后面再加上一个细长的圆锥体,把充满旋涡的低压区也填满,使得物体后面只出现很少的旋涡,那么实验证明压差阻力将会进一步降低到原来平板的1/25～1/20。像这样前端圆钝、后端尖细,像水滴或雨点似的物体,叫作流线型物体。物体形状对压差阻力的影响如图3-19所示。

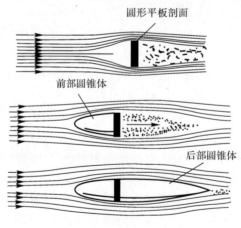

图3-19 物体形状对压差阻力的影响

3.诱导阻力

固定翼无人机机翼上除了产生摩擦阻力和压差阻力以外,由于升力的产生,还要产生一种附加的阻力。这种由于产生升力而诱导出来的附加阻力称为诱导阻力。可以说,诱导阻力是为产生升力而付出的一种"代价"。

当机翼产生升力时,机翼下表面的压力比上表面的大,而机翼翼展长度又是有限的,因此下翼面的高压气流会绕过两端翼尖,力图向上翼面的低压区流去。当气流绕过翼尖时,在翼尖部分形成旋涡,这种旋涡的不断产生而又不断地向后流去即形成了翼尖涡流。

翼尖涡流使流过机翼的空气产生下洗速度,向下倾斜形成下洗流。气流方向向下倾斜的角度,叫下洗角。由翼尖涡流产生的下洗速度,在两翼尖处最大,向中心逐渐减少,在中心处最小。这是因为空气有黏性,翼尖旋涡会带动它周围的空气一起旋转,越靠内圈,旋转越快,越靠外圈,旋转越慢。因此离翼尖越远,气流下洗速度越小。

在日常生活中,也可观察到翼尖涡流的现象。例如大雁南飞,常排成"人"字或斜"一"字形,领队的大雁排在中间,而幼弱的小雁常排在外侧,这样使得后雁处于前雁翅梢处所产生的翼尖涡流之中。靠翼尖内侧面,气流向下,靠翼尖外侧,气流是向上的,即上升气流。这样后雁就处在前雁翼尖涡流的上升气流之中,有利于长途飞行。

升力是和相对气流方向垂直的,机翼的实际升力是和下洗流方向垂直的。把实际升力分解成垂直于飞行速度方向和平行于飞行速度方向的两个分力。垂直于飞行速度方向的分力,起着升力的作用,平行于飞行速度方向的分力,则起着阻碍固定翼无人机前进的作用,成为一部分附加阻力。而这一部分附加阻力,是同升力的存在分不开的,因此这一部分附加阻力称为诱导阻力。

诱导阻力的大小与机翼形状、展弦比、升力和飞行速度有关。机翼的平面形状不同,诱导阻力也不同。在其他因素相同的条件(比如速度和升力)下,椭圆形机翼的诱导阻力最小,矩形机翼的诱导阻力最大,梯形机翼的诱导阻力介于其中。椭圆形机翼虽然诱导阻力最小,但加工制造复杂,一般多使用梯形机翼。

机翼面积相同,而展弦比不同的两架固定翼无人机在升力相同的情况下,其诱导阻力的大小也不同。展弦比大,则诱导阻力小;展弦比小,则诱导阻力大,如图 3-20 所示。

图 3-20　展弦比不同机翼的下洗速度

(a)展弦比小;　(b)展弦比大

展弦比大的机翼狭而长,展弦比小的机翼则短而宽。如果机翼短而宽,则在翼尖部分升力比较大,形成的翼尖涡流较强,下洗速度也较大,从而带来较大的诱导阻力;对于狭而长的机翼,由于在翼尖部分升力比较小,翼尖涡流比较弱,所以诱导阻力也较小。

机翼升力越大,诱导阻力越大。低速时诱导阻力最大,诱导阻力与速度的二次方成反比。在得到相同升力的情况下,固定翼无人机飞行速度越小,所需要的迎角越大,迎角的增加会使上下翼面压力差增大,翼尖涡流随之增大,诱导阻力也就增大了。此外,在翼尖加装翼梢小翼会阻挡翼尖涡流的翻转,削弱涡流强度,减小外翼气流的下洗速度,从而减小诱导阻力。风洞实验和飞行试验结果表明,翼梢小翼能使全机的诱导阻力减小 20% ~35%。

4. 干扰阻力

实践表明,固定翼无人机的各个部件,如机翼、机身、尾翼等,单独放在气流中所产生的阻力的总和总是小于把它们组成一个整体时所产生的阻力。

所谓干扰阻力,就是固定翼无人机各部分之间因气流相互干扰而产生的一种额外的阻力。以机翼和机身为例,气流流过机翼和机身的连接处,在机翼和机身结合的中部,由于机翼表面和机身表面都向外凸出,流管收缩,流速迅速加快,压力很快降低。而在后部由于机翼表面和机身表面都向内弯曲,流管扩张,流速减慢,压力很快增高。这种压力的变化,就促使气流的分离点前移,并使机身和机翼结合处后部涡流区扩大,从而产生了一种额外的阻力。这一阻力是因气流的干扰而产生的,因此叫干扰阻力。

不但机翼和机身结合处会产生干扰阻力,而且机身和尾翼,机翼和发动机舱,机翼和副油箱等结合处,都可能产生干扰阻力。从干扰阻力产生的原因来看,其和固定翼无人机不同部件之间的相对位置有关。因此为了减小干扰阻力,在固定翼无人机设计中,应仔细考虑它们的相对位置,使得气流流过它们之间时压强增大得不多也不快,就可使干扰阻力降低。例如,对于机翼和机身之间的干扰阻力来说,中单翼干扰阻力最小,下单翼最大,上单翼居中。

为了减小干扰阻力,除了在设计固定翼无人机时要考虑固定翼无人机各部分的相对位置外,在机翼与机身、机身与尾翼等结合部,可安装整流包皮。这样可使连接处较为圆滑,流管不致过分扩张,而产生气流分离。

5. 总阻力

固定翼无人机各种类型的阻力中,只有诱导阻力与升力有关,也称为升致阻力,是产生升力必须付出的"代价";而摩擦阻力、压差阻力和干扰阻力都与升力的大小无关,通常称为零升阻力、寄生阻力或废阻力。固定翼无人机的总阻力是诱导阻力和废阻力之和。低速时总阻力随速度变化的曲线如图 3-21 所示,这四种阻力对飞行总阻力的影响随着飞行速度和迎角的不同而变化。

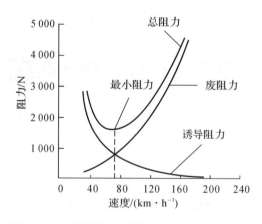

图 3-21　固定翼无人机总阻力随速度变化曲线

在低速飞行时,为了得到足够的升力,固定翼无人机要以较大的迎角飞行,这样才能保证机翼上下表面的压力差较大,形成的翼尖涡流的强度较大,则诱导阻力大;反之,飞行速度高时,则诱导阻力小。因此,诱导阻力是随着飞行速度的增大而降低的。废阻力是由于空气的黏性而产生的,飞行速度越高,固定翼无人机表面对气流的阻滞力越大,废阻力也越大,所以废阻力是随着速度的增大而增大的。在低速(起飞和着陆)时,诱导阻力大于废阻力,诱导阻力占支配位置;在巡航飞行时,废阻力占主导地位。诱导阻力和寄生阻力相等时,总阻力最小,此时升阻比最大。寄生阻力的大小随速度的增大而增大,与速度的二次方成正比。诱导阻力的大小随速度的增大而减小,与速度的二次方成反比。

3.5　固定翼无人机的低速空气动力性能

固定翼无人机的空气动力性能是决定固定翼无人机飞行性能的一个重要因素,包括固定翼无人机的最大升力系数、最小阻力系数和最大升阻比等。

3.5.1　固定翼无人机升力和阻力公式

升力和阻力是固定翼无人机飞行时与空气发生相对运动而产生的。固定翼无人机飞行时应尽量使固定翼无人机的升力大而阻力小,这样才能获得较好的空气动力性能。影响固定翼无人机升力和阻力的因素主要有迎角、气流速度、空气密度、机翼形状、机翼面积等。

1.固定翼无人机升力和阻力公式

通过理论和实验证明,固定翼无人机升力公式、阻力公式分别为

$$L = C_L \cdot \frac{1}{2}\rho v^2 \cdot S \tag{3-3}$$

$$D = C_D \cdot \frac{1}{2}\rho v^2 \cdot S \tag{3-4}$$

式中,C_L 为升力系数;C_D 为阻力系数;$\frac{1}{2}\rho v^2$ 为固定翼无人机的飞行动压;S 为机翼面积。

升力、阻力公式综合表达了影响升力、阻力的各个因素与升力、阻力之间的关系。飞行高度越低,飞行速度越大,机翼上的升力也越大。机翼面积越大,升力当然也越大。公式中的系数 C_L,C_D 通常是通过风洞试验得来的,是无量纲参数。升力系数和阻力系数的大小综合反映了迎角、翼型及机翼平面形状等因素对升力和阻力的影响。

在飞行中,机翼形状一般是不变的,这样,升力系数和阻力系数的变化就几乎由迎角的大小来确定。

升力系数仅仅是影响机翼升力的一个因素,系数本身并不是升力。在讨论固定翼无人机的空气动力时,为了突出迎角和机翼对升力的影响,一般用升力系数的变化来分析升力的变化。同理,一般用阻力系数的变化来分析阻力的变化。

2.固定翼无人机升力沿翼展的分布

固定翼无人机飞行时,由于机翼下表面的高压气流会绕过机翼翼尖而流向上翼面低压区,使翼尖部分上、下表面的压强趋于平衡,因此该处的升力趋于零。靠近翼尖附近的其他剖面显然也要受到不同程度的影响,离翼尖越远,影响越小。这样就出现了各剖面的升力沿翼展分布不均匀的情况,如图 3-22 所示。梯形比越小,靠近翼根剖面的升力愈大。这是因为在机翼总升力 L 等于常数的情况下,减小梯形比 λ 意味着增大翼根附近剖面的弦长而减小翼尖附近剖

面的弦长,所以翼根附近剖面的升力势必增加。

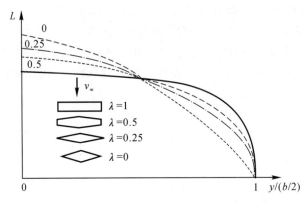

图 3-22 梯形比对展向升力分布的影响

3.5.2 固定翼无人机空气动力特性曲线

从风洞实验中,可测定出固定翼无人机在各个不同迎角下的升力系数和阻力系数,对这些试验结果进行分析,可绘出升力系数曲线、阻力系数曲线以及升阻比曲线,这些曲线就是固定翼无人机的空气动力特性曲线。

1.固定翼无人机升力系数曲线

升力系数曲线表达了固定翼无人机升力系数随迎角变化的规律,如图 3-23 所示,横坐标表示迎角的大小,纵坐标表示升力系数的大小,

从图 3-23 可以看出,曲线与横坐标的交点对应的升力系数为 0,升力为 0,对应的迎角叫零升迎角,用 α_0 表示。翼型不同,零升迎角的大小也不同。对称翼型的零升迎角为 0,因为当迎角为 0 时,上下翼面的流线对称,上下翼面压力一样大,升力系数等于 0。具有一定弯度的非对称翼型的零升迎角一般为负值,这是因为当迎角为 0 时,上、下翼面的流线不对称:上表面的流线更密,大于下表面的压强,升力系数大于 0;当升力系数为 0 时,迎角必然小于 0 而为负值。

升力曲线最高点对应的升力系数最大,对应的迎角叫临界迎角,用 α_{cr} 表示。当升力系数最大时,固定翼无人机达到临界迎角。最大升力系数是决定固定翼无人机起飞和着陆性能的重要参数。最大升力系数越大,起飞速度就越小,所需要的跑道就越短,固定翼无人机起飞和着陆也就越安全。当迎角不大时,升力系数基本上随迎角的增大而成比例增大;当迎角较大时,升力系数随迎角增大的趋势减弱,曲线变得平缓;当迎角增大到一定值,即临界迎角时,升力系数达到最大;超过临界迎角后,升力系数将随迎角的增大而减小。

2.固定翼无人机阻力系数曲线

阻力系数曲线反映了固定翼无人机阻力系数随迎角变化的规律,如图 3-24 所示,横坐标表示迎角的大小,纵坐标表示阻力系数的大小,阻力系数是随着迎角的增大而不断增大的。在小迎角下,阻力系数较小,且增大得较慢;在大迎角下,阻力系数增大得较快;超过临界迎角以后,阻力系数急剧增大。因为在小迎角范围内,固定翼无人机的阻力主要是摩擦阻力,迎角对其影响较小;迎角较大时,固定翼无人机的阻力主要为压差阻力和诱导阻力,且随着迎角增大,分离点前移,机翼后部的涡流区扩大,压力减小,机翼前后的压力差增加,故压差阻力增加。迎角增大时,由于机翼上下表面的压力差增大,使翼尖涡流的作用更强,下洗角增大.导致实际升

力更向后倾斜,故诱导阻力增大。超过临界迎角,气流分离严重,涡流区急剧扩大,压差阻力急剧增大,从而导致阻力系数急剧增大。

表征阻力特性的参数有最小阻力系数和零升阻力系数。阻力系数永远不为 0,也就是说固定翼无人机上的阻力是始终存在的。但阻力系数存在一个最小值,即最小阻力系数,它对固定翼无人机的最大速度影响很大。零升阻力系数指升力系数为 0 时的阻力系数,固定翼无人机的最小阻力系数非常接近零升阻力系数,一般认为零升阻力系数就是最小阻力系数。

3. 固定翼无人机升阻比曲线

升阻比是在相同迎角下,升力与阻力之比,即升力系数与阻力系数之比,用 K 表示,升阻比曲线表达了升阻比随迎角变化的规律,如图 3 - 25 所示。

$$K = \frac{L}{D} = \frac{C_L}{C_D} \tag{3-5}$$

因为升力系数和阻力系数主要随迎角而变化,所以升阻比的大小也主要随迎角变化,与空气密度、飞行速度、机翼面积的大小无关。升阻比大,说明在同一升力的情置下,阻力较小。升阻比越大,固定翼无人机的空气动为性能越好。

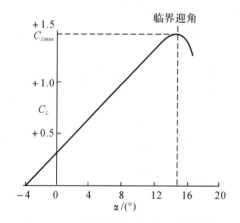
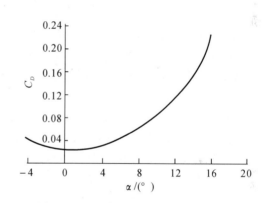

图 3 - 23　固定翼无人机升力系数曲线　　　图 3 - 24　固定翼无人机阻力系数曲线

迎角由小逐渐增大,升阻比也逐渐增大,当迎角增至最小阻力迎角时,升阻比增至最大。迎角再增大,升阻比反而减小。因为在最小阻力迎角之前,随迎角增大,升力系数成线性增大,而阻力系数增加缓慢,升力系数比阻力系数增大得幅度大,所以升阻比增大。达到最小阻力迎角时,升阻比达到最大值,叫最大升阻比。最大升阻比对应的迎角叫最小阻力迎角(有利迎角)。在最小阻力迎角后,随迎角增大,升力系数比阻力系数增大得少,因此升阻比减小。迎角超过临界迎角后,由于压差阻力的急剧增大,升阻比急剧降低。在最小阻力迎角下飞行是最有利的。因为这时产生相同的升力,阻力最小,空气动力效率最高,所以一般固定翼无人机飞行的迎角都不大。

4. 固定翼无人机极曲线

固定翼无人机极曲线是把它的升力系数和阻力系数随迎角变化的关系综合地在一条曲线中。这条极曲线能比较全面地表达固定翼无人机的空气动力性能,在空气动力计算中很有用处,如图 3 - 26 所示,横坐标为阻力系数,纵坐标为升力系数。曲线上的每一点代表一个与升力系数、阻力系数对应的迎角。

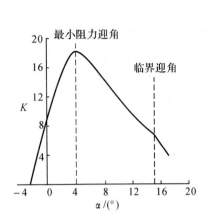

图 3-25　固定翼无人机升阻比曲线

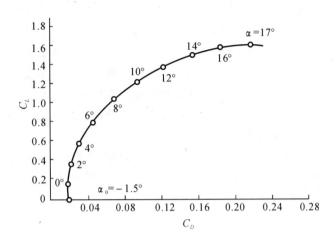

图 3-26　固定翼无人机的极曲线

从极曲线图上可以看出升力系数和阻力系数的对应值及所对应的迎角 α，从图中亦可找出零升迎角、临界迎角、最大升力系数和最小阻力系数等参数。从固定翼无人机极曲线上可以查出各迎角下的升力系数和阻力系数。由曲线上的某点向两坐标轴作垂线，其纵坐标为该点对应的升力系数，横坐标为所对应的阻力系数值。

在极曲线上，曲线与阻力系数轴交点为零升迎角和零升阻力系数。曲线最高点对应的升力系数为最大升力系数，此点对应迎角为临界迎角。纵坐标的平行线与曲线最左端切点的阻力系数为最小阻力系数。

从固定翼无人机极曲线上还可以得到各迎角下的升阻比，以及最大升阻比和有利迎角。各迎角下的升阻比，可以由固定翼无人机极曲线上查出的升力系数和阻力系数计算出来，也可以从固定翼无人机极曲线上量取性质角计算出来。所谓性质角就是固定翼无人机总空气动力与固定翼无人机升力之间的夹角，以 θ 表示。性质角的大小，表明总空气动力向后倾斜的程度。升阻比等于性质角的余切值。性质角越小，说明总空气动力向后倾斜得越少，升力越大，阻力越小，因此升阻比大。可见，性质角的大小，表明了升阻比的大小。性质角越小，升阻比越大；反之，则升阻比越小，如图 3-27 所示。

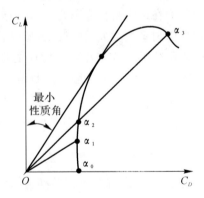

图 3-27　性质角随迎角的变化

由坐标原点作极曲线的切线，则切点处对应的升阻比即机翼的最大升阻比。在最大升阻比状态下,机翼的气动效率最高。因为从零升迎角 α_0 开始,随迎角增大($\alpha_0 < \alpha_1 < \alpha_2 < \alpha_3$),性质角逐渐减小,升阻比逐渐增大;当从坐标原点向曲线引的射线与曲线相切时,性质角最小,故升阻比最大,对应的迎角为最小阻力迎角;当迎角大于最小阻力迎角时,随迎角增大,性质角减小,升阻比降低。

3.5.3　固定翼无人机的地面效应

1. 地面效应的定义

地面效应也称为翼地效应,是一种使飞行器阻力减小,同时能获得比空中飞行更高升阻比的流体力学效应。地面效应指当固定翼无人机贴近地面或水面进行低空飞行时,由于地面或水面对固定翼无人机表面气流的干扰,固定翼无人机阻力减小,同时能获得比空中飞行更高升阻比。

固定翼无人机贴近地面飞行时,由于受到地面阻滞,机翼下表面的气流流速减慢,压力升高,机翼上、下压力差增大,升力会陡然增加,形成空气垫现象;由于地面作用,机翼的下洗作用受到阻挡,使流过机翼的气流下洗减弱,下洗角和诱导阻力减小,使固定翼无人机阻力减小。同时,由于地面效应使下洗角减小,水平尾翼的有效迎角增大,平尾上产生向上的附加升力,对固定翼无人机重心产生附加的下俯力矩。

2. 地面效应的作用

地面效应对飞行的影响与固定翼无人机距地面高度有关。当机翼距地面的高度等于 1 个翼展时,诱导阻力仅降低 1.4%;当机翼距地面高度等于 1/10 个翼展时,诱导阻力大约降低 48%。因此,通常固定翼无人机距地面高度小于 1 个翼展时,地面效应才起作用。这种影响随离地面高度的增加而迅速减小。

固定翼无人机在起飞和着陆阶段是贴近地面飞行的,在此阶段,地面效应对固定翼无人机有一定的影响。由于在地面效应中,诱导阻力减小,升力系数增大,因此,机翼只要较小的迎角就能产生相同的升力系数,或者维持迎角不变,升力系数会增大。同时诱导阻力的降低,也导致了所需推力的降低,如图 3-28 所示。

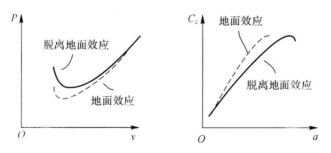

图 3-28　地面效应对升力和阻力的影响

固定翼无人机起飞后脱离地面效应影响开始爬升时,由于机翼周围气流恢复正常且诱导阻力急剧增大,升力系数降低,维持飞行所需的拉力和速度也大幅增加。如果固定翼无人机低于正常起飞速度起飞,由于地面效应的影响,固定翼无人机可以飞起来,但是一旦离开地面效应区,诱导阻力增大,所需推力也增大,固定翼无人机起飞速度可能会低于正常爬升速度,这样飞机就会重新回到跑道上。所以固定翼无人机不能低于正常爬升速度起飞,不然固定翼无人机可能栽到跑道上。

在着陆阶段,也必须重视地面效应的影响。在降落时,尤其是接地前,固定翼无人机的升力系数会增大,诱导阻力会减小,固定翼无人机好像浮在一个气垫上,产生"漂浮"现象。因此,在固定翼无人机接近地面的最后进近阶段,需要减小油门,防止发生"漂浮"。

习　题

1.固定翼无人机由哪五个主要部分组成?固定翼无人机的气动布局有哪些类型?

2.固定翼无人机气动结构和布局有什么特点?

3.什么是基本机翼、机翼基本平面和平面形状?机翼平面形状的主要参数有哪些?

4.如何区分上单翼、下单翼和中单翼固定翼无人机?

5.固定翼无人机在飞行过程中受到哪四种类型的作用力?

6.写出机翼的升力系数公式;画出翼尖气流的展向流动及漩涡。

7.简述以下几种机翼增升装置的增升原理。

(1)后缘襟翼(简单襟翼、开放襟翼、开缝襟翼、后退襟翼和后退开缝襟翼)

(2)前缘襟翼

(3)前缘缝翼

(4)边界层控制(吹气襟翼、边界层吸取增升装置)

8.简述机翼扭转、扰流板和翼尖小翼改善机翼气动性能的原理。

9.什么是附面层、层流附面层和紊流附面层?

10.什么是摩擦阻力、压差阻力、诱导阻力、干扰阻力?

11.写出固定翼无人机升力公式和阻力公式。

12.画出固定翼无人机升力系数曲线和固定翼无人机阻力系数曲线。

13.什么是固定翼无人机的升阻比?画出固定翼无人机升阻比曲线和极曲线。

14.简述地面效应的定义和作用。

第4章 固定翼无人机的飞行平衡、稳定性和操纵性

4.1 固定翼无人机的重心、坐标轴和力矩

固定翼无人机的飞行品质涉及飞行安全和操纵难易程度的各种特性,其中主要是指稳定性和操纵性,即固定翼无人机操纵起来是否方便、灵活。如果飞行品质太差,那么就无法有效地控制飞机,严重的还可能酿成飞行事故。

4.1.1 固定翼无人机的重心和平均空气动力弦

1. 固定翼无人机重心

固定翼无人机的质量是由机翼、机身、尾翼、发动机、燃料、起落架、机内设备等各部件的质量组成的。各部件重力的合力作用点称为重心。固定翼无人机重力作用点所在的位置叫作重心位置。固定翼无人机的重心位置应包括前后、左右和上下的位置。一般固定翼无人机左右对称,重心在对称面上,而且重心上下位置对稳定性的影响较小,因此通常所说的重心位置是指沿纵轴方向的前后位置。

固定翼无人机的运动、操纵与固定翼无人机的重心位置有密切的关系。因为固定翼无人机在空中的运动不论怎样错综复杂,总可以分解为固定翼无人机各部分随固定翼无人机重心一起的移动和固定翼无人机各部分绕固定翼无人机重心的转动。

2. 固定翼无人机重心位置的测量方法

大型固定翼无人机设计时都会按常规方法根据各部件质量及位置计算出重心位置。而微小型固定翼无人机的重心则可直接测定。方法有以下三种:

(1)直接测量法

用两块楔形木块或左右手各一个手指对称地在左右机翼下表面支撑固定翼无人机,并沿机身纵轴方向前后移动,当固定翼无人机处于水平状态时,楔形木块或手指所支撑的位置是重心位置。

(2)吊线法

通过两次起吊固定翼无人机,重锤线相交点就是重心位置,这种方法可以同时测得重心的前后和上下位置。

(3)称重法

对于大型的固定翼无人机,如果是后三点式起落架,将固定翼无人机纵轴放成水平位置,尾轮置于秤盘上。设指示质量是 R_2;再分别称主轮的指示质量,每个质量得 R_1。固定翼无人

机的总质量是W,有$W=R_2+2R_1$。设前轮轴与尾轮轴的距离为l_{fW}。全机重心到主轮接地点距离为l_{mW},重心纵向位置可用下式决定:

$$l_{mW}=\frac{R_2 l_{fW}}{W}$$

(4-1)

前三点式起落架计算方法也一样,只是R_2是前轮测得的质量。

3.平均空气动力弦

飞行中,固定翼无人机的重心位置不随固定翼无人机姿态改变,而会随着固定翼无人机装载的数量和位置的变化而变化。

机翼的空气动力可以认为是作用在压力中心上。机翼压力中心和固定翼无人机重心的距离直接关系到固定翼无人机的俯仰平衡。机翼压力中心的位置以离机翼前缘的距离来衡量,则重心位置也应换算为以机翼前缘为起点,位置距离用机翼翼弦的百分数来表示。

如果机翼的外形不是矩形,则要利用"平均气动弦长"的概念。平均气动弦长是指虚拟的与该机翼面积相等,在同一迎角下有相同空气动力合力和压力中心位置的矩形机翼的弦长,沿机身向后为正。即平均空气动力弦就是一个假想的矩形机翼的翼弦,这个假想的矩形机翼的面积、空气动力和俯仰力矩等特性都与原机翼相同,如图4-1所示。一般使用时取其与平均气动弦长的比值来表示。重心因机翼翼型、平面形状、安装角、尾翼面积等的不同而不同。

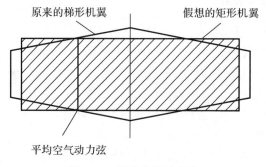

图4-1 平均空气动力弦

4.1.2 固定翼无人机的坐标轴和力矩

1.固定翼无人机的坐标轴系

研究飞机的平衡、稳定性和操纵性原理时,为了描述固定翼无人机的空间位置、运动轨迹、气动力和力矩等向量,需要采用相应的坐标系。常用的坐标系有地面坐标轴系、机体坐标轴系、气流坐标轴系和航迹坐标轴系等。这些坐标系都是三维正交右手系。为了方便研究问题,一般选用机体坐标轴系来研究固定翼无人机的运动规律。

机体坐标轴体系$Ox_t y_t z_t$是固定在固定翼无人机上、随固定翼无人机一起转动的坐标系,其原点O位于固定翼无人机的重心。固定翼无人机的机体轴线有三个,它们都相交于固定翼无人机的重心,并且两两相互垂直。沿着机身长度方向,在固定翼无人机对称面内由机尾通过重心指向机头的直线称为固定翼无人机的纵轴Ox_t,指向机头的方向为正方向;从左机翼通过固定翼无人机重心到右机翼并与纵轴垂直的直线称为固定翼无人机的横轴Oz_t,指向右机翼方向为正方向;通过固定翼无人机的重心并垂直于纵轴和横轴,指向固定翼无人机上方的直线称为固定翼无人机的立轴Oy_t,指向上方为正方向,如图4-2所示。

飞行中固定翼无人机姿态的改变都是绕着以上三个轴中的一个或多个转动的,固定翼无人机绕机体纵轴的转动,称为滚转运动;固定翼无人机绕机体立轴的转动,称为偏航运动;固定翼无人机绕机体横轴的转动,称为俯仰运动。

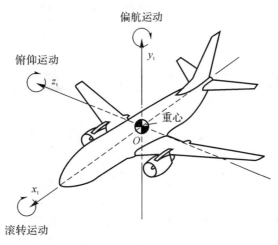

图 4-2　固定翼无人机机体坐标轴及对应转动

2.作用在固定翼无人机上的力矩

把作用在固定翼无人机上的力矩沿机体的三个坐标轴进行分解,得到三个力矩分量,即俯仰力矩、偏航力矩和滚转力矩。

(1)俯仰力矩

俯仰力矩也称为纵向力矩,它的作用是使固定翼无人机绕横轴做抬头或低头转动(称为俯仰运动)。升降舵向上偏转,将引起正的俯仰力矩,使固定翼无人机抬头;升降舵向下偏转,将引起负的俯仰力矩,使固定翼无人机低头。

(2)偏航力矩

偏航力矩的作用是使固定翼无人机绕立轴做旋转运动。方向舵向左偏,将引起正的偏航力矩,使固定翼无人机向左偏转;方向舵向右偏,将引起负的偏航力矩,使固定翼无人机向右偏转。

(3)滚转力矩

滚转力矩也称为倾斜力矩,它的作用是使固定翼无人机绕纵轴做滚转运动。副翼的偏转,改变了左右机翼上的升力,从而产生固定翼无人机绕纵轴转动的滚转力矩。出于副翼偏转角的正向定义(右副翼向下偏转,左副翼向上偏转)的缘故,副翼的正偏转角将引起负的滚转力矩,使固定翼无人机向左滚转。

4.2　固定翼无人机的平衡

固定翼无人机的平衡是指作用于固定翼无人机的各力之和为零,各力对重心所产生的各力矩之和也为零。固定翼无人机处于平衡状态时,飞行速度的大小和方向都保持不变,也不绕重心转动;反之,固定翼无人机处于不平衡状态时,飞行速度的大小和方向将发生变化,并绕重心转动。固定翼无人机能否自动保持平衡状态,是稳定性的问题;如何改变其原有的平衡状态,则是操纵性的问题。研究固定翼无人机的平衡,是分析固定翼无人机稳定性和操纵性的基础。

4.2.1　固定翼无人机的俯仰平衡

1.固定翼无人机俯仰平衡的定义

当固定翼无人机做等速直线运动,没有绕横轴(z 轴)转动时,固定翼无人机就处于俯仰平衡状态。固定翼无人机处于俯仰平衡状态时,作用于固定翼无人机的各俯仰力矩之和为零,固定翼无人机迎角保持不变。

2.固定翼无人机俯仰平衡状态的类型

固定翼无人机俯仰平衡状态有以下三种:

1)机翼升力正好在重心上。

2)机翼升力在重心前面,这时水平尾翼要产生升力来平衡机翼升力对重心的力矩。

3)机翼升力在重心的后面,这时水平尾翼产生负升力。

固定翼无人机可以把重心放得很靠后,以充分利用水平尾翼的升力,也可以使重心在平均气动弦长的 35% 以前,平飞时机翼升力与固定翼无人机重心位置很接近。

飞行的时候,作用在固定翼无人机上的外力有可能起变化(如由于突风使气流迎角发生变化),重心位置也会变化(如由于燃油消耗而使重心变化)。这样,原来平衡的俯仰力矩可能遭到破坏。要想恢复俯仰平衡,就要靠固定翼无人机本身的稳定性,或者自动驾驶仪控制伺服机构通过操纵升降舵来实现,必须注意固定翼无人机的俯仰平衡状态即使没有外界扰动也只是在一定的速度和迎角下才能保持。因为固定翼无人机的升力、阻力和尾翼的空气动力等都与飞行速度及机翼迎角有关。在固定翼无人机不操纵时,决定飞机迎角的主要因素是飞机尾翼的安装角和重心位置。如果想使固定翼无人机在某一迎角下飞行,可调整机翼和尾翼的安装角,改变重心的位置,使固定翼无人机在这个迎角下平衡,也可遥控升降舵或升降副翼等操纵面。

4.2.2　固定翼无人机的方向平衡和横向平衡

1.固定翼无人机方向平衡的定义

当固定翼无人机做等速直线运动时,没有绕竖轴(y 轴)转动时固定翼无人机就处于方向(航向)平衡状态。固定翼无人机处于方向平衡状态时,作用于固定翼无人机的各偏转力矩之和为 0,固定翼无人机航向保持不变。

2.固定翼无人机横向平衡的定义

当固定翼无人机做等速直线运动时,没有绕纵轴(x 轴)转动时固定翼无人机就处于横向平衡状态。固定翼无人机处于横向平衡状态时,作用于固定翼无人机的各滚转力矩之和为 0,固定翼无人机不绕纵轴滚转,飞行姿态坡度保持不变。

3.固定翼无人机方向平衡与横向平衡的关系

固定翼无人机的横向平衡和方向平衡之间有着密切的联系。横向平衡如果受到破坏,必然会引起方向平衡的破坏,反之亦然。因此这两种平衡不能完全分开,把横向平衡和方向平衡综合起来考虑时称为侧向平衡。实际的调整方法有使翼尖部分有扭角(外翼区翼型角度与翼根的不同)、斜装机翼、斜拉力线等。当固定翼无人机能够进行稳定的盘旋上升时,即已经达到横向和方向平衡。

有些情况不平衡所引起的变化是趋向于安全方面,固定翼无人机还是可以飞得很好。例如,起飞后开始上升时固定翼无人机向左倾斜很厉害,即使没人操纵遥控它能逐渐减少倾斜程度以后转变为稳定上升,盘旋半径不管愈转愈大或愈转愈小,只要不出现下坠倾向,就可以说整个飞行稳定,但实际上固定翼无人机的力矩平衡始终没有达到。因此也没有必要强调固定翼无人机在飞行中一定要达到各种各样的平衡。

4.3　固定翼无人机的稳定性

固定翼无人机的稳定性是指固定翼无人机受扰动偏离原来的平衡位置后,不需要自动驾驶仪的干预,靠自身特性能自动恢复到原来平衡状态的能力。固定翼无人机的稳定性是固定翼无人机本身具有的一种特性,它不是一成不变的,而是随着飞行条件的改变而变化的。固定翼无人机的稳定性与操纵性有着密切的关系,要学习固定翼无人机的操纵性,就必须先懂得固定翼无人机的稳定性。

4.3.1　稳定性的基本概念

1.物体稳定状态的类型

为了更好地说明稳定性的概念和分析具备稳定性的条件,首先来研究圆球的稳定问题。圆球的三种稳定状态如图 4-3 所示,设圆球原来处于平衡状态。现在给它一个瞬时小扰动,例如推它一下,使其偏离平衡状态,然后来讨论在扰动去除后,圆球是否能自动回到原来的平衡状态。

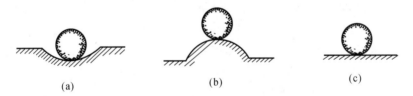

图 4-3　圆球的三种稳定状态
(a)稳定;　(b)不稳定;　(c)中立稳定

(1)稳定状态

如图 4-3(a)所示的圆球,在扰动取消后,其在弧形槽中经过若干次来回摆动,最后自动地恢复到原来的平衡位置,这种情况称为稳定状态。

(2)不稳定状态

如图 4-3(b)所示的圆球,在扰动取消后,其沿弧形坡道滚下,离原来的平衡位置越来越远,不能自动地恢复到原来的平衡位置,这种情况称为不稳定状态。

(3)中立稳定状态

如图 4-3(c)所示的圆球,在扰动取消后,就停在扰动消失时的位置,既不继续偏离原来的平衡位置,也不自动地恢复到原来的平衡位置,这种情况称为随遇稳定或中立稳定状态。

2.稳定力矩和阻尼力矩

(1)稳定力矩

如图 4-3(a)所示的圆球偏离平衡位置后,其重力在平行于弧形曲线切线的方向上的分力,对圆球与弧形曲线的接触点(支持点)形成一个力矩,该力矩使圆球具有自动恢复到其原来平衡状态的趋势。这种力矩称为稳定力矩或恢复力矩。

（2）阻尼力矩

如图4-3(a)所示的圆球在弧形曲线上运动的阻力也对其支持点形成一个力矩，其方向和圆球运动方向相反，起到阻止摆动的作用，称为阻尼力矩，在此力矩作用下，圆球的摆幅越来越小，最后停止在原来的平衡位置上，因而是稳定的。

（3）不稳定力矩

如图4-3(b)所示的圆球偏离平衡位置后，其重力在平行于弧形曲线切线的方向上的分力，对圆球与弧形曲线的接触点（支持点）形成一个力矩，该力矩使圆球继续偏离原来的平衡状态，是不稳定力矩，圆球不能自动回到原来的平衡位置上。

（4）中立稳定状态无力矩

如图4-3(c)所示的圆球偏离平衡位置后，其重力与平面的支持力在同一条直线上，对支持点不形成任何力矩，圆球既不继续加大偏离原来的平衡状态，也不会自动回到原来的平衡状态。

由此可知，欲使处于平衡状态的物体具有稳定性，其必要条件是物体在受到扰动后能够产生稳定力矩，使物体具有自动恢复到原来平衡状态的趋势；另外是在恢复过程中同时产生阻尼力矩，保证物体最终恢复到原来平衡状态。

对固定翼无人机来说，其稳定与否，和上述圆球的情况在实质上是类似的。如果在飞行中，固定翼无人机由于外界瞬时微小扰动而偏离了平衡状态，这时若在飞机上能够产生稳定力矩，使固定翼无人机具有自动恢复到原来平衡状态的趋势，同时在恢复过程中，又能产生阻尼力矩，那么固定翼无人机就能像图4-3(a)所示的圆球一样，无须外界的干预就能自动地恢复到原来的平衡状态，因而是稳定的，或者说固定翼无人机具有稳定性；反之，若固定翼无人机偏离平衡状态后产生的是不稳定力矩，那么固定翼无人机就会像图4-3(b)所示的圆球一样越来越偏离原来的平衡位置，因而是不稳定的，也就是没有稳定性。显然，为了保证飞行安全和便于操纵控制，固定翼无人机应当具有良好的稳定性。

3.静稳定性和动稳定性

由于固定翼无人机在空中飞行时没有人直接操纵或只是在地面间接操纵，不能及时发觉固定翼无人机飞行中外界气流的影响。要使飞行中能保持稳定的飞行状态，固定翼无人机必须具有良好的稳定性，或者安装自动增稳系统。

（1）静稳定性

静稳定性是指固定翼无人机受扰后出现稳定力矩，有自动回到原平衡状态的趋势。静稳定性是研究固定翼无人机受扰后的最初瞬间响应问题的，是研究固定翼无人机稳定性的最基本特性。静稳定性只表明固定翼无人机在外界扰动作用后的最初瞬间有无自动恢复到原来平衡状态的趋势，并不能说明固定翼无人机能否最终恢复到原来的平衡状态。固定翼无人机静稳定性有以下三种类型：

1)正静稳定性。如果固定翼无人机受扰动偏离平衡状态后，在最初瞬间所产生的是稳定力矩，有自动趋向回到原平衡状态的趋势，则固定翼无人机具有正静稳定性。

2)负静稳定性。如果固定翼无人机产生的是不稳定力矩，趋向于偏离原来的平衡状态，则称固定翼无人机具有负静稳定性。

3)中立静稳定性。如果固定翼无人机趋向于维持偏离后的姿态，即不恢复原来的平衡也不进一步偏离平衡，则称飞机具有中立静稳定性。

（2）动稳定性

动稳定性是指固定翼无人机在扰动过程中出现阻尼力矩，具有最终使物体回到原平衡状态的特性。动稳定性是研究固定翼无人机受扰运动的时间响应历程问题的。和前面一样，对干扰产生的反应可以被描述成正、负、中立动稳定性。

1）正动稳定性。如果固定翼无人机受扰动偏离原平衡状态后，固定翼无人机摆动的振幅逐渐减小，最终恢复到原平衡状态，则称固定翼无人机具有正动稳定性。

2）负动稳定性。如果固定翼无人机摆动的振幅越来越大，固定翼无人机越来越偏离原状态，则称固定翼无人机具有负动稳定性。

3）中立动稳定性。如果固定翼无人机摆动的振幅既不增大也不减小，则称为固定翼无人机具有中立动稳定性。

固定翼无人机的静稳定性和动稳定性之间有着非常密切的关系。静稳定性是动稳定性的前提，因为不具有静稳定性的固定翼无人机，受干扰后根本没有恢复原先平衡状态的倾向，当然更谈不上如何恢复到固定翼无人机的原先平衡状态了。但只用静稳定性还不能完全说明问题，因为固定翼无人机在恢复它原来平衡状态的过程中，并不一定能很快达到原先的飞行状态而可能摆动起来。摆动多少次才能平稳下来，这就是动稳定性问题。摆动次数越少，需要的时间越短，说明动稳定性越好。如果摆动愈来愈剧烈，就是动稳定性不好。一般来说，只要恰当地选择静稳定性的大小，就能保证获得良好的动稳定特性。

4.3.2　固定翼无人机俯仰稳定性（纵向稳定性）

固定翼无人机的俯仰稳定性（纵向稳定性）是指固定翼无人机受微小扰动以至迎角变化（纵向平衡遭到破坏）时，在扰动消失后，具有自动恢复它原来的纵向平衡状态的能力。固定翼无人机之所以具有俯仰稳定性，是俯仰稳定力矩和俯仰阻尼力矩共同作用的结果。

1. 机翼焦点和固定翼无人机的焦点

机翼的焦点是迎角改变时，机翼气动升力增量的作用点，如图 4-4 所示。例如，固定翼无人机在飞行中迎角由 α_1 增加到 α_2，机翼升力也由 L_1 增加到 L_2。由于机翼压力中心随机翼迎角增加而前移，结果 L_2 对重心的力臂减小了，而升力大小的变化正好与压力中心到焦点距离的变化成正比，因此机翼迎角变化时，升力对焦点的力矩不变。根据焦点的这个特性，可以假设升力作用在焦点上，并且用一个力矩（焦点力矩）来修正升力移动位置的影响（从压力中心移到焦点上），这样考虑问题便十分方便了。既然焦点力矩不随迎角改变而改变，则迎角不同时，只要计算升力增量的大小即可。而且这个升力增量可以认为也正好作用在焦点上［见图 4-4(c)］。

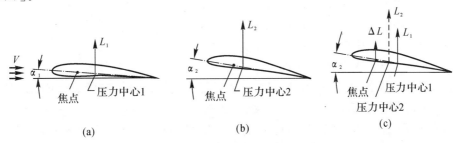

图 4-4　焦点是升力增量的作用点

与机翼一样,固定翼无人机的水平尾翼(平尾)也有自己的焦点。当迎角变化时,水平尾翼的升力对其焦点的力矩不变,可以把水平尾翼的焦点看成是迎角变化时水平尾翼升力增量的作用点。如果将作用在机翼焦点上的机翼升力增量和作用在水平尾翼焦点上的平尾升力增量的合力作用点求出来,这一点就是整架固定翼无人机的焦点(见图4-5)。当迎角变化时,整架固定翼无人机的升力增量也可以认为是作用在整架固定翼无人机的焦点上。

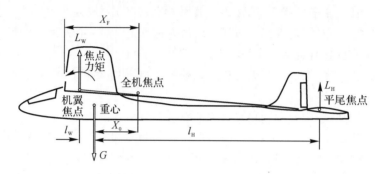

图4-5　固定翼无人机的焦点

2.有水平尾翼的固定翼无人机的纵向稳定性

(1)有水平尾翼的固定翼无人机俯仰稳定力矩

有水平尾翼的固定翼无人机的俯仰稳定力矩主要由水平尾翼产生。固定翼无人机配置了水平尾翼以后,将使纵向稳定性大大增加,平尾的作用相当于使机翼焦点的位置向后移动到整个固定翼无人机的焦点上。一般水平尾翼距重心较远,稳定性作用很大,只要固定翼无人机的迎角有一点改变,平尾就能产生相当大的恢复力矩,如图4-6所示。

固定翼无人机原来以一定的迎角做水平直线飞行,有一阵风吹向机头使固定翼无人机抬头,造成迎角增大,则水平尾翼的迎角也跟着增大,造成迎角增大,则升力增加,会产生向上的附加升力,这个力对固定翼无人机重心产生一个下俯的稳定力矩,使机头往下运动,固定翼无人机趋向于恢复原来的迎角;反之,当固定翼无人机受到扰动使得迎角减小时,水平尾翼产生向下的附加升力,对固定翼无人机重心产生上仰的稳定力矩,使固定翼无人机趋向于恢复原来的迎角(见图4-6)。

固定翼无人机低速飞行时,其焦点位置不随迎角的改变而变化,始终保持不变。引入固定翼无人机焦点位置后,固定翼无人机的俯仰稳定性问题实际上就变成了研究固定翼无人机焦点与固定翼无人机重心相对位置的问题。如果固定翼无人机重心在全机焦点后面,无论迎角增大或减小,作用在焦点上的升力变化值将对重心产生不稳定力矩,使固定翼无人机进一步偏离原先的平衡位置。由此

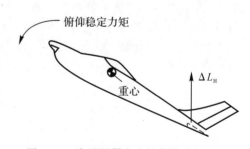

图4-6　水平尾翼产生的俯仰稳定力矩

可见,使固定翼无人机的重心位置在固定翼无人机焦点的前面是纵向稳定的必要条件。而且重心在焦点前面越远,固定翼无人机的纵向稳定性越好。

另外,固定翼无人机重心位置的高低也会影响俯仰稳定性。重心在机翼下面愈低,稳定性愈好。小型无自动增稳系统的固定翼无人机多采用上单翼或高单翼。此外迎角不同,机翼升

力系数不同,也会影响俯仰稳定性。

（2）有水平尾翼的固定翼无人机俯仰阻尼力矩

有水平尾翼的固定翼无人机的俯仰阻尼力矩主要由水平尾翼产生。比如固定翼无人机绕重心以一定的角速度转动时,重心前后各处获得附加的法向速度 Δv,这些法向速度与飞行速度 v 叠加,改变了固定翼无人机各部分迎角,如图 4-7 所示。

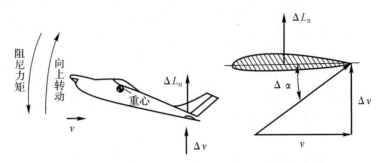

图 4-7　固定翼无人机俯仰阻尼力矩示意图

当有水平尾翼的固定翼无人机在摆动过程中抬头时,机头绕重心向上转动,水平尾翼向下转动,重心前各处的迎角变小,产生向下的附加升力;重心后各处的迎角变大,产生向上的附加升力。这个力对固定翼无人机重心产生一个低头力矩,阻止固定翼无人机抬头转动,这个低头力矩就是俯仰阻尼力矩。由于水平尾翼距离固定翼无人机重心远,气动力面积大,产生的阻尼力矩比其他部件产生的阻尼力矩大得多,俯仰阻尼力矩主要由水平尾翼产生。

3.无水平尾翼的固定翼无人机的纵向稳定性

无水平尾翼的飞翼式固定翼无人机的重心位置可以有三种情况,如图 4-8 所示。

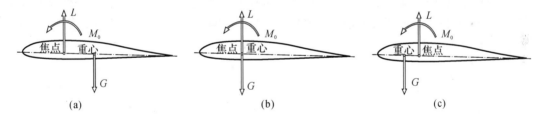

图 4-8　机翼稳定性和重心的关系

（a）固定翼无人机重心在机翼焦点后面；　（b）固定翼无人机的重心正好在焦点在同一垂直线上；
（c）固定翼无人机的重心在焦点前面

（1）飞翼式固定翼无人机重心在机翼焦点后面

图 4-8(a)表示固定翼无人机重心在机翼焦点后面。当机翼调整到在某一迎角下平衡,这时重力(G)和升力(L)相等。如果以重心为支点,升力对重心产生的抬头力矩与机翼的低头焦点力矩相等,固定翼无人机处于俯仰平衡状态。但是,当外部气流影响使机翼迎角增大时,机翼升力加大,而焦点力矩不变,固定翼无人机将会产生继续加大机翼迎角的力矩直到最后失速为止。显然这种情况是力与力矩都可以平衡但俯仰不稳定。

（2）飞翼式固定翼无人机的重心正好与焦点在同一垂直线上

图 4-8(b)表示固定翼无人机的重心正好与焦点在同一垂直线上,升力大小与重力相等,可是机翼的焦点力矩无法平衡。迎角改变后,升力大小虽然改变,但对重心不产生力矩,这种

情况称中立稳定。在这种情况下,固定翼无人机力矩不能平衡,也没有稳定性。

(3)飞翼式固定翼无人机的重心在焦点前面

图4-8(c)表示固定翼无人机的重心在焦点前面,升力大小可以和重力相等,可是升力对重心产生的低头力矩与焦点力矩方向相同,力矩不平衡。但从稳定性考虑,当迎角增大时,增大了的升力使低头力矩增加,有减小迎角的倾向,所以固定翼无人机是稳定的。

飞翼式固定翼无人机要能飞行,必须既平衡又稳定。以上三种情况都不能满足正常飞行要求。无尾的飞翼式固定翼无人机要能正常飞行,必须使重心在机翼焦点前面。同时使机翼后缘上翘(或采用S翼型),如图4-9所示。当机翼迎角增加时,升力的增量 ΔL 使机翼产生附加低头力矩,结果自动减小迎角,使固定翼无人机具有稳定性。另外,后缘上翘后,作用在舵面上的空气动力 L_e 对固定翼无人机重心的力矩可以和升力对重心的力矩互相平衡。S翼型的焦点力矩是正值,其方向与一般翼型相反,所以飞翼式固定翼无人机多采用这类翼型,以达到既平衡又稳定的要求。

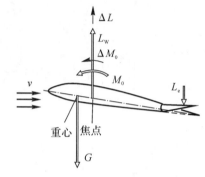

图4-9 飞翼式固定翼无人机的纵向平衡和稳定

由于机翼后缘与固定翼无人机重心的距离比一般的水平尾翼到重心的距离小得多,用来平衡升力对重心的力矩所必需的后缘舵面空气动力比较大。这个力是向下的,使整架固定翼无人机的有效升力下降,从而使整架固定翼无人机的升阻比下降,S翼型也有类似缺点。

4.3.3 固定翼无人机方向稳定性和横向稳定性

固定翼无人机的航向稳定性和横向稳定性实际上是彼此密切有关,无法分开的。不论是固定翼无人机的横向稳定性,还是方向稳定性,都是固定翼无人机有了侧滑这个条件后,通过垂直尾翼、机翼上反角、机翼后掠角等产生恢复力矩,因此,两者之间紧密联系并互相影响。

1.固定翼无人机的方向稳定性

固定翼无人机的方向稳定性是指固定翼无人机受微小扰动以至方向平衡遭到破坏时,在扰动消失后,具有自动恢复到它原来的方向平衡状态的能力。固定翼无人机之所以具有方向稳定性,是方向稳定力矩和方向阻尼力矩共同作用的结果。

(1)固定翼无人机的方向稳定力矩

在方向平衡遭到破坏后,固定翼无人机会产生侧滑现象,方向稳定性主要是在固定翼无人机出现侧滑时由垂直尾翼来保证的。侧滑是相对气流与固定翼无人机对称面不一致时的飞行状态。固定翼无人机产生侧滑时,空气从固定翼无人机侧方吹来,相对气流方向与固定翼无人机对称面之间的夹角称为侧滑角。相对气流从固定翼无人机左前方吹来叫左侧滑,相对气流从固定翼无人机右前方吹来叫右侧滑。

固定翼无人机原来处于方向平衡状态,当受到小扰动使固定翼无人机机头向右偏转从而发生左侧滑时,相对气流从左前方吹向固定翼无人机,气流与垂直尾翼之间就有了夹角,使垂直尾翼上产生向右的附加侧向力。该力对固定翼无人机重心产生机头偏向相对气流的左偏力矩,力图消除侧滑,使固定翼无人机自动趋向恢复与来流方向一致的状态,这个力矩就是方向稳定力矩,如图4-10所示。相反,固定翼无人机出现右侧滑时,就产生使固定翼无人机向右偏转的方向稳定力矩。由此可见,只要有侧滑,固定翼无人机就会产生方向稳定力矩,使固定翼无人机自动趋向恢复原方向的平衡状态。垂尾面积越大,方向稳定力矩越大。

有些固定翼无人机机身上有背鳍和腹鳍,这相当于增大了垂直尾翼的作用面积,增强方向稳定性。垂直尾翼的后掠布局使垂直尾翼侧向力到重心的力臂增大,亦可增强方向稳定性。此外,机翼上反角和后掠角也能使固定翼无人机产生方向稳定力矩。上反角产生方向稳定力矩的原因是固定翼无人机受小扰动发生侧滑时,侧滑一侧机翼的迎角增大,侧滑另一侧机翼的迎角减小,侧滑一侧机翼的阻力大于侧滑另一侧机翼的阻力,两翼阻力差对重心产生方向稳定力矩,如图 4 - 11 所示。

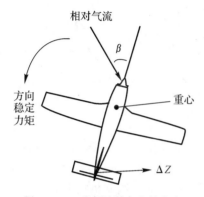 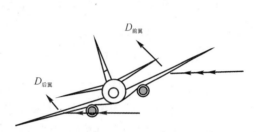

图 4 - 10　垂直尾翼产生的方向　　　　图 4 - 11　上反角产生方向
　　　　　　稳定力矩示意图　　　　　　　　　　　稳定力矩示意图

如果固定翼无人机的机翼不是上反角而是下反角,侧滑前翼(左机翼)的迎角会小于侧滑后翼(右机翼)的迎角,将会产生方向不稳定力矩,使固定翼无人机更加偏离原来的平衡状态。

后掠角产生方向稳定力矩的原因是固定翼无人机受小扰动发生侧滑时,侧滑一侧机翼的有效分速度大,侧滑另一侧机翼的有效分速度小,侧滑一侧机翼的阻力大于侧滑另一侧机翼的阻力,两翼阻力差对重心产生方向稳定力矩。

(2)固定翼无人机的方向阻尼力矩

固定翼无人机有了方向稳定力矩,只能使固定翼无人机有自动恢复原来方向平衡的趋势,还需要在偏转摆动过程中产生阻尼力矩,才能使固定翼无人机偏转摆动的幅度逐渐减弱直至消失。

固定翼无人机在绕着重心的偏转摆动过程中,垂直尾翼、机身、背鳍和腹鳍等部件都可以产生方向阻尼力矩,但方向阻尼力矩主要是由垂直尾翼产生的,因为固定翼无人机的机身、背鳍和腹鳍等部件所产生的方向阻尼力矩比垂直尾翼产生的小得多,所以在分析固定翼无人机方向阻尼力矩时,可以只考虑垂直尾翼产生方向阻尼力矩的作用。

垂直尾翼产生方向阻尼力矩的原理如图 4 - 12 所示,机头右偏时,垂直尾翼向左运动,产生向右的相对气流速度 Δv,垂直尾翼的实际气流速度从垂直尾翼左前方吹来,在垂直尾翼上形成侧滑角,产生向右的附加侧力,对重心产生方向阻尼力矩,阻止机头向右偏转,方向摆动逐渐减弱。

2. 固定翼无人机的横向稳定性

固定翼无人机的横向稳定性是指固定翼无人机受微小扰动以至横向平衡遭到破坏时,在扰动消失后,具有自动恢复到它原来的横向平衡状态的能力。固定翼无人机之所以具有横向稳定性,是横向稳定力矩和横向阻尼力矩共同作用的结果。

(1)固定翼无人机的横向稳定力矩

固定翼无人机的横向稳定力矩主要是由机翼的上反角、后掠角和垂直尾翼提供的。

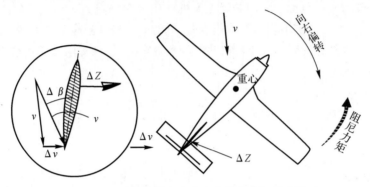

图4-12 垂直尾翼产生的方向阻尼力矩示意图

1)机翼上反角的作用。固定翼无人机平飞中受小扰动发生左倾斜,升力也随之倾斜,升力和重力的合力形成向心力,使固定翼无人机向左侧方做曲线运动,出现左侧滑。相对气流从固定翼无人机左前方吹来,因为上反角的作用,固定翼无人机侧滑后吹到机翼上的相对气流与左翼翼弦所形成的迎角增大,升力增大;右翼的迎角减小,升力减小。左右机翼升力之差产生向右的滚转力矩,力图减小或消除倾斜,消除侧滑,使固定翼无人机有自动恢复到原横向平衡状态的趋势。这个力矩就是横向稳定力矩,如图4-13所示。

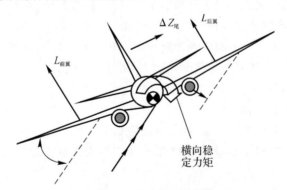

图4-13 机翼上反角对横向稳定的作用

2)机翼后掠角的作用。当飞机由于扰动向右倾斜而引起右侧滑时(见图4-14),气流对右机翼的有效分速(即垂直焦点线的分速)就比左机翼分速大得多。因此右机翼的升力也就大,也能产生恢复力矩,从而起到增加横向稳定性的作用。

机翼后掠角越大,其所起的横向稳定作用越强。如果后掠角很大(如一些超声速大后掠翼固定翼无人机),就可能导致过分的横向静稳定性,会影响固定翼无人机的动稳定性和滚转机动性,通常应采用下反角予以缓解。

3)垂直尾翼的作用。固定翼无人机的垂直尾翼也会产生横向稳定力矩。固定翼无人机出现侧滑时,在垂直尾翼上就会产生侧力,它不但能为航向提供恢复力矩,而且由于垂直尾翼一般都装在机身的上面,垂直尾翼上产生的附加侧力的作用点在固定翼无人机重心位置之上,也会对重心形成横向稳定力矩。

4)机翼和机身的相对位置对横向稳定性的影响。固定翼无人机机翼和机身的相对位置也对其横向稳定性有影响,如图 4 - 15 所示。

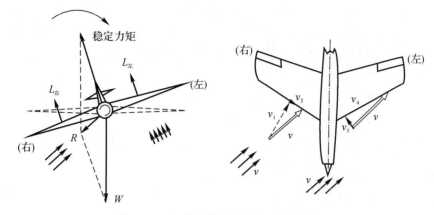

图 4 - 14　机翼后掠角对横向稳定的作用

图 4 - 15　机翼和机身的相对位置对横向稳定性的影响

当固定翼无人机受到扰动呈现坡度产生侧滑时,对于上单翼固定翼无人机来说,侧滑前翼下表面,气流受到机身的阻挡,流速减慢,压力升高,升力增大,于是形成横向稳定力矩,使固定翼无人机的横向稳定性增强。对于下单翼固定翼无人机,侧滑前翼上表面,气流受到阻挡,流速减慢,压力升高,升力减小,于是形成横向不稳定力矩,使固定翼无人机的横向稳定性减弱。对于中单翼固定翼无人机来说,侧滑前翼上下表面气流均受到机身阻挡,流速均减小,压力均增高,对固定翼无人机的稳定性影响不大。

(2)固定翼无人机的横向阻尼力矩

固定翼无人机横向阻尼力矩主要由机翼产生。固定翼无人机向左滚转,左翼下沉,在左翼上引起向上的相对气流速度,使左翼实际速度向上倾斜,从而使左翼迎角增大,产生正的附加升力;右翼上扬,在右翼上引起向下的相对气流速度,使右翼实际速度向下倾斜,从而使右翼迎角减小,产生负的附加升力,左右机翼升力之差,形成向右的横向阻尼力矩,阻止固定翼无人机向左滚转,滚转幅度逐渐减小以至最终停止滚转,如图 4 - 16 所示。固定翼无人机在飞行中,只要固定翼无人机绕纵轴滚转,左右机翼迎角就有差别,只要迎角不超过临界迎角,就会产生横向向阻尼力矩。

3.固定翼无人机横向稳定性与方向稳定性的关系

固定翼无人机的横向稳定性与方向稳定性都是固定翼无人机有了侧滑这个条件后,通过垂直尾翼、机翼上反角、机翼后掠角等产生恢复力矩,因此,两者之间紧密联系并互相影响。

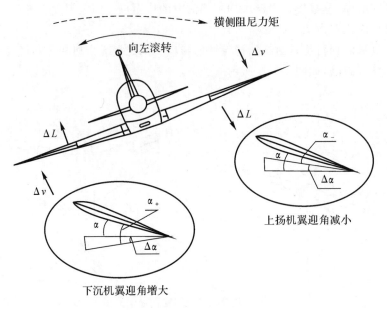

图 4-16　固定翼无人机横向阻尼力矩

固定翼无人机有侧滑时,除产生向侧滑一边偏转的方向稳定力矩之外,同时还要产生向侧滑反方向滚转的横向稳定力矩。比如:固定翼无人机受扰动机头左偏出现右侧滑时,固定翼无人机除产生方向稳定力矩使机头右偏外,还要产生横向稳定力矩,使固定翼无人机向左滚转;固定翼无人机受扰动向左倾斜时出现左侧滑时,除产生横向稳定力矩使飞机向右滚转外,还要产生方向稳定力矩,使固定翼无人机机头向左偏转,消除侧滑。由此可见,固定翼无人机的方向稳定性和横向稳定性是相互联系、相互耦合的。一般把方向稳定性和横向稳定性统称为侧向稳定性。它们必须搭配适当,才能使固定翼无人机有良好的侧向稳定性。如若匹配不当,固定翼无人机将不稳定。

4.3.4　固定翼无人机的不稳定性现象

1. 飘摆不稳定

如果固定翼无人机的上反角过大,固定翼无人机由于某种干扰产生左侧滑后,上反角的作用使固定翼无人机出现右倾斜。如果垂直尾翼不够大(相对上反角来说),不能很快消除侧滑,由于右倾斜,会出现较严重的右侧滑。在过大上反角的作用下,又产生过分的恢复力矩,使固定翼无人机再向左倾斜。上述过程反复进行,结果固定翼无人机出现机翼左右摇摆的不稳定现象,称飘摆不稳定。要避免这种现象,可以适当减小上反角或者增加垂直尾翼面积。

跨声速或超声速飞机为了减小激波阻力,大都采用了后掠角比较大的机翼,因此,后掠角的横向稳定作用可能过大,以至于当飞机倾斜到左边后,在滚转力矩的作用下,又会倾斜到右边来。于是,飞机左右往复摆动,形成飘摆现象。为了克服这种不正常现象,可以采用下反角的外形来削弱后掠机翼的横向向静稳定性。

2. 荷兰滚

如果固定翼无人机的横向稳定性过强而方向稳定性过弱,固定翼无人机在飞行中受到小扰动出现侧滑时易产生明显的飘摆现象,称为荷兰滚。如果垂尾面积太小,且机翼上反角较大,就会发生荷兰滚或侧向振荡。固定翼无人机如果受到侧风干扰,就会有侧滑趋势。上反角做出的响应,使固定翼无人机滚转来阻止侧滑,抬高了"朝向侧滑一边"的机翼。然而,如果垂尾过小,则机身会有侧面对着气流的趋势。因此最初的小侧滑转化为偏航,使侧滑加大,同时伴随着滚转,直到机翼几乎被滚转到垂直位置。此后上反角使机翼向反方向滚转,机身试图转向新的侧滑方向,于是固定翼无人机陷入剧烈的从一侧到另一侧的滚转加偏航的耦合振荡,垂尾以一定弧度猛烈摆动。

较大的上反角、后掠角,加上上单翼构型和相对较小的垂直尾翼的时候,固定翼无人机易形成飘摆现象,固定翼无人机会持续地来回地滚动和偏航,且滚转和偏航不同步。解决方法是增大垂尾面积或者减小上反角,或两者同时进行。

固定翼无人机在高空和低速飞行时由于稳定性发生变化易发生飘摆,因此广泛使用偏航阻尼器。偏航阻尼器安装在方向舵操纵系统中,它根据固定翼无人机姿态的变化操纵方向舵,防止产生飘摆。

3. 螺旋不稳定

如果固定翼无人机的横向稳定性过弱而方向稳定性过强,在受扰产生倾斜和侧滑后,易产生缓慢的螺旋下降,称为螺旋不稳定,它是一种与荷兰滚相反的不稳定。如果垂尾面积相对上反角过大,就会发生此类情况。比如,固定翼无人机在平飞中受小扰动左倾斜时,固定翼无人机会沿着升力和重力合力的方向产生左侧滑,如果使机头左偏的方向稳定力矩过强,固定翼无人机就会很快转回与相对气流方向一致的姿态,如果固定翼无人机有滚的横向稳定力矩过小,固定翼无人机坡度就不能立即改平,固定翼无人机左侧滑消除时,固定翼无人机坡度还没有改平,固定翼无人机机头会继续向左偏转。固定翼无人机向左偏转时,外侧(右翼)前进速度比内侧(左翼)大,外侧的升力也比左翼大,有使固定翼无人机向左滚转的趋势。这样升力的垂直分量就会减小,当固定翼无人机向相对气流方向摆动时,机头开始下降,如此下去,固定翼无人机就会自动缓慢地进入向左的螺旋下降。

4. 动不稳定波状飞行

波状飞行就是固定翼无人机在飞行时,轨迹成波浪形,一会抬头上升,一会又低头下滑,如此反复进行,飞行高度迅速降低,最后触地为止。这是没调整好的固定翼无人机常见的一种动稳定性不良现象。在空气动力学上正式名称为"长周期振动"。靠遥控操纵克服这种摆动,如果操纵不当有可能产生"诱发振荡",使问题更为严重。因此需要特别注意加以防止。

常见的波状飞行有两种:一种是尖顶波状飞行,另一种是圆顶波状飞行,如图 4-17 所示。如果固定翼无人机在飞行中受外界影响较小,本身俯仰动稳定性又较好,将出现圆顶波状飞行。如果外界的影响大,引起固定翼无人机俯仰姿态变化剧烈,固定翼无人机的静稳定性又较差,或根本就没有平衡好,机翼失速迎角也较小,当固定翼无人机因不平衡或受干扰而抬头时,很快超过了临界迎角,使固定翼无人机失速下坠。这时若水平尾翼没

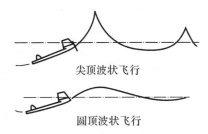

图 4-17　两种类型的波状飞行示意图

有失速,在水平尾翼的作用下,会使固定翼无人机低头进入俯冲,随着速度增大和水平尾翼的作用,固定翼无人机机头又逐渐上抬直到再次失速,结果形成尖顶的波状飞行。

（1）产生波状飞行的几种情况

1）固定翼无人机没有平衡好，比如机头轻。

2）固定翼无人机没调整到平衡位置，在动力飞行阶段就波状飞行，动力很足的固定翼无人机不平衡时不会出现波状飞行而是翻筋斗。

3）本来调整好的固定翼无人机，机翼或尾翼挪动了位置，影响重心相对位置，变成了不平衡。

4）原来调整好作稳定盘旋飞行的固定翼无人机，盘旋半径突然加大或改为直线飞行。

5）固定翼无人机遇到突风或进入湍流和强烈上升气流之中。

（2）产生波状飞行的原因分析

1）固定翼无人机本身没有调整好，始终平衡不了，如上述情况1）、2）项。

2）由于固定翼无人机状态或本身飞行条件改变引起，如上述情况3）、4）项。

3）固定翼无人机动稳定性不够好，受外界的影响后，在恢复到原来正常飞行状态过程，摆动次数太多或甚至摆动越来越大，即上述情况的5）项。

4.3.5 影响固定翼无人机稳定性的因素

固定翼无人机稳定性的强弱，一般用摆动衰减时间、摆动幅度、摆动次数来衡量。若固定翼无人机受扰动后，恢复原来平衡状态用的时间越短，摆动幅度越小，摆动次数越少，则固定翼无人机的稳定性越强。

1.重心位置对固定翼无人机稳定性的影响

固定翼无人机重心前后位置对俯仰稳定性影响较大。固定翼无人机重心位置越靠前，重心到固定翼无人机焦点的距离越远，即纵向静稳定度增加，固定翼无人机受扰动后，迎角变化所产生的俯仰稳定力矩就越大，固定翼无人机的俯仰稳定性越强。重心位置越靠前，固定翼无人机在同样的扰动下，俯仰摆动的幅度比较小。这是因为重心位置越靠前，固定翼无人机的俯仰稳定力矩越大，由扰动所引起的迎角增量就越小，即固定翼无人机俯仰摆动的幅度越小。

重心前后位置对方向稳定性影响小。重心位置越靠前，固定翼无人机的方向稳定性增强，但不明显。因为重心到垂尾侧力着力点的距离，比重心到固定翼无人机焦点的距离大得多，重心位置移动对方向稳定性影响小。

重心前后位置对横向稳定性无影响。重心位置前、后移动，不影响固定翼无人机的横向稳定性。因为重心位置前后移动不影响固定翼无人机的滚转力矩的大小。

2.速度变化对固定翼无人机稳定性的影响

固定翼无人机摆动衰减时间的长短，主要取决于固定翼无人机阻尼力矩的大小。阻尼力矩越大，摆动消失越快，固定翼无人机恢复原平衡状态越迅速。实践表明，在同一高度上，固定翼无人机所产生的阻尼力矩与速度的一次方成正比，速度越大，阻尼力矩越大，迫使固定翼无人机摆动迅速消失，因而固定翼无人机稳定性增强。反之，速度越小，稳定性越弱。

3.高度变化对固定翼无人机稳定性的影响

固定翼无人机飞行高度增加，空气密度减小，使得固定翼无人机的阻尼力矩减小，从而导致固定翼无人机摆动的衰减时间增长，稳定性减弱。

4.大迎角飞行对固定翼无人机稳定性的影响

固定翼无人机在大迎角或接近临界迎角飞行时，横向阻尼力矩的方向可能发生变化，因此固定翼无人机可能丧失横向稳定性,出现机翼自转现象。例如,固定翼无人机受扰动以致向左倾斜时,左翼下沉,出现向上的相对气流,迎角增大;右翼上扬,出现向下的相对气流,迎角减小。如果超过临界迎角,迎角大的左翼升力反而小,迎角小的右翼升力反而大(见图 4 - 18)。这样,两翼升力之差形成的横向阻尼力矩就改变了方向,不仅不能阻止固定翼无人机滚转,反而使左滚趋势加快,从而失去横向稳定性。这种现象称为机翼自转现象。

固定翼无人机的稳定性是相对的、有条件的。对同一机型,固定翼无人机速度、飞行高度、固定翼无人机迎角、重心位置等飞行条件发生了变化,固定翼无人机的稳定性也随之发生变化。例如,小速度飞行,稳定性较差;迎角超过临界迎角,由于没有横向阻尼力矩,固定翼无人机会丧失侧向稳定性;当固定翼无人机重心后移至固定翼无人机焦点之后时,由于固定翼无人机附加升力对重心形

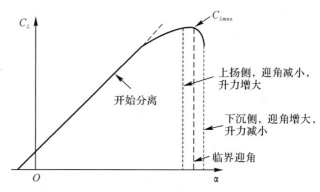

图 4 - 18　升力系数曲线

成俯仰不稳定力矩,固定翼无人机丧失俯仰稳定性。在有些情况下,固定翼无人机受扰动偏离原来平衡状态时,固定翼无人机只能自动恢复原来的力和力矩平衡,而不能自动恢复原来的飞行状态。例如,在平飞中,固定翼无人机受扰动发生倾斜和侧滑时,在升力和重力的合力作用下,固定翼无人机向侧下方运动,具有侧向稳定性的固定翼无人机,此时虽能自动消除倾斜和侧滑,迫使固定翼无人机恢复原来的平衡状态,但却不能恢复原来的飞行状态,因为固定翼无人机的高度和方向都已改变了。而且,固定翼无人机受扰动作用越强,或者扰动作用的时间越长,固定翼无人机偏离平衡状态越多,飞行状态改变越显著。

4.4　固定翼无人机的操纵性

固定翼无人机不仅应有自动保持其原有平衡状态的稳定性,还要求具有良好的操纵性。固定翼无人机的操纵性与常规有人驾驶飞机无大差别。飞翼式布局也要采用升降副翼。大中型固定翼无人机要通过风洞试验求得各舵面效率以及操纵舵所需要的力矩。减轻舵面操纵力矩的方法也与有人驾驶飞机相同。

4.4.1　固定翼无人机操纵性的基本概念

1.固定翼无人机操纵性的定义

固定翼无人机的操纵性是指固定翼无人机在自动驾驶仪操纵指令下,由操纵伺服系统操纵各种舵面机构,改变其飞行状态的特性。也就是固定翼无人机按照自动驾驶仪操纵指令的意图做各种动作的能力。实际飞行中,如果固定翼无人机对自动驾驶仪操纵指令的反应不过分灵敏或者过分迟钝,那么就认为该固定翼无人机具有良好的操纵性。操纵性的好坏与固定翼无人机稳定性的大小有密切关系,很稳定的固定翼无人机,操纵则多不灵敏;操纵很灵敏的固定翼无人机,则通常不太稳定。因此,稳定性与操纵性二者需要协调统一,应综合考虑,以获

得最佳的固定翼无人机性能。

固定翼无人机在空中的操纵是通过三个操纵面——升降舵、方向舵和副翼来进行的。转动这三个操纵面,在气流的作用下就会对固定翼无人机产生操纵力矩,使之绕横轴、立轴和纵轴转动,以改变飞行姿态。

2.固定翼无人机的纵向操纵性

固定翼无人机的纵向操纵性是当固定翼无人机按照自动驾驶仪操纵指令偏转升降舵后,固定翼无人机绕横轴转动而改变其迎角、速度等飞行状态的特性。

固定翼无人机按照自动驾驶仪操纵指令使升降舵向上偏转后,在平尾上产生向下的附加升力,该力对固定翼无人机重心形成使固定翼无人机抬头的操纵力矩,如图 4-19 所示。在该力矩作用下,固定翼无人机原有的平衡状态即被破坏,固定翼无人机便绕横轴转动,使迎角增大。由于迎角增大,在固定翼无人机焦点上亦产生附加升力 ΔL。对于静稳定的固定翼无人机来说,焦点位于重心的后面,因此升力增量 ΔL 对重心形成使固定翼无人机低头的稳定力矩。当操纵力矩和稳定力矩相等时,固定翼无人机的迎角不再增大,固定翼无人机便在新的迎角下保持平衡飞行。同理,当固定翼无人机按照自动驾驶仪操纵指令使升降舵向下偏转,固定翼无人机迎角会减小。

3.固定翼无人机的方向操纵性

固定翼无人机的方向操纵性是当固定翼无人机按照自动驾驶仪操纵指令偏转方向舵后,固定翼无人机绕竖轴转动而改变其侧滑等飞行状态的特性。

固定翼无人机的方向操纵主要通过方向舵实现。例如,固定翼无人机原来处于方向平衡状态作无侧滑直线飞行,固定翼无人机按照自动驾驶仪操纵指令使方向舵向右偏转,在垂直尾翼上产生向左的侧向力,该力对固定翼无人机重心形成使机头向右偏的方向操纵力矩,使固定翼无人机产生向左的侧滑角 β,如图 4-20 所示。由于 β 的出现,在垂直尾翼、机翼、机身等部件上又会引起侧向力,其合力对固定翼无人机重心形成使机头向左偏转即力图消除 β 的方向稳定力矩。当其与方向操纵力矩相等时,机头不再偏转,β 角也不再增大,飞机便在新的带一定侧滑角的方向平衡状态下继续飞行。同理,固定翼无人机按照自动驾驶仪操纵指令使方向舵向左偏转,固定翼无人机产生向右的侧滑。

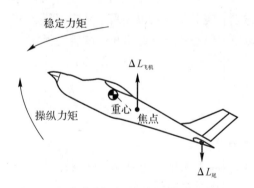

图 4-19　固定翼无人机纵向操纵原理示意图

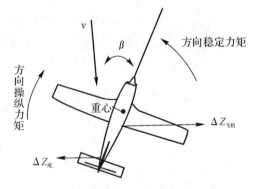

图 4-20　固定翼无人机方向操纵原理示意图

4.固定翼无人机的横向操纵性

固定翼无人机的横向操纵性是当固定翼无人机按照自动驾驶仪操纵指令偏转副翼后,固定翼无人机绕纵轴滚转动或改变其滚转角速度和倾斜角等飞行状态的特性。

固定翼无人机横向操纵主要通过副翼来实现。固定翼无人机按照自动驾驶仪操纵指令使右副翼向上偏转,右翼升力减小;而左副翼向下偏转,左翼升力增加,如图 4-21 所示。左、右两边机翼升力之差对固定翼无人机纵轴形成的滚转力矩,使固定翼无人机向右滚转。同理,固定翼无人机按照自动驾驶仪操纵指令使左副翼上偏,右副翼下偏,固定翼无人机便向左滚转。

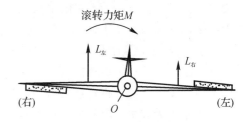

图 4-21　固定翼无人机横向操纵原理示意图

固定翼无人机的横向操纵和方向操纵,与稳定性的情况一样,也是有密切联系的。例如,要使固定翼无人机转弯,自动驾驶仪操纵指令不但要操纵方向舵,改变固定翼无人机的航向,还要操纵副翼使固定翼无人机向转弯的一侧倾斜,即固定翼无人机的横向操纵和方向操纵二者要密切配合,才能把转弯的动作做好。

5.固定翼无人机横向操纵性与方向操纵性的关系

在分析固定翼无人机的方向操纵时,假设固定翼无人机是无滚转的,而在分析固定翼无人机的横向操纵性时,假设固定翼无人机是无侧滑的,目的是分析问题方便。然而在实际飞行中,侧滑和滚转多同时出现的。固定翼无人机的方向操纵性和横向操纵性与方向稳定性和横向稳定性一样,也是相互联系和相互影响的,即它们是相互耦合的。

例如,自动驾驶仪控制伺服机构使固定翼无人机的机头向左偏转,产生右侧滑。由于机翼上反角和后掠角的作用,右翼的迎角和升力比左翼的大,形成横向稳定力矩,固定翼无人机就会向左滚转,使飞机带左坡度。又如自动驾驶仪控制伺服机构使固定翼无人机向左滚转,带左坡度,在倾斜的升力与飞机重力的合力的作用下固定翼无人机产生左侧滑,使得相对气流从固定翼无人机左前方吹来,使垂直尾翼产生向右的空气动力,对重心形成使固定翼无人机向左偏转的左偏力矩,因而机头向左偏转。

在实际飞行中,自动驾驶仪控制伺服机构操纵固定翼无人机转向时,固定翼无人机并不像在地面那样水平转向,而是在转向过程中伴随着滚转。因此,研究固定翼无人机的方向操纵和横向操纵性时,应当将两者结合起来。

4.4.2　影响固定翼无人机操纵性的因素

1.重心位置对固定翼无人机操纵性的影响

重心位置的前后移动,会引起固定翼无人机操纵性发生变化。重心前移会使俯仰稳定性增强,俯仰操纵性变差;重心后移会使操纵性变好,俯仰稳定性变差。为了保证固定翼无人机足够的稳定性和良好的操纵性,必须对固定翼无人机重心的变化范围加以限制。

重心前限是指允许固定翼无人机重心最靠前的位置。重心前移,重心到焦点的距离增加,俯仰稳定力矩增大,俯仰稳定性增强,使改变固定翼无人机原来飞行状态所需的操纵力矩增大,操纵性变差。对于直线飞行,每一个舵偏角对应一个迎角,如果固定翼无人机重心过于靠前,增大同样的迎角,机翼产生的低头力矩过大,所要求的舵面偏转角增大,有可能超出设计的允许值。因此,从固定翼无人机俯仰平衡和俯仰操纵性能的要求对固定翼无人机重心最靠前的位置进行了限制。

重心后限是指固定翼无人机重心最靠后的位置。固定翼无人机重心位置后移,固定翼无人机俯仰稳定性变差。由于固定翼无人机所产生的俯仰稳定力矩很小,使改变原飞行状态所需的俯仰操纵力矩减小,固定翼无人机对操纵的反应过于灵敏。一旦重心后移到固定翼无人机焦点之后,就会失去俯仰稳定性,固定翼无人机将呈现动不稳定性。为了保证固定翼无人机具有一定的俯仰稳定性和操纵灵敏度,对固定翼无人机重心最靠后的位置进行了限制。重心后限应在固定翼无人机焦点之前,留有一定安全余量。

固定翼无人机的有利重心范围是 $25\%\sim28\%$ 的平均空气动力弦。为使固定翼无人机重心位置能在规定范围内,固定翼无人机装载、燃油消耗顺序、空投次序均应严格按规定执行。固定翼无人机重心位置的左右移动也有严格的限制,以保证固定翼无人机的横向操纵性。

2.飞行速度对固定翼无人机操纵性的影响

在飞行速度比较大的情况下,同样大的舵偏角,产生的操纵力矩大,角速度自然也大。因此,固定翼无人机达到与此舵偏角相对应的平衡迎角或侧滑角所需的时间就比较短。在横向操纵性方面,如果副翼转角相同,则飞行速度大,横向操纵力矩大,角速度也大。于是,固定翼无人机达到相同坡度的时间短。总之,飞行速度大,固定翼无人机反应快,操纵性好;飞行速度小,固定翼无人机反应慢,操纵性差。

3.飞行高度对固定翼无人机操纵性的影响

如果在不同的高度,保持同一速度平飞,因高度升高动压减小,各平飞速度所对应的迎角普遍增大。若保持同一速度在不同高度飞行,高度升高,空气密度降低,舵面偏转同样角度,高空产生的操纵力矩小,角加速度随之减小,固定翼无人机达到对应的迎角、侧滑角或坡度所需的时间变长,也就是说飞机反应慢。

4.迎角对固定翼无人机横向操纵性的影响

迎角增大,特别是在大迎角时横向操纵性变差。小迎角时,两翼阻力之差很小,造成的侧滑角也很小,故横向操纵性较好。大迎角或接近临界迎角时,两翼阻力之差很大,侧滑作用强烈,产生制止固定翼无人机向右滚转的力矩很大,故横向操纵性显著变差。

4.4.3　飞翼式固定翼无人机操纵方案

飞翼式固定翼无人机没有水平尾翼,甚至没有垂直尾翼,其操纵性能有其特点。由于没有尾翼,所有操纵舵面都只能安装在机翼上面,而且有效力臂很短。目前可用的方案有:后缘升降副翼、改变左右发动机推力、扰流板、开裂式副翼、机头边条和活动翼梢等。它们的应用各有特点,有时需要用综合方式和多种手段进行有效控制。

1.后缘升降副翼

将飞翼后缘大部分改为多个活动翼面,可分别作升降舵或副翼使用。美国高空太阳能"太阳神"固定翼无人机后缘沿翼展分布共有 72 个活动小翼面,称升降片。外翼的后缘升降片固定上偏 $2.5°$。以保证飞机的俯仰稳定性。现在有了电传操纵系统,各翼面可由计算机分别视情控制,该方案已得到普遍应用。其缺点是力臂短,效能不高。

2.推力控制

多发动机固定翼无人机可使用上述方案。"太阳神"用改变外翼段各 4 个电动机带动螺旋桨产生的推力差进行转弯操纵,全机没有方向舵。这个方案适用于多发动机的固定翼无人机。而且在一定条件下双发飞机也可以采用这个方法。

3.扰流板

可用于航向控制,在较大迎角时效率较高,但同时产生的滚转力矩也很大,为此,要考虑用之做何种操纵较为合适。使用这种操纵方式的固定翼无人机很多,不限于飞翼式布局。

4.开裂式副翼

开裂式副翼能提供较大的偏航力矩和不大的滚转力矩。如用合适的左右副翼上下偏度组合,可获得大的偏航力矩和尽量小的滚转力矩。若要求同时用于横向操纵,具体的偏转角组合和不同情况下的偏转规律,要结合具体的飞机型号考虑。美国 B-2 隐身飞翼式轰炸机就采用这种操纵翼面。

5.机头边条

机头边条可以用于飞翼式固定翼无人机布局的方向控制。通过偏转边条的迎风角度或改变露出高度即有可能实现飞翼式飞机的方向控制,但同时会带来一定的抬头力矩。机身上部的边条比在侧面的边条能提供更大偏航力矩,而且随着迎角增大效率逐渐提高。但当迎角大到一定值后则会出现明显的非线性。由于边条产生的滚转力矩很小,相对而言,这是一种较好的方向操纵方案。

6.活动翼梢和偏转后翼梢

活动翼梢是可绕机翼的梢弦向上偏转的小翼面。梢弦轴线不是与固定翼无人机纵轴平行而是相对固定翼无人机纵轴向内偏一个角度。活动翼梢向上偏转时不完全相当于上反角,还会产生偏转力矩。活动翼梢的后半部也能活动。当活动翼梢向上偏转大角度时,后半部的翼面偏转可作为方向舵使用。向上偏转角度愈大,方向舵的作用愈强;向上偏转角度很小则偏转后翼梢也可相当于副翼。这个方案不仅能增加横向稳定性,也能提供一定量的偏航或横向控制力矩。对一些 W 形平面形状机翼的翼身布局,还能改善纵向大迎角特性。而且无论活动翼梢或偏转后翼梢,若适当分配其偏转角度,即能提供较大的偏航力矩或滚转力矩,可满足飞翼式固定翼无人机操纵的要求,是一种具有潜力的方案。但该方案可变参数较多,控制规律比较复杂,需要结合具体飞机进一步仔细研究。

习　　题

1.什么是固定翼无人机的重心和重心位置? 重心位置的测量方法有哪几种?
2.作用在固定翼无人机上的力矩有哪些?
3.简述固定翼无人机俯仰平衡的定义和类型。
4.简述固定翼无人机方向平衡和横向平衡的定义,以及两者的关系。
5.什么是静稳定性和动稳定性? 说明它们各有那些类型。
6.机翼焦点和固定翼无人机的焦点有何异同?
7.简述有水平尾翼的固定翼无人机的纵向稳定性、俯仰稳定力矩和阻尼力矩的内容。
8.简述固定翼无人机方向稳定性、方向稳定力矩和阻尼力矩的内容。
9.分析机翼上反角、后掠角和垂直尾翼对固定翼无人机横向稳定力矩的作用。
10.简述固定翼无人机横向稳定性与方向稳定性的关系。
11.简述飞翼式固定翼无人机操纵方案。

第5章　固定翼无人机的飞行性能分析

5.1　固定翼无人机飞行性能分析的基本知识

固定翼无人机的飞行性能是指固定翼无人机飞行的能力,即固定翼无人机能飞多快、多远、多高以及固定翼无人机做一些机动飞行(例如盘旋)和起飞着陆的能力。固定翼无人机的飞行性能是衡量一架固定翼无人机的重要指标,主要有速度性能、高度性能、起飞着陆性能等。

5.1.1　固定翼无人机飞行性能分析的基本概念

1. 固定翼无人机飞行性能分析的原始数据

固定翼无人机的飞行性能主要是由动力装置特性和空气动力特性所决定的,而动力装置特性和空气动力特性又与大气状况有很大关系。因此,了解大气的物理特性、动力装置特性和固定翼无人机的空气动力特性是飞行性能计算的基础。另外,固定翼无人机的飞行性能还与固定翼无人机的质量有关,而固定翼无人机的质量则因固定翼无人机的装载不同和燃油的消耗而变化。所有这些,都是进行飞行性能计算所必需的基本原始数据。

讨论固定翼无人机的飞行性能时,将固定翼无人机看作一个质点,分析其受力情况。

2. 国际标准大气

固定翼无人机上的空气动力及发动机所能提供的推力都与大气特性有关,因此计算飞行性能时必须利用国际标准大气。国际标准大气的数据见表1-1(国际标准大气表)。

3. 动力装置的特性

对于固定翼无人机这一类航空飞行器来说,由于其结构大小、飞行空域、速度、高度和用途等的巨大差异,使得它可以使用的发动机种类较多,常用的发动机有电动机和燃油发动机(航空发动机)两大类。

电动机是通过电磁感应进行能量转换的发动机,是将电能转换成机械功的动力装置。电动机的工作原理是转子作为带电导体处在定子产生的磁场中,转子因此受到电磁力的作用而旋转。航空发动机是一种将燃料热能转换成机械功的动力装置,属于热机范畴。热机的工作步骤有二:一是必须使燃料燃烧释放出热能,二是再将释放出的热能转换成机械功。

航空发动机的类型包括活塞发动机和喷气发动机两类。与活塞式发动机通过活塞的往复运动或旋转运动产生动力的方式不一样,喷气发动机是通过高速喷射燃烧气体产生的反冲作用获得动力使固定翼无人机前进的发动机,主要有涡轮喷气发动机、涡轮风扇发动机和涡轮螺旋桨发动机等。评定航空发动机的主要指标有推力 T、耗油率 C 和推重比 T/W。推力是衡量发动机效率的主要指标。耗油率是衡量发动机经济性的重要指标,它表示单位时间(一般以小时计)内产生单位推力的燃油消耗量。推重比是指发动机的推力与其自身重量之比,是评定发动机性能的又一重要指标。一般希望航空发动机的推力大,推重比高而耗油率低。推力和耗油率随飞行速度、高度和发动机工作状态(即油门位置)的变化规律,统称为发动机特性。其又可分为转速特性、高度特性和速度特性。

4.飞行重量

固定翼无人机的飞行重量等于固定翼无人机质量 m 和地球引力加速度 g 的乘积,用 W 表示。固定翼无人机的重量在飞行中随着燃油的消耗等因素在不断变化,但为了简化飞行性能计算,常把固定翼无人机重量当作某一个已知的量。对不同的性能,将选用不同的重量。

一般说来,分析起飞性能时,使用起飞重量;计算着陆性能时,使用着陆重量;其他性能指标的分析一般使用正常飞行重量(通常指起飞重量和着陆重量的平均值)。

5.1.2　固定翼无人机的飞行速度和升阻特性

1.固定翼无人机飞行速度的定义

制定国际标准大气时假定大气是静止的,而实际上大气是运动的。通常,大气的垂直运动显著地小于水平运动,一般把风理解为空气的水平运动,并认为风速的大小和方向在一定时间内是不变的,即是常值风。

空气相对于固定翼无人机质心的运动速度定义为真实空速,简称真速或空速,用 v 表示。而固定翼无人机质心相对于空气的速度,称为飞行速度,它与真实空速大小相等、方向相反。固定翼无人机质心相对于地面的运动速度称为对地速度,简称地速,用 v_g 表示。

显然,有风时真速和地速的关系为

$$v_g = v + v_w \tag{5-1}$$

式中,v_w 表示风速,如图 5-1 所示。只有在平静大气中,即无风时($v_w=0$),空速才等于地速。

2.固定翼无人机的升阻特性

固定翼无人机飞行的基本性能在很大程度上取决于固定翼无人机的气动特性。决定固定翼无人机飞行性能最重要的气动特性有固定翼无人机的最大升阻比

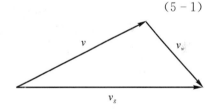

图 5-1　真速、地速和风速的关系

$(L/D)_{max}$、升力系数 C_L 随迎角 α 变化的关系、最大升力系数 $C_{L\max}$ 等。

(1)升力特性

固定翼无人机的升力主要是由机翼产生的,平尾及机身等的升力很小,在计算时可以认为固定翼无人机的升力系数等于机翼的升力系数,而机翼的升力线斜率也就是固定翼无人机的升力线斜率。

(2)阻力特性

在性能计算中,常把阻力分成两个部分:一部分是与升力无关的阻力(摩擦阻力、压差阻力、干扰阻力、激波阻力),称为零升阻力,也叫废阻力,用 D_0 表示;另一部分是伴随升力产生的阻力,称为诱导阻力,用 D_i 表示。总阻力可写为

$$D = D_0 + D_i \tag{5-2}$$

表示成阻力系数形式为

$$C_D = C_{D0} + C_{Di} = C_{D0} + KC_L^2 \qquad (5-3)$$

式中,C_{D0} 为零升阻力系数;C_{Di} 为诱导阻力系数,$C_{Di} = KC_L^2$,K 为诱阻因子。

(3)升阻比

升阻比 L/D 是衡量气动效率的重要指标,主要取决于飞行马赫数 Ma 和迎角。在极曲线上,可以作图求出 $(L/D)_{max}$。实际上,当零升阻力系数 C_{D0} 与诱导阻力系数 CDi 相等时,L/D 达到最大值 $(L/D)_{max}$,此时可以求出

$$(L/D)_{max} = \frac{1}{2\sqrt{KC_{D0}}} \qquad (5-4)$$

最大升阻比 $(L/D)_{max}$ 是评价固定翼无人机气动特性和飞行性能优劣的重要指标之一。固定翼无人机的航程、航时、升限等性能都与 $(L/D)_{max}$ 密切相关。

5.2 固定翼无人机的基本飞行性能

固定翼无人机的平飞、上升和下降是指固定翼无人机既不倾斜也不侧滑的等速直线飞行,这也是固定翼无人机最基本的飞行状态。固定翼无人机平飞、上升和下降性能是固定翼无人机最基本的飞行性能,其中速度性能包括平飞最大速度、平飞最小速度、巡航速度等;高度性能包括最大上升角、最大上升率、升限等;下降性能包括最小下降角、最大下降距离等。

5.2.1 固定翼无人机平飞行性能分析

1.固定翼无人机平飞时的受力分析

固定翼无人机做等高、等速的水平直线飞行,叫平飞。平飞是固定翼无人机的一种主要飞行状态。平飞中作用于固定翼无人机的外力有升力 T、重力 W、拉力(或推力)P 和阻力 D。平飞时,固定翼无人机无转动,各力对重心的力矩相互平衡,且上述各力均通过固定翼无人机重心,如图 5-2 所示。固定翼无人机为了保持平

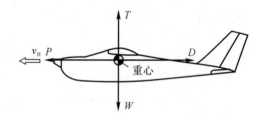

图 5-2　固定翼无人机平飞时所受的作用力

飞,升力等于重力,发动机拉力等于固定翼无人机阻力。

从图 5-2 可以看出,在水平等速直线飞行中,固定翼无人机受力的平衡式为

$$\left. \begin{array}{l} T = W = C_L \dfrac{1}{2}\rho v_L^2 S \\[2mm] P = D = C_D \dfrac{1}{2}\rho v_L^2 S \end{array} \right\} \qquad (5-5)$$

式(5-5)为平飞运动方程或平飞条件,是固定翼无人机平飞必须满足的。如果其中任何一个不满足,都会使固定翼无人机的运动轨迹向上或向下弯曲,使固定翼无人机高度和速度发生变化,固定翼无人机也就不能平飞。

2.固定翼无人机平飞所需拉力和功率

(1)固定翼无人机平飞所需拉力和剩余拉力

固定翼无人机在平飞中,要保持速度不变,拉力应等于阻力,为了克服阻力所需要的拉力

称为平飞所需拉力。式(5-5)表明,固定翼无人机的平飞所需拉力与平飞重力成正比,与飞机的升阻比成反比,即固定翼无人机重力越大,平飞所需拉力越大,升阻比越小,平飞所需拉力越大。

固定翼无人机平飞所需拉力随迎角变化,而平飞时每一个迎角对应一个速度。当飞行重量一定时,平飞所需拉力随速度变化而变化。这种变化关系可用平飞所需拉力曲线表示,如图5-3所示,可以看出,随着平飞速度的增大,平飞所需拉力先减小随后又增大,这是因为平飞速度增大,其对应的迎角减小。在临界迎角到有利迎角的范围内,迎角减小,升阻比增大,则平飞所需拉力减小;在小于有利迎角范围内,随着迎角的减小,升阻比减小,则平飞所需拉力增大;以有利迎角平飞,升阻比最大,则平飞所需拉力最小。

从图5-3可看出,发动机油门增加可用拉力曲线上移,速度增大,可用拉力减小。剩余拉力是指同一速度下,可用拉力与平飞所需拉力之差,用 $\Delta P_{\max}$ 表示。随着飞行速度增大,剩余拉力先增大后减小;同一油门下,最大剩余拉力对应平飞所需功率最小的速度。

(2) 固定翼无人机平飞所需功率和剩余功率

固定翼无人机平飞时需要一定的拉力克服阻力做功,拉力每秒钟所做的功就是平飞所需功率。根据平飞所需功率的定义,其计算公式为

$$N = P \times v_L \tag{5-6}$$

从式(5-6)可以看出,平飞所需功率的大小决定于平飞所需拉力和平飞所需速度的大小。其中任何一个因素变化,都会引起平飞所需功率的变化。由式(5-6)计算出每一平飞速度所对应的所需功率,以平飞所需功率为纵坐标,以平飞速度为横坐标,即可绘出平飞所需功率曲线,如图5-4所示。

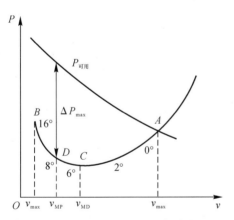

图5-3　固定翼无人机平飞拉力曲线

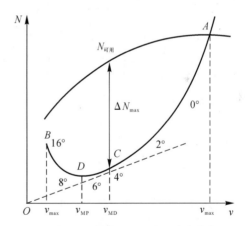

图5-4　固定翼无人机平飞功率曲线

从图5-4可以看出,随着平飞速度的增大,平飞所需功率先减小后增大。这是因为从临界迎角开始,随着平飞速度增大,起初由于平飞所需拉力的急剧减小,故平飞所需功率减小;平飞速度增大到一定程度后,随着平飞速度继续增大,虽然平飞拉力仍旧减小,但其减小的变化量小于速度增大的变化量,故平飞所需功率增大;当飞行速度大于最小阻力速度后,随着平飞速度增大,平飞所需拉力也增大,平飞所需功率显著增大。

把平飞功率曲线和发动机可用功率曲线画在同一坐标系上,如图5-4所示。油门增加,可用功率曲线上移。剩余功率是指同一速度下,固定翼无人机的可用功率与平飞所需功率之差,可以看出,随着飞行速度的增大,剩余功率先增大后减小;同一油门下,最大剩余功率对应

平飞所需拉力最小的速度。

3. 固定翼无人机平飞性能

(1) 固定翼无人机平飞最大速度

在一定的高度和重量下,发动机加满油门时,固定翼无人机所能达到的稳定平飞速度,就是固定翼无人机在该高度上的平飞最大速度。这是衡量固定翼无人机性能的一个重要指标。当飞行速度增大时,固定翼无人机的阻力也增大,发动机拉力也将增大以克服阻力;在飞行速度增大到一定程度时,发动机拉力达到最大可用拉力,这时的速度就是固定翼无人机平飞最大速度。发动机的功率(拉力)和空气阻力都随着高度的变化而变化,所以在不同高度上固定翼无人机的平飞最大速度也不相同。

由图 5-3 和图 5-4 可以看出,在 A 点满油门下的可用拉力(或可用功率)与所需拉力(或所需功率)相等,该点对应的速度就是平飞最大速度,它是固定翼无人机做定常直线飞行时所能达到的极限速度。通常固定翼无人机不用平飞最大速度长时间飞行,因为耗油太多,而且发动机容易损坏。由于发动机不能长时间在最大功率状态下工作,通常也将发动机在额定功率状态下工作所能达到的稳定平飞速度称为平飞最大速度。

(2) 固定翼无人机平飞最小速度

固定翼无人机平飞最小速度是固定翼无人机做等速平飞所能保持的最小稳定速度,指固定翼无人机不至于失速的最小飞行速度。如有足够的可用拉力或可用功率,那么平飞最小速度的大小受最大升力系数的限制。因为临界迎角对应的升力系数最大,所以与临界迎角相对应的平飞速度(失速速度)就是平飞最小速度。

固定翼无人机平飞最小速度不但受到最大升力系数的限制,而且和发动机的可用拉力(功率)有关。在发动机功率不足的情况下(接近升限),平飞最小速度大于失速速度,因此平飞最小速度同时受到临界迎角和发动机功率的限制。

对于固定翼无人机的要求来说,平飞最小速度越小越好。因为平飞最小速度越小,固定翼无人机就可用更小的速度接地,着陆距离就会大幅缩短,以改善固定翼无人机的着陆性能。临界迎角对应的平飞速度,是平飞的最小理论速度。实际上当固定翼无人机接近临界迎角时,由于机翼上气流严重分离,固定翼无人机出现强烈抖动,不仅易失速,而且稳定性、操纵性都差,所以实际上要以该速度平飞是不可能的。为保证安全,对飞行迎角的使用应留有一定的余量,不允许在临界迎角状态下飞行。

(3) 固定翼无人机最小阻力速度

固定翼无人机平飞最小阻力速度就是平飞所需拉力最小的飞行速度。平飞最小阻力速度在平飞所需拉力曲线的最低点,也称为有利速度,对应的迎角称为最小阻力迎角,也称为有利迎角。此时,升阻比最大,平飞所需拉力最小,如图 5-3 和图 5-4 中 C 点对应的速度。

从图 5-4 所示的坐标原点向平飞所需功率曲线作切线,切点 C 所对应的速度即为平飞有利速度。有利速度下,剩余功率最大。平飞有利速度虽然所需拉力最小,但其速度较大,所以平飞有利速度的所需功率并不是最小的。以有利速度平飞,升阻比最大,平飞阻力最小,航程最远。

(4) 固定翼无人机最小功率速度

固定翼无人机最小功率速度指平飞时所需功率最小的速度,也称平飞经济速度。在平飞所需功率曲线的最低点,如图 5-3 和图 5-4 中的 D 点对应的速度。发动机可用拉力曲线向下平移时,与平飞所需拉力曲线相切的切点 D 所对应的速度就是平飞经济速度。与经济速度相对应的迎角,叫经济迎角。在经济速度下,剩余拉力最大。用经济速度平飞所需功率最小,即所用发动机的功率最小,比较省油,航时最长。

(5)固定翼无人机巡航速度

巡航速度是指发动机在每千米消耗燃油量最少的情况下固定翼无人机的飞行速度。巡航速度显然要大于平飞最小速度,小于平飞最大速度,这个速度一般为固定翼无人机平飞最大速度的 70%～80%。在巡航速度下的飞行最经济而且固定翼无人机的航程最大,这是衡量平飞性能的一个重要指标,它主要取决于固定翼无人机的最大升阻比及其发动机的高度特性和速度特性。

5.2.2　固定翼无人机的航程和留空时间

1. 固定翼无人机出航的方式

保证固定翼无人机消耗一定油量飞行时间最长的飞行状态称为固定翼无人机的久航状态。久航的飞行时间虽然很长,但航程不是最远。远航则航程最远,但飞行时间不是最长。

固定翼无人机出航的方式通常有四种:

(1)等高巡航

规定飞行高度,选用对应于这个高度最有利的飞行速度称为等高巡航。

(2)等速巡航

等速巡航也称为等马赫数巡航,固定翼无人机出航的飞行高度可选用对应于这个马赫数和当时固定翼无人机重量最有利值。

(3)最有利状态巡航

最有利状态巡航是指保证使用一定油量航程最远或留空时间最长,固定翼无人机的飞行高度、飞行速度都可以根据重量变化调整。

(4)等高等速巡航

等高等速巡航是指视任务需要,固定翼无人机可采用以上其中任一种出航、返航或执行任务。

2. 活塞式固定翼无人机航程计算方法

早期计算活塞式飞机航程采用布雷盖(Breguet)公式,该公式也可用于现代固定翼无人机。

$$L = 173(\eta/C_e)K \lg(W_0/W_{fi}) \tag{5-7}$$

式中:L 为活塞式固定翼无人机航程(km);η 为螺旋桨效率;C_e 为平均耗油率,[kg/(hp·h)];K 为巡航升阻比;W_0 为初始固定翼无人机质量(kg);W_{fi} 为消耗一定油量后飞机质量,$W_{fi} = W_0 - W_{fu}$(kg);W_{fu} 为巡航可用油量质量(kg)。

一般情况只能知道发动机额定功率或起飞功率时的 C_{e0},故 C_e 在没有试飞前难以确定。根据当年统计数据(参照 NACA TR234),航程也可用下式估算

$$L = 120(\eta/C_{e0})K[1-(W_{fi}/W_0)^{0.60}] \tag{5-8}$$

案例:"捕食者"固定翼无人机遂行任务时,$W_0 = 1\ 020$ kg,$W_{fu} = 295$ kg,$W_{fi} = 725$ kg,巡航升阻比 13,螺旋桨效率 0.8,C_e 约 0.30 kg/(hp·h),$C_{e0} = 0.25$ kg/(hp·h),巡航高度约 7 000 m,巡航速度 130 km/h。用式(5-7)计算

$$L = 173 \times (0.8/0.30) \times 13 \lg(1\ 020/725) \approx 890 (km)$$

用公式(5-8)计算,$C_{e0}=0.25\text{kg/(hp·h)}$

$$L=120\times(0.8/0.25)\times13[1-(725/1\,020)^{0.60}]\approx925(\text{km})$$

"捕食者"资料给出应用航程为 740 km,因为要扣除起飞、上升等用油。

3. 活塞式固定翼无人机留空时间计算方法

根据布雷盖公式

$$t=10K(W_{av}/V_{me})(\eta/C_e)[(1/W_{fi}^{0.5})-(1/W_0^{0.5})] \tag{5-9}$$

式中,W_{av} 为固定翼无人机的平均质量,$W_{av}=W_0-W_{fu}/2$。

若用统计估算法,留空时间为

$$t=1\,550(K/V_{me})(\eta/C_e)[1-(W_{fi}/W_0)^{0.10}] \tag{5-10}$$

式中,C_e 是空中平均值。

理论分析表明如用有利速度飞行,活塞式固定翼无人机可得到最大航程。但长航时(久航)飞行则要用经济迎角。经济迎角是对应$(C_L^{1.5}/C_D)$最大时的迎角,参数$(C_L^{1.5}/C_D)$亦称为功率因数,这个迎角比有利迎角大。理论上功率因数最大时,$C_L=1.73C_{Lopt}$,$C_D=4C_{X0}$,$K_{me}=0.865K_{max}$,经济巡航速度$V_{eco}=0.76V_{opt}$。

案例:"捕食者"固定翼无人机遂行任务时,已知其 $W_{av}=870$ kg,$V_{me}=100$ km/h,$K_{me}=11.5$,$W_0=1\,020$ kg,$W_{fi}=725$ kg,螺旋桨效率0.8,空中 C_e 约 0.30 kg/(hp·h),用公式(5-9)计算得

$$t_{me}=(10\times11.5)\times(870/100)\times(0.8/0.30)\times(1/725^{0.5}-1/1\,020^{0.5})\approx15.5(\text{h})$$

用公式(5-10)计算得

$$t=1\,550\times(11.5/100)\times(0.8/0.3)\times[1-(725/1\,020)^{0.10}]\approx16(\text{h})$$

4. 喷气式固定翼无人机航程计算方法

设喷气式固定翼无人机质量为 W,巡航时速度 V,升阻比 K,发动机单位耗油率 $C_e[(\text{kg/(N·h)})]$。因为平飞需要的发动机推力为 9.8 W/K(N),每飞行 1 h 需要的油量为 $C_e(9.8W/K)(\text{kg/h})$。巡航可用油量 $W_{fu}(\text{kg})$,飞行距离为

$$L=VW_{fu}/C_e(9.8W/K)=(9.8KV/C_e)(W_{fu}/W) \tag{5-11}$$

较准确计算航程可以用开始巡航时固定翼无人机重量 W_0 和使用小量燃油飞一段距离后固定翼无人机重量 W_{fi},逐步积分求得。$W_{fi}=W_0-W_{fu}$,有

$$L=\int_{-W_0}^{-W_{fi}}(9.8KV/C_e)(dW/W) \tag{5-12}$$

式中:KV/C_e 通常称巡航系数(RL)。这是衡量一架固定翼无人机巡航效能好坏,包括固定翼无人机空气动力性能和发动机耗油效能两方面的因素在内的一个参数。计算这个参数的单位是 km。巡航高度对巡航参数有影响,高度升高,巡航参数增加。但高度太高时,由于固定翼无人机要用大迎角飞行,阻力增加很多,K 值下降,巡航参数反而下降。巡航参数最大时所对应的高度就是固定翼无人机的最有利巡航高度。对应的速度称为有利巡航速度 $V_{cru}(\text{km/h})$。

固定翼无人机燃油重量与固定翼无人机起飞重量之比称载油因数,从式(5-11)可看到,固定翼无人机航程主要与载油因数成比例,而不是只与油量成比例。但一般固定翼无人机数据给出的载油因数是用起飞重量为准,而式(5-11)计算航程时各参数用平均值,不宜直接用起飞载油因数(W_{fu}/W_0),因为有相当一部分油要用来起动、起飞、上升、战区执行任务和返航回收等。所以,W_{fu} 应为可用于平飞的油量。此外,固定翼无人机重量平均值为$(W_0-W_{fu}/2)$。这

样估算航程的公式可改写为

$$L=(9.8VK/C_e)W_{fu}/(W_0-W_{fu}/2) \tag{5-13}$$

案例:"全球鹰"固定翼无人机遂行任务时,$W_0=$ 11 620 kg,$W_{fu}=6$ 580 kg,巡航可用油 5 500 kg,最大升阻比 28,C_e 约等于 0.067 kq/(N·h),巡航高度 18 000 m,巡航速度 650 km/h,平均巡航重量 8 330 kg。用式(5-13)计算

$$L=(650\times28/0.067\times9.8)\times5\ 500/8\ 330\approx18\ 300(km)$$

"全球鹰"固定翼无人机资料给出应用航程为 17 000 km。

5.喷气式固定翼无人机留空时间计算方法

要使飞行时间最长,必须小时耗油量最小。喷气式固定翼无人机小时耗油量 Q 等于所需要推力乘以单位推力耗油率 $C_e[(kg\cdot(N\cdot h)^{-1})]$,即 W_gC_e/K。为此必须保持最大升阻比状态飞行。升力系数要为有利升力系数 C_{Lopt}。用这个升力系数和对应的迎角(有利迎角)飞行时的速度称为有利飞行速度 V_{opt}

$$V_{opt}=14.4[(W/S)/\Delta C_{Lopt}]^{0.5} \tag{5-14}$$

不改变飞机构型或增加外挂,每种固定翼无人机的有利迎角和有利升力系数是不变的,但有利飞行速度与固定翼无人机翼载(W/S)及飞行高度有关。喷气固定翼无人机的久航(最长飞行时间)速度即它的有利速度。理论上最适宜久航的高度是 11 000 m。高度再增加,对增加留空时间没有好处,因为喷气发动机单位推力耗油率大于 11 000 m 以后不再减小了。设在高度 11 000 m 时发动机单位推力耗油率为 C_{e11},计算固定翼无人机的久航时间可用下式

$$t_{me}=W_{fu}/Q=[K_{max}/(9.8C_{e11})](W_{fu}/W_{av}) \tag{5-15}$$

式中:Q 为固定翼无人机小时耗油量(kg/h);固定翼无人机的平均重量 W_{av} 即为 $(W_0-W_{fu}/2)$。

案例:"全球鹰"固定翼无人机遂行任务时,长航时可用油量 6 000 kg,W_{av} 为 8 370 kg,久航升阻比 25,$C_{e0}=0.045$ 8 kg/(N·h),C_{e11} 约 0.06 kg/(N·h)。用式(5-15)计算得

$$t_{me}=[25/(0.06\times9.8)]\times(6\ 000/8\ 370)\approx30(h)$$

5.2.3　固定翼无人机的上升性能分析

1.固定翼无人机上升时的受力分析

固定翼无人机沿向上倾斜的轨迹所做的等速直线飞行就叫上升。固定翼无人机上升时,重力与飞行轨迹不垂直,为了便于分析问题,把重力分解成垂直于飞行轨迹的分力 W_1 和平行于飞行轨迹的分力 W_2,如图 5-5 所示。

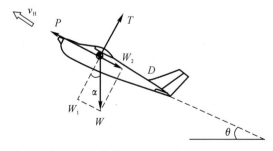

图 5-5　固定翼无人机上升时的作用力

上升时,固定翼无人机各力矩平衡,作用于固定翼无人机上的各力均通过重心,且作用于

固定翼无人机上的各力也平衡,即

$$P = D + W\sin\alpha = C_D\,\frac{1}{2}\rho v_H^2 S + C_L\,\frac{1}{2}\rho v_H^2 S\sin\alpha$$

$$T = W\cos\alpha = C_L\,\frac{1}{2}\rho v_H^2 S\cos\alpha$$

(5 - 16)

从式(5-16)可以看出,同速度上升时,上升升力大于平飞拉力,上升升力小于平飞升力,上升升力小于固定翼无人机重力,而所需的拉力却大于飞行的阻力。可见,发动机的可用拉力大于飞行的所需拉力时,即有剩余拉力时,固定翼无人机才能上升。

固定翼无人机上升速度 v_H 有

$$v_H = v_L \times \sqrt{\cos\alpha}$$

(5 - 17)

式中,v_L 为固定翼无人机的平飞速度。

在相同重量下,固定翼无人机以相同迎角飞行时,上升速度小于平飞速度。但由于上升时,上升角较小,$\cos\alpha \approx 1$,可以认为上升速度 v_H 与平飞速度近似相等,从而可用平飞拉力曲线分析上升性能。

2.固定翼无人机上升性能的基本概念

上升性能是指固定翼无人机在气动力和发动力拉力等外力作用下所表现出来的上升运动能力,通常通过以下几个方面来进行理论分析,包括上升角和陡升速度,上升率和快升速度以及上升时间和升限。

(1)上升角

固定翼无人机上升轨迹与水平线之间的夹角称为上升角,以 θ 表示,如图5-5所示。上升角大则说明通过同样的水平距离,固定翼无人机上升的高度越高,固定翼无人机的越障能力越强。

(2)上升梯度

上升高度与前进的水平距离的比值,就是上升梯度,等于上升角的正切值。上升角与上升梯度成正比。固定翼无人机的剩余拉力越大或重量越轻,则上升角和上升梯度越大。

(3)陡升速度

能获得最大上升角和最大上升梯度的速度叫陡升速度。在飞行重量不变的情况下,固定翼无人机的上升角和上升梯度取决于剩余拉力的大小。而剩余拉力的大小取决于油门的大小和飞行速度的大小。油门越大,剩余拉力越大,上升角和上升梯度越大。在加满油门时,速度不同,剩余拉力不同。螺旋桨固定翼无人机以最小功率速度飞行时,剩余拉力最大,固定翼无人机的上升角和上升梯度最大,螺旋桨固定翼无人机的陡升速度为最小功率速度。

(4)上升率

在上升中,固定翼无人机单位时间所上升的高度,叫上升率。上升率越大,说明固定翼无人机爬升越快,表明飞机上升到一定高度所需的时间越短,上升性能好。上升率的大小取决于剩余功率和飞行重量,固定翼无人机的剩余功率越大,或飞行重量越轻,固定翼无人机的上升率越大。

(5)快升速度

快升速度指能获得最大上升率的速度。在飞行重量一定的情况下,上升率的大小主要决定于剩余功率的大小,而剩余功率的大小又决定于油门位置和上升速度。在油门位置一定的情况下,用不同速度上升,由于剩余功率大小不同,上升率大小也就不同。

（6）上升时间

固定翼无人机上升到预定高度所需的最短时间,叫上升时间。固定翼无人机上升时,随着高度的增加,空气密度逐渐减小,发动机可用功率将逐渐下降,剩余功率随之减小。最大上升率随着高度的升高一直减小。

（7）升限

由于最大上升率随高度的增加要一直减小,当固定翼无人机上升到某一极限高度时,最大上升率势必要减小到零,发动机已没有剩余的能力使固定翼无人机高度进一步增加,此时固定翼无人机仅能以这一速度做水平直线飞行,这时固定翼无人机的极限高度为理论升限,即最大上升率等于零的高度。在理论升限位置时,固定翼无人机只能以最小功率速度平飞。

由于高度增高,上升率减小,上升单位高度的时间越长;越接近理论升限,上升率越小,固定翼无人机上升越缓慢,理论升限上的最大上升率为零,固定翼无人机要稳定上升到理论升限的上升时间趋于无穷。这就是说实际上固定翼无人机是不可能稳定上升到理论升限的,为此,实用中规

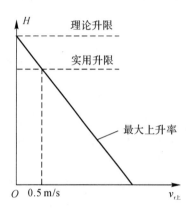

图 5-6　固定翼无人机理论
升限和实际升限

定,螺旋桨固定翼无人机以最大上升率 0.5 m/s 对应的高度为实用升限,而高速喷气式固定翼无人机则以最大上升率 2.54 m/s 对应的高度为实用升限,如图 5-6 所示。

3. 活塞式固定翼无人机升限计算方法

活塞式固定翼无人机爬升时应满足如下关系式

$$75\eta P_H - (Wg/K)(V/3.6) = WgV_\gamma \tag{5-18}$$

式中,V_γ 为爬升率（m/s）;W 为重量（kg）;P_H 为功率（hp）;η 为螺旋桨效率;V 为上升时固定翼无人机速度（km/h）;K 为固定翼无人机升阻比。所以爬升率为

$$V_\gamma = 75\eta P_H / [Wg - V/(3.6K)] \tag{5-19}$$

（1）用经验公式求升限大气相对密度

无增压器的活塞式发动机功率会随着高度增加而下降。设 P_0 发机地面功率,P_H 为飞行高度 H 时功率,ΔH 为该高度大气相对密度,估算公式（根据 NACA TR 295）为

$$P_H = P_0(k_a\Delta_H - k_b) \tag{5-20}$$

式中,$k_a = 1.088 \sim 1.2$;$k_b = 0.075 \sim 0.088$。

早年活塞式发动机数据归纳结果,k_a 为 1.088,k_b 为 0.088。如果活塞式发动机有增压器,效率有所提高,k_a 值会加大,k_b 值会减小。

现代无增压器小型活塞式发动机功率随高度变化有一个新的统计关系式称为 Gagg-Ferrar 方程（1995）。其计算公式为

$$P_H = [\Delta_H - (1 - \Delta_H)/7.55]P_0 \tag{5-21}$$

两种统计公式所得结果差别不是很大。

根据式（5-20）,用定距螺旋桨发动机的功率与高度关系可近似地表示为

$$(\eta P)_H = (k_a\Delta_H - k_b)(\eta P_0) \tag{5-22}$$

将式（5-22）代入式（5-19）可知,固定翼无人机实用升限处的大气相对密度 Δ_{sc} 为

$$\Delta_{sc} = [(V_\gamma/75 + V/270k)(Wg/\eta P_0) + k_b]/k_a \qquad (5-23)$$

计算得到大气相对密度 Δ_{sc}，然后通过查国际标准大气表（表 1-1）可得升限数值。

案例："捕食者"B 固定翼无人机发动机地面功率 720 hp，螺旋桨效率 0.88，升限高度质量 1 200 kg，巡航速度 270 km/h，升阻比 16，k_a 用 1.088，k_b 为 0.088。实用升限高度大气相对密度为

$$\Delta_{sc} = [(5/75 + 270/(270 \times 16))(1\,200/(0.88 \times 720)) + 0.088]/1.088 = 0.306$$

查标准大气表 1-1 可知，应用升限约为 12 200 m。

（2）采用另一经验公式计算升限

发动机功率随高度变化如下：

$$(\eta P)_H = K_{He} \eta P_0 \qquad (5-24)$$

式中，K_{He} 为修正系数。不同高度活塞式发动机的功率修正系数如表 5-1 所示。

根据升限的定义取 V_γ 值，如要求实用升限，则 $V_{\gamma H}$ 为 5 m/s。然后根据升限高度固定翼无人机的重量 W_{ce}，和已知 η, V, K 值用公式（5-22）求出需要功率 $(\eta P)_H$。

$$(\eta P)_H = (V_{\gamma H} + V/3.6K)W_{ce}/75 \qquad (5-25)$$

再根据已知海平面功率 P_0，螺旋桨效率 η，用式（5-24）可求得 K_{He}。参照表 5-1 中相应数值即可估计出升限高度。

表 5-1　不同高度活塞式发动机功率修正系数 K_{He}

高度/m	0 75R 桨叶角 20°	0 75R 桨叶角 30°	0 75R 桨叶角 40°
0	1.000	1.000	1.000
1 220	0.872	0.880	0.892
2 450	0.752	0.772	0.788
3 660	0.645	0.668	0.688
4 880	0.546	0.573	0.596
6 080	0.459	0.487	0.508
7 320	0.376	0.410	0.430
8 525	0.309	0.338	0.358
9 745	0.245	0.268	0.288
11 000	0.183	0.201	0.220
12 180	0.121	0.135	0.152

案例："捕食者"A 固定翼无人机发动机地面功率 250 hp，螺旋桨效率 η 约 0.85，升限高度质量 800 kg，巡航速度 130 km/h，升阻比 14，升限高度需要功率 81 hp。由此得到 $K_{He} = 81/(0.85 \times 250) = 0.38$。对应一般常用桨叶角 30°，查表 5-1，实用升限约为 7 900 m。

此外飞机爬升率与高度基本呈线性关系，如已知道该固定翼无人机两个不同高度的实际爬升率即可推算出各种升限近似值。

4. 喷气式固定翼无人机升限计算方法

在升限高度，发动机最大推力 P_H 等于固定翼无人机阻力 G/K_{ce}，在亚声速升限时的升力系数 $C_{Lce} = 0.55 \sim 0.60$；在超声速升限时升力系数 $C_{Lce} = 0.15 \sim 0.20$。马赫数分别是亚声速

飞机为 $Ma = 0.8 \sim 0.85$，超声速飞机 $Ma = 1.2 \sim 1.6$。根据这些统计数字可估算喷气式固定翼无人机的升限。

按升力系数 C_{Lce} 和马赫数 Ma 估算得到 Δ_{sc}，然后通过查国际标准大气表可得升限数值。

$$\Delta_{ce} = (W/S)/(5439 Ma^2 C_{Lce}) \tag{5-26}$$

例如，某固定翼无人机翼载（W/S）为 $274\ \text{kg/m}^2$，飞行马赫数 Ma 为 0.65，升力系数估计为 0.80，所以升限相对密度为 $\Delta_{ce} = 274/(5\,439 \times 0.65^2 \times 0.70) = 0.149$。查标准大气表，可知升限约为 15 400 m。

5.2.4　固定翼无人机的下降性能分析

1. 固定翼无人机下降时的受力分析

固定翼无人机沿向下倾斜的轨迹所做的等速直线飞行就叫下降。下降是固定翼无人机降低高度的基本方法。下降中作用于固定翼无人机的外力和平飞时相同，有升力 T、重力 W、拉力 P 和阻力 D。固定翼无人机的下降根据需要可用正拉力、零拉力或负拉力进行。这里只讨论零拉力下降时的下降性能。拉力近似于 0（闭油门）的下降叫下滑。下降的作用力如图 5-7 所示。与上升的平衡条件一样，即垂直于运动方向的各力和平行于运动方向的各力应分别取得平衡。即

$$\left. \begin{array}{l} D = W\sin\beta = C_L \dfrac{1}{2}\rho v_D^2 S \sin\beta \\[2mm] T = W\cos\beta = C_L \dfrac{1}{2}\rho v_D^2 S \cos\beta \end{array} \right\} \tag{5-27}$$

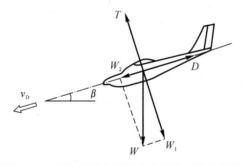

图 5-7　固定翼无人机零拉力下降时的作用力

固定翼无人机下降时，其升力小于固定翼无人机的重量，小于平飞时的升力。由式 (5-27) 可以得到下降速度

$$v_D = \sqrt{\frac{2W}{C_L \rho S}} \times \sqrt{\cos\beta} = v_L \times \sqrt{\cos\beta} \tag{5-28}$$

即相同重量下，以同迎角飞行时，下降速度小于平飞速度。但由于下降时，下降角很小，$\cos\beta \approx 1$ 可以认为下降速度 v_D 与平飞速度相等，从而可用平飞拉力曲线分析固定翼无人机的下降性能。

2. 固定翼无人机下降性能

（1）下降角和下降距离

固定翼无人机下降轨迹与水平线之间的夹角叫下降角，如图 5-7 所示 β 角。下降距离是指固定翼无人机下降一定高度所前进的水平距离。

零拉力下降时,固定翼无人机的下降角仅取决于升阻比的大小(和重量无关),下降距离的长短取决于下降高度和下降角。下降高度越高,下降角越小,下降距离就越长。而下降角的大小是由升阻比所决定的,升阻比越大下降角越小,所以下降距离的长短取决于下降高度和升阻比。在下降高度一定时,下降距离只取决于升阻比的大小,当升阻比增大时,下降角减小,下降距离增长。以最大升阻比下降,即以最小阻力速度(有利速度)下降,下降角最小,下降距离最大。

凡是使升阻比减小、下降角增大的因素都将使下降距离缩短。例如,在放起落架、襟翼及固定翼无人机结冰等情况下,升阻比减小,下降角增大,下降距离缩短。

(2) 下降率

下降率是指固定翼无人机在单位时间里下降的高度,以 v_{YD} 表示,单位为 m/s。下降率越大,固定翼无人机降低高度越快,下降到一定高度的时间就越短。

$$v_{YD} = v_D \sin\beta = v_D \frac{D}{W} = \frac{N_L}{W} \tag{5-29}$$

式中,N_L 为平飞所需的功率。从式(5-29)可知,固定翼无人机的下降率取决于平飞所需功率 N_L 和重力 W。当平飞所需的功率最小时,下降率最小,即以最小功率速度下降,可以获得最小的下降率。

5.3 固定翼无人机的起飞

固定翼无人机每次飞行总是以起飞开始,以着陆结束。起飞和着陆是固定翼无人机两个重要的飞行状态,起飞、着陆性能的好坏会影响到固定翼无人机能否顺利完成正常飞行任务。

5.3.1 固定翼无人机的滑跑起飞

1. 固定翼无人机的地面滑行

固定翼无人机不超过规定的速度,在地面所做的直线或曲线运动叫滑行。固定翼无人机在滑行中,速度很小,所以升力和阻力可忽略不计,则固定翼无人机重力和地面反作用力始终平衡,这时对滑行速度起决定作用的只有拉力和机轮摩擦力。当机轮拉力大于摩擦力时,固定翼无人机滑行速度加快,反之,滑行速度减慢。

2. 固定翼无人机的起飞滑跑

固定翼无人机在机场跑道上从开始滑跑到离开地面,并上升到安全高度、速度达到起飞安全速度的运动过程,叫作起飞。中国规定起飞安全高度为 25 m,英、美等国规定为 15 m(50 ft)或 10 m(35 ft)。固定翼无人机在起飞阶段飞行高度很低,遇有特殊情况时回旋余地很小,加以近地面常有风切变,因此,飞行事故常见于起飞阶段。

起飞滑跑的目的是为了增大固定翼无人机的速度,直到获得离地速度。因此此阶段的主要问题是如何使固定翼无人机尽快加速和保持好滑跑方向。固定翼无人机滑跑时的运动方程式为

$$\left. \begin{array}{l} \dfrac{W}{g}a = P - (D + F) \\ F_N = W - T \end{array} \right\} \tag{5-30}$$

式中,a 为滑跑加速度;W 为重力,g 取 9.8 m/s²;F 为地面摩擦阻力;F_N 为升力 T 减去重力 W 之差值。

　　为了使固定翼无人机滑跑距离最短,必须给固定翼无人机最大的加速力,固定翼无人机的加速力为拉力与飞机总阻力之差即剩余拉力

$$\Delta P = P - [D + \mu(W - T)] \qquad (5-31)$$

式中,μ 为地面摩擦因数。

　　固定翼无人机滑跑过程中,速度不断增加,作用于固定翼无人机的各力都在不断地变化着,总加速力随着滑跑速度的增大而减小。随着滑跑速度的增大,固定翼无人机的升力和阻力都增大,升力增大,固定翼无人机与地面的垂直作用力减小,导致地面摩擦力减小。拉力越大,剩余拉力也越大,固定翼无人机增速就越快。起飞中,为尽快地增速,应把油门推到最大位置,使用最大拉力即满油门起飞。

　　3. 固定翼无人机的起飞性能

　　(1) 离地速度

　　固定翼无人机起飞滑跑时,当升力正好等于重力时的瞬时速度,叫作起飞离地速度。

$$T = W = C_L \frac{1}{2}\rho v_{T0}^2 S$$

式中,v_{T0} 为固定翼无人机起飞时的离地速度。由此得

$$v_{T0} = \sqrt{\frac{2W}{C_L \rho S}} \qquad (5-32)$$

　　从式(5-32)可知,起飞离地速度的大小与固定翼无人机重力成正比,与离地时的升力系数、空气密度成反比。固定翼无人机重力越大,空气密度越小或离地时的升力系数越小,则起飞离地速度要求越大。

　　(2) 起飞滑跑距离与起飞距离

　　起飞滑跑距离是指固定翼无人机从开始滑跑至离地之间的距离。起飞距离是指固定翼无人机从开始滑跑到离地 25 m 高度时速度不小于起飞安全速度所经过的水平距离。固定翼无人机起飞距离的长短,是衡量起飞性能好坏的重要标志之一。

　　影响起飞滑跑距离和起飞距离的具体因素有油门位置、离地迎角、襟翼反置、起飞重量、机场标高与气温、跑道表面质量、风向风速、跑道坡度等。这些因素一般都是通过影响离地速度或起飞滑跑的平均加速度来影响起飞滑跑距离的。

5.3.2　固定翼无人机起飞离地速度和滑跑距离估算方法

　　大中型固定翼无人机可以用正常滑跑起飞的方法升空。计算起飞离地速度和滑跑距离可按正规的逐步积分法,也可用如下估算方法。

　　1. 滑跑起飞离地速度的估算方法

　　固定翼无人机滑跑起飞离地速度可用下式计算:

$$v_{T0} = 14.4[(W_0/S)/C_{LT0}] \qquad (5-33)$$

式中,v_{T0} 为固定翼无人机滑跑起飞离地速度(km/h);C_{LT0} 可根据固定翼无人机擦尾角(两主轮着地机尾即将碰地时的机身最大仰角,相当起飞机翼迎角)查飞机升力系数曲线决定;W_0/S 为起飞翼载(kg/m^2)。

　　2. 起飞滑跑距离的估算方法(经验理论统计法)

　　(1) 活塞式固定翼无人机起飞滑跑距离(参考 NACA TR 447)

首先要计算起飞滑跑开始推力 T_0，设发动机功率 P_0(hp)，有

$$T_0 = 0.138 K_{T0} P_0 / (nD) \qquad (5-34)$$

式中，T_0 起飞滑跑开始推力(N)；P_0 发动机功率(hp)；K_{T0} 可根据螺旋桨桨叶角用图 5-8 估算；n 为螺旋桨转速(r/min)；D 为螺旋桨直径(m)。

活塞式固定翼无人机起飞滑行开始相对推力 T_1 可由下式计算：

$$T_1 = T_0 / W - \mu \qquad (5-35)$$

式中，μ 为地面摩擦因数。

活塞式固定翼无人机离地瞬间相对推力 T_F 可由下式计算：

$$T_F = T_0 / W - 1/K \qquad (5-36)$$

根据推力比 T_F / T_1，从图 5-9 可查到滑跑修正系数 K_{s0}，然后算出起飞滑跑距离 L_{TOR}

$$L_{TOR} = 0.835 K_s V_{T0}^2 / (T_0 / W_0) \qquad (5-37)$$

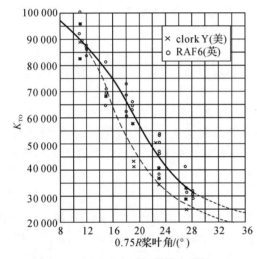

图 5-8 活塞式发动机静推力系数 K_{T0}

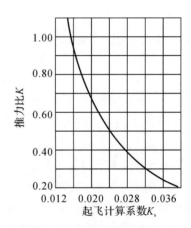

图 5-9 起飞滑跑系数 K_s

(2) 喷气式固定翼无人机起飞滑跑距离

$$L_{TOR} = K_{T0} [(W_0 / S) / \Delta C_{LT0} (T_0 / W_0)] \qquad (5-38)$$

式中，K_{T0} 为起飞滑跑系数，三角翼喷气式固定翼无人机 $K_{T0} = 1.0 \sim 1.2$，平直机翼喷气式固定翼无人机 $K_{T0} = 1.0 \sim 1.1$，大后掠机翼喷气式固定翼无人机 $K_{T0} = 1.2 \sim 1.5$。

3.起飞滑跑距离的估算方法(平均速度法)

喷气式固定翼无人机起飞过程假设是等速运动，平均速度为

$$V_{av}^2 = 0.5 V_{T0}^2 \qquad (5-39)$$

式中，V_{T0} 为起飞过程的等速运动平均速度。即

$$V_{av} = 0.5^{0.5} V_{T0} = 0.71 V_{T0} \qquad (5-40)$$

具体计算时往往用 0.72 或 0.75 代替 0.71。设 μ 为飞机滑跑过程地面平均摩擦因数。这样喷气式固定翼无人机起飞滑跑距离可用下式计算

$$L_{TOR} = V_{T0}^2 / [2g(T/W_0 - \mu)] \qquad (5-41)$$

喷气式发动机起飞时推力 T 是指在 $0.72 V_{T0}$ 时发动机的推力。摩擦因数 μ 与跑道道面有关：干水泥道面 $\mu = 0.03 \sim 0.04$，湿水泥道 $\mu = 0.05$，干草地 $\mu = 0.07 \sim 0.10$，湿草地 $\mu =$

$0.10 \sim 0.12$，长草地 $\mu = 0.15$，泥道面 $\mu = 0.20$。V_{T0} 计算单位为 m/s。

4. 风对起飞性能的影响

为了产生足够的升力使固定翼无人机起飞离地，不论有风或无风，离地空速是一定的。但滑跑距离只与地速有关。逆风滑跑时，离地地速小，所以起飞滑跑距离比无风时短；顺风滑跑时，离地地速大，起飞滑跑距离比无风时长。因此风对起飞距离的影响是很大的，在预测起飞距离时必须充分地考虑。逆风使固定翼无人机能够以较低的地面速度达到升空速度，而顺风则要求固定翼无人机获得更大的地面速度才能达到升空速度。

为起飞空速 10% 的逆风风速会减少起飞距离大约为 19%。然而，为起飞空速 10% 的顺风风速将会增加起飞距离大约 21%。当逆风速度是起飞速度的 50% 时，起飞距离将大约是无风时起飞距离的 25%（降低了 75%）。

5.3.3　固定翼无人机其他起飞升空的方式

1. 车载起飞

车载起飞是将固定翼无人机及其配件装载在发射汽车上，发射汽车带着固定翼无人机加速到所需的飞行速度。这种方法可用于中型固定翼无人机的发射，可重复使用，每次使用费用相对较少，固定翼无人机本身不存在起飞装置，从而减小了飞行重量。但要先明确汽车装上起飞架及固定翼无人机等以后其最大允许速度要大于固定翼无人机的起飞速度，并需要汽车很好地控制起飞航向。

2. 滑车起飞

滑车起飞是用一种特殊的发射车装载固定翼无人机起飞。固定翼无人机架在发射车上，由固定翼无人机上动力装置提供滑跑动力。滑车一般是钢管构架三轮式。滑车的操纵由机上自动驾驶仪的信号驱动伺服装置控制前轮实现。起飞时固定翼无人机一般在负仰角下加速。当达到起飞速度，抬起到起飞仰角。固定翼无人机上仰离架，开始脱离滑车，同时滑车采用自身刹车装置进行制动。起飞滑车通常由三部分组成：车身部分、自动控制系统和冷气系统。自动控制系统的功用是在起飞车滑跑时保证其航向稳定，滑车左右偏航不宜超过 3%。冷气系统作为滑车架的能源。

3. 弹射起飞

如果起飞方式是用弹射滑轨进行，上述自行滑跑计算方法基本可用，但起飞推力要加上助推火箭或液压弹射器的推力，起飞重量要加上火箭的重量，滑轨的摩擦因数也与跑道不同。固定翼无人机的向前加速度可能达到 8g 或更大。滑轨的长度应保证固定翼无人机离开滑轨时达到起飞速度。火箭助推发射器的前期投入低，不需要太多预备时间，发射器安装后固定翼无人机仍可以存储较长时间，可以发射重量达到 2 000 kg 的固定翼无人机。缺点是有热、光、声的辐射，火箭需要专门操作，尤其是发射大型固定翼无人机安全系数低，长期投入大。

4. 空中投放方式起飞

空中投放方式要考虑的问题与发射飞航式导弹一样。特别要注意防止投放瞬间碰撞事故。另外，投放系统要有快速应急投放装置，以防止固定翼无人机仍挂在母机上时发生意外又不能立即投掉，影响母机安全。用运输机或直升机从货舱中向后投放也是可行的办法。

5. 人工用手投放起飞

小、微型固定翼无人机可人工用手投放。投掷力量要根据固定翼无人机重量决定，不是愈用力愈好,而且一定要考虑风向和四周环境。一般固定翼无人机要有一定加速距离才能转入正常飞行状态或做转弯飞行。

5.4　固定翼无人机的着陆和回收

与起飞相反,着陆是固定翼无人机高度不断降低、速度不断减小的运动过程。固定翼无人机正常着陆方式的气动力问题与常规有人驾驶飞机基本一样。除正常着陆方式外,固定翼无人机的回收有迫降回收、降落伞回收、空中回收、拦截网回收等方式。

5.4.1　固定翼无人机着陆过程和性能

1.固定翼无人机的着陆过程

固定翼无人机着陆过程是以 3°下降角,从安全高度 15 m 处下降,并降落到地面滑跑直至完全停止运动。

(1)下降和拉平

固定翼无人机从安全高度下降时,发动机处于慢车工作状态,襟翼打开到最大角度,固定翼无人机接近于等速直线下降。下降过程的关键是保持 3°的下降角和保持慢速下降速度,最后达到预定的接地速度。

拉平是固定翼无人机在规定高度开始收油门,使飞机逐渐退出下降角,形成接地姿态,并减速至接地速度的运动过程,即固定翼无人机由下降状态转入近似平飞状态的过程。固定翼无人机在拉平阶段中,下降角和下降速度都逐渐减小,同时高度不断降低。

(2)平飘和接地

固定翼无人机在拉平的后一阶段(接地前),其轨迹通常为下降角很小的直线,这段飞行称为平飘。固定翼无人机转入平飘后,在阻力的作用下,速度逐渐减小,升力不断降低。在离地0.15~0.25 m 的高度上,固定翼无人机拉成接地迎角姿态,速度减至接地速度,然后轻轻接地。

固定翼无人机以规定接地姿态和接地速度,两主轮同时轻盈接地,应避免重接地和三点同时接地,以免产生弹跳现象。固定翼无人机在接地前会出现机头自动下俯的现象,这是因为在下沉过程中,迎角要增大,俯仰稳定力矩使机头下俯。另外由于固定翼无人机接近地面,地面效应的影响增强,使下洗速度减小,水平有效迎角增大,产生向上的附加升力,对重心产生的力矩使机头下俯。故在接地前,固定翼无人机还要继续保持好所需的接地姿态。

(3)着陆滑跑

固定翼无人机着陆滑跑的中心问题是如何减速和保持滑跑方向。固定翼无人机接地后,为尽快减速缩短着陆滑跑距离,必须在滑跑中增大固定翼无人机阻力。为了减小前轮和刹车装置的磨损,接地后一般要保持一段两点滑跑,这样固定翼无人机迎角大,可利用较大的气动阻力使固定翼无人机减速。固定翼无人机转为三点滑跑后,可使用刹车、发动机反推、螺旋桨负拉力等方法继续增大固定翼无人机阻力而使其减速,同时注意用舵保持好方向。

2.固定翼无人机的着陆性能

(1)着陆进场速度

着陆进场速度是根据固定翼无人机着陆时保留安全余量而确定的一个速度,其大小为固定翼无人机着陆构型失速速度的 1.3 倍,主要由固定翼无人机的着陆重量和襟翼位置决定。

固定翼无人机进场着陆时,下降至距跑道表面 15 m 时的速度必须大于等于着陆进场速度。着陆进场速度大,将使固定翼无人机的接地速度增大,着陆距离以及着陆滑跑距离增长。

（2）接地速度

固定翼无人机接地瞬间的速度叫接地速度。固定翼无人机接地瞬间的升力大致与固定翼无人机重量相等。接地速度与固定翼无人机着陆重量、接地时的升力系数、空气密度有关。固定翼无人机重量越重,接地时的升力系数越小,接地速度越大。

接地时升力系数的大小取决于接地迎角和襟翼位置。接地迎角大,升力系数大,接地速度小,但接地迎角受固定翼无人机临界迎角和擦尾角的限制。襟翼放下角度越大,升力系数越大,接地速度就越小,因此一般固定翼无人机都放全襟翼着陆。

固定翼无人机重量增加,接地时所需升力增大,接地速度也相应增大。空气密度减小,升力减小,为了保持一定的升力使固定翼无人机轻轻接地,须相应地增大接地速度,所以,气温升高或在高原机场着陆.接地速度都要增大。固定翼无人机的着陆接地速度越小、着陆距离越短,着陆性能就越好,飞行安全性也越高。

（3）着陆滑跑距离和着陆距离

固定翼无人机从接地到滑跑停止所经过的距离,叫着陆滑跑距离。从高于跑道表面 15 m 高度开始,下降接地滑跑直至完全停止运动所经过的水平距离,叫着陆距离。着陆滑跑距离取决于接地速度的大小和滑跑减速的快慢。如果接地速度小,滑跑中减速又快,则滑跑距离就短。

5.4.2　固定翼无人机的回收

1. 迫降回收

固定翼无人机迫降回收方法只对小、微型固定翼无人机适用,否则固定翼无人机触地时撞击力过大会引起损坏。迫降方法是通过遥控指令或编程控制,到时起动固定翼无人机上某种机构使发动机停车、平尾后缘上偏 $-40°\sim-60°$。由于水平尾翼负升力剧增,使固定翼无人机机头猛抬,机翼很快进入失速迎角。固定翼无人机在失速后先产生类似"失速尾冲"的动作,下降一小段距离,然后机头迅速下沉呈俯冲状态,接着很快过渡到平稳的水平状态垂直下沉。

迫降时固定翼无人机机翼已进入深度失速,所以机翼不产生升力,但固定翼无人机下沉时由于相对气流的作用,机翼和平尾将分别产生阻力 D_w 和 D_H,这两者对固定翼无人机重心的力矩会达到平衡。保持稳定的原理是,当固定翼无人机抬头时,由于平尾迎风面积增加,平尾阻力增大。而机翼迎风面积减少,机翼阻力减小,结果产生低头力矩,使固定翼无人机恢复原来的水平下沉状态。当固定翼无人机低头时,情况正好相反,结果产生抬头力矩,也使固定翼无人机恢复到原先的平稳下沉状态。至于迫降时横向的稳定性,还是由于机翼上反角的作用。

要注意迫降时平尾后缘上翘的角度不宜太小,否则机翼失速不够,会产生连续尖顶波状飞行直至最后撞地,或者在强上升气流作用下不能迫降。另外,上翘的平尾不能歪斜,否则固定翼无人机在迫降时将绕竖轴旋转,形成急盘旋下坠,着陆时容易损坏固定翼无人机。

固定翼无人机迫降时的下沉速度和翼载有关。翼载小的固定翼无人机迫降时下沉速度慢,一般在机身下不需要安装缓冲装置,迫降不会造成损坏。而翼载在 2 kg/m² 以上的固定翼无人机,由于迫降时下沉速度大,往往需要安装钢丝滑橇等缓冲装置来缓解着陆的撞击力。如果装气囊一类的缓冲装置效果会较好,但重量和复杂性都增加,是否安装要全面衡量决定。

2.降落伞回收

对一些大型的遥控固定翼无人机,由于翼载大,飞行速度高,在场地狭小的地区,不能正常下滑着陆。如采用平尾上翘迫降的办法,下沉速度高,撞击载荷大,容易使固定翼无人机损坏。因此这些固定翼无人机多数采用降落伞悬吊回收的方案。

回收伞可选择的结构形式有方形伞、平面圆形伞、底边延伸伞、十字形伞等。方形伞的优点是阻力系数较大,稳定性比圆形伞好,缺点是伞衣受力不均匀,结构布局不合理,伞衣四角底边向内收缩,容易造成伞衣被伞绳打伤的现象。平面圆形伞工作可靠,开伞快,伞衣受力均匀,包装方便。缺点是稳定性差,制造工艺较方形伞复杂。底边延伸伞开伞动载小,稳定性好,适于用作回收伞,缺点是阻力系数稍小,工艺性稍差。十字形伞稳定性好,制造工艺简单,开伞动载较小,但阻力系数较小,重量和体积略大。

3.空中回收

固定翼无人机空中回收方法必须与伞降装置结合使用,而且除上述装置外固定翼无人机还要增加一个钩挂伞。开伞后,钩挂伞吊在主伞之上,使回收飞机或直升机便于辨认和钩住钩挂伞。回收飞机或直升机用钩挂装置钩住钩挂伞与吊索后即可将其拖回基地。主伞可以在钩好后抛弃。固定翼无人机空中下降速度一般不宜大于 7～8 m/s。固定翼无人机开伞高度通常应较高,3 000～4 000 m,使回收飞机有充足的时间定位及操作。目前的水平,主伞直径不要太大(如不大于 13～14 m),固定翼无人机质量也不能太大(如 2 500 kg)。

4.拦截网回收

拦截网回收系统常用于小型固定翼无人机。这种系统由拦截网、能量吸收装置和自动引导设备组成。能量吸收装置与拦截网相连,用于吸收固定翼无人机撞网的能量,以防损伤。自动引导设备是一部安置在网后的电视摄像机或装在拦截网架上的红外接收机。

当固定翼无人机返航时,地面站控制固定翼无人机以小角度下滑,最大飞行速度一般不超过 120 km/h,地面操纵人员通过电视监视器监视固定翼无人机飞行,并根据地面电视摄像机拍摄的图像或红外接收机接收到的信号,确定返航路线的偏差,然后控制固定翼无人机修正飞行路线,对准地面摄像机的瞄准线,飞向拦截网。

习　题

1.固定翼无人机飞行真速、地速和风速之间有什么关系?

2.简述固定翼无人机升力特性、阻力特性和升阻比的概念和内容。

3.简述固定翼无人机平飞时所受的作用力、拉力和剩余拉力、功率和剩余功率的内容。

4.什么是平飞最大速度、最小速度、最小阻力速度、最小功率速度和巡航速度?

5.固定翼无人机出航的方式有哪几种?

6.什么是上升角、上升梯度、陡升速度、上升率、快升速度、上升时间和升限?

7.什么是下降角、下降距离和下降率?

8.简述固定翼无人机地面滑行、起飞滑跑的过程,以及风对起飞性能的影响。

9.固定翼无人机起飞升空的方式有哪些?

10.简述固定翼无人机的着陆过程和着陆性能的内容。

11.固定翼无人机的回收方法有哪些?

第三篇　旋翼无人机篇

第6章　旋翼无人机空气动力学

6.1　旋翼无人机气动结构的组成和旋翼结构

在空气动力结构方面,旋翼无人机与固定翼无人机的最大区别在于旋翼无人机的升力主要由旋翼提供,而固定翼无人机则是由固定机翼提供的。在阻力方面,旋翼无人机与固定翼无人机类似,各部件都会产生阻力,并且各部件之间也同样存在着相互干扰作用,因此总的阻力可能要高于各部件阻力之和。

6.1.1　旋翼无人机气动结构的组成和旋翼基本结构

1. 旋翼无人机气动结构的组成

旋翼无人机气动结构设计是在其系统总体设计技术的框架体系下,运用传统直升机设计的相关理论与技术方法,设计出满足旋翼无人机系统任务技术要求的旋翼无人机平台,解决直升机平台性能与所执行任务特性、搭载载荷及飞行性能要素之间的匹配性问题。因此,旋翼无人机气动结构通常是在有人直升机空气动力学的理论基础上经无人化设计发展而来,其基本组成部分与有人直升机大致相同,传统直升机空气动力学的基本理论在旋翼无人机上仍然适用。除了少数特殊形式的旋翼无人机外,大多数旋翼无人机都由旋翼系统、机体结构、尾桨、起落装置和动力装置等五部分组成,如图6-1所示。

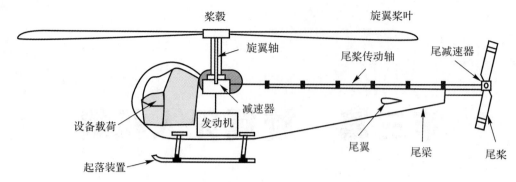

图 6-1 旋翼无人机(单旋翼)气动结构示意图

(1)旋翼系统

旋翼无人机是利用旋翼转动产生升力的飞行器,旋翼系统是旋翼无人机能够升空飞行最重要的系统。旋翼由桨毂和数片桨叶构成。桨毂安装在旋翼轴上,形如细长机翼的桨叶则连在桨毂上。一副旋翼最少有两片桨叶,最多可达 8 片。桨叶旋转时与周围空气相互作用,产生沿旋翼轴向上的拉力(升力)。如果相对气流的方向或各片桨叶的桨距不对称于旋翼轴,还产生垂直于旋翼轴的分力。因此旋翼具有产生升力的功能,以及具有类似于旋翼无人机推进装置的功能,产生向前的力;同时还具有类似于无人机操纵面的功能,产生改变机体姿态的俯仰力矩或滚转力矩。

(2)机体结构

机体结构的主要功用是将旋翼无人机的其他部件,例如,旋翼、尾桨、起落装置及发动机等连接成一个整体,并承受来自于旋翼无人机外部环境及内部设备等作用下的所有载荷,同时有效保护旋翼无人机内部的仪器设备,使得旋翼无人机系统能够完成任务使命。

旋翼无人机的机体结构形式有桁架式、硬壳式等多种。在旋翼无人机平台中,较多采用的是桁架结构形式,由金属管材焊接成形基本结构,外表面铺设承力蒙皮。随着材料技术的进步,复合材料在旋翼无人机上的应用也越来越多,复合材料具有比金属更轻的重量,同时自身具有一定的结构阻尼,有助于降低直升机的振动和提高结构的疲劳寿命。

(3)尾桨

尾桨是用来平衡机械驱动式单旋翼旋翼无人机旋翼反扭矩和进行航向操纵的部件。通过尾桨产生一个侧向力,形成对直升机中心的侧向力矩,平衡旋翼反扭矩,以保持旋翼无人机的稳定飞行。另外,旋转着的尾桨相当于一个垂直安定面,能对旋翼无人机航向起稳定作用。

虽然尾桨的功用与旋翼不同,但是它们都是由桨叶旋转而产生空气动力、在前飞时处于不对称气流中工作的状态,因此尾桨结构与旋翼结构有很多相似之处。尾桨的结构形式有跷跷板式、万向接头式、铰接式、无轴承、"涵道尾桨"式等。

驱动尾桨的功率来自于发动机的输出功率。进行航向操纵时,主要是通过增大尾桨桨距来产生侧向力,此时尾桨消耗的功率将增加,使得用于主旋翼的功率减少,产生的升力减小。为了避免转弯时航向操纵带来的飞行平台掉高度,这时可以加入航向补偿,增大旋翼的桨距,以补偿升力的损失。

(4)起落装置

起落装置是指旋翼无人机在地面停放时用于支撑旋翼无人机重力,承受相应载荷,以及着陆时吸收撞击能量的部件,有轮式起落架和滑橇式起落架两种。

1)轮式起落架。和固定翼飞机相似,直升机轮式起落架由油气式减震器和橡胶充气机轮组成。优点是可以收放,有利于减小飞行阻力;地面滑行、移动方便,对起降地点有很好的适应性。缺点是结构较复杂,重量较大,容易损坏,不适合小型直升机使用。

2)滑橇式起落架。滑橇式起落架的优点是结构简单,重量轻;可靠性高,不易损坏。缺点是无法收放,容易增大阻力;地面滑行、移动不便,且对起降地点适应性差;不适合大中型直升机。

(5)动力装置

动力装置主要用来驱动旋翼系统旋转,从而使旋翼系统产生向上的升力和向前的推力,以确保旋翼无人机升空飞行,其次还可为旋翼无人机上的其他用电设备提供电源等。旋翼无人机动力装置应用较广泛的有:无刷直流电动机、航空活塞式发动机和涡轮轴发动机。除了发动机本身,动力装置还包括一系列保证发动机正常工作的系统。

2.旋翼无人机旋翼系统的基本结构

旋翼无人机的旋翼系统由两片或更多片的桨叶组成,桨叶安装于旋翼中心桨毂上,在发动机驱动下,旋翼桨叶随桨毂绕中心轴旋转,从而产生提供旋翼无人机飞行所需的气动力和控制力矩。为了实现垂直飞行和良好的旋翼气动效率,直升机旋翼具有较大的展弦比和旋转直径,桨叶具有较大的柔性。

从外观上看,旋翼无人机的旋翼桨叶一般具有较小的厚度和较大的柔性,从功能上可以把旋翼无人机旋翼桨叶看成是一个一面旋转一面前进的机翼,其作用是为旋翼无人机平台提供升力和前/后飞、左/右侧飞的拉力。

旋翼无人机旋翼系统的控制主要通过各种组合方式改变主旋翼和尾桨工作时的迎角(桨距)来实现的。旋翼无人机上安装有自动驾驶仪和飞行控制计算机,计算机产生飞行控制指令,再由控制驱动器对控制指令进行放大,并驱动执行伺服机构完成旋翼桨距操纵控制。

旋翼无人机使用最为普遍的旋翼结构形式是铰接式,如图6-2所示。铰接式旋翼系统的桨叶通过挥舞铰、摆振铰和变距铰与桨毂相连接,挥舞铰使得桨叶能够做垂直直于桨盘平面的上下自由挥舞运动,摆振铰使得桨叶能够在旋转平面内做前后自由摆动,因而能够有效降低桨叶根部载荷。变距铰通过变距拉杆将桨叶及变距摇臂与自动倾斜器相连接,使得桨叶能够绕变距轴做变距运动,如图6-3所示。

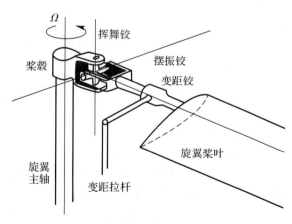

图 6-2　旋翼系统基本结构示意图

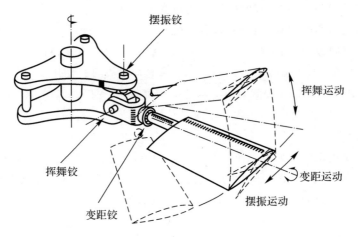

图 6-3 旋翼桨叶运动自由度示意图

6.1.2 旋翼无人机旋翼桨毂结构、桨叶外形和材料

1.旋翼桨毂的结构形式

旋翼形式是指旋翼桨叶与旋翼轴的连接方式,也就是旋翼桨毂的结构形式。旋翼桨毂结构形式对旋翼飞行器的气动性能、振动、重量、维修成本、操纵性、稳定性等都有重大影响,设计一个结构简单、可靠、低成本、高效的桨毂是航空业界一致关注的关键技术。

(1)铰接式

铰接式旋翼桨毂是通过在桨毂上设置挥舞铰、摆振铰和变距铰来实现桨叶的挥舞、摆振和变距运动。桨毂铰的布置顺序(从里向外)由挥舞铰、摆振铰到变距铰,如图 6-4 所示。

在轴向铰中除了用推力轴承来负担离心力并实现变距运动外,另一种流行的方式是利用弹性元件拉扭杆来执行这个功能。这样在旋翼桨叶进行变距操纵时必须克服拉扭杆的弹性及扭矩,为了减小操纵力,就必须使拉扭杆有足够低的扭转刚度。铰接式桨毂构造复杂,维护检修的工作量大,疲劳寿命低。

(2)半铰接式

半铰接式旋翼桨毂有万向接头式和跷跷板式两种不同的结构形式。

万向接头式旋翼桨毂是两片桨叶通过各自的轴向铰和桨毂壳体互相连接,而桨毂壳体又通过万向接头与旋翼轴相连。挥舞运动通过万向接头

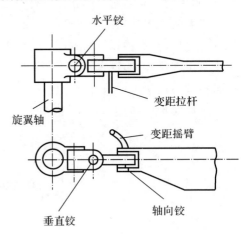

图 6-4 铰接式旋翼结构示意图

实现,改变总距是通过轴向铰实现的。跷跷板式旋翼桨毂和万向接头式旋翼桨毂的主要区别是桨毂壳体只通过一个水平铰与旋翼轴相连,这种桨毂构造比万向接头式简单一些,但是总距也是通过变距铰来实现,如图 6-5 所示。一般变距铰采用拉扭杆来负担离心力。这两种桨毂形式与铰接式相比,其优点是桨毂构造简单,去掉了摆振铰、减摆器,两片桨叶共同的挥舞铰不

负担离心力而只传递拉力及旋翼力矩,轴承负荷比较小,没有"地面共振"问题。旋翼无人机多为轻小型直升机,因此常采用跷跷板式旋翼结构。

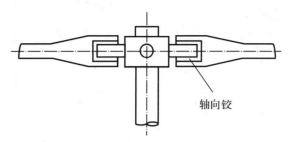

图 6 - 5　半铰接式(跷跷板式)旋翼结构示意图

（3）无铰式

无铰式旋翼桨毂无挥舞铰和摆振铰,只保留变距铰,桨叶的挥舞、摆振运动完全通过桨根弹性变形来实现,如图 6 - 6 所示。

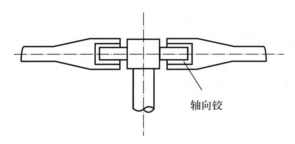

图 6 - 6　无铰式旋翼结构示意图

无铰式旋翼桨叶在挥舞、摆振方向根部是固支的,扭转与铰接式相同。与铰接式旋翼相比,无铰式旋翼的结构的力学特性与飞行的力学特性联系更为密切。它主要是由中央星形件、球面层压弹性体轴承、黏弹减摆器(也称频率匹配器)、夹板和自润滑关节轴承等组成。

（4）无轴承式

无轴承式桨毂无挥舞、摆振、变距铰,挥、摆、扭运动完全通过桨根柔性梁来实现,如图 6 - 7 所示。桨叶在挥、摆方向根部支持同无铰式,扭转为弹性约束。无轴承桨毂的主要结构是由单向复合材料制成的柔性梁,柔性梁外端同桨叶相连接,内端同固定在旋翼轴上的连接盘相连。柔性梁在保证一定的弯曲刚度和强度的情况下,扭转刚度很低,起到了挥舞、摆振和变距铰的作用。桨毂结构简单,零件数量少,全复合材料结构,破损安全性能好,寿命长;外形尺寸小,阻力小,重量轻。由于无轴承桨毂取消了所有的"铰",桨叶的挥舞、摆振、变距都要靠柔性梁的挠曲变形来实现。这样,无轴承旋翼的一个突出的特点就是强烈的变距—挥舞—摆振弹性耦合,对旋翼结构动力学特性和气动弹性力学特性影响较大。

（5）空气螺旋桨式

旋翼无人机使用的空气螺旋桨大多是定距式的,桨叶总距固定不变,旋翼通过调节转速来改变升力的大小。其结构特点是桨叶扭转角较大,原因是为了提高效率,必须使螺旋桨各剖面在升阻比较大的迎角工作,因此螺旋桨的桨叶角从桨尖到桨根按一定规律逐渐加大。定距螺旋桨一般直径都比较小,优点是构造简单,重量轻,如图 6 - 8 所示。

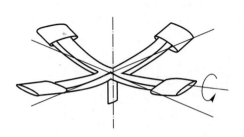 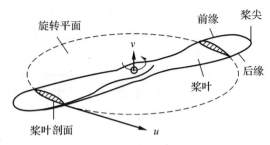

图 6-7　无轴承式旋翼结构示意图　　　图 6-8　空气螺旋桨式旋翼结构示意图

2.旋翼桨叶的外形和材料

(1)桨叶气动外形设计

桨叶气动外形设计的主要内容包括翼型及配置、平面形状、负扭转等。

1)翼型。旋翼桨叶翼型既要满足后行工作区低 Ma 数、大 C_y 值的要求,又要满足前行工作区高 Ma、小 C_y 值的要求,还要满足悬停状态要求。翼型的升力特性、阻力特性、力矩特性要求是个多目标问题,相互有矛盾。因此,要选择旋翼桨叶专用高性能先进翼型。

2)桨叶的平面形状。旋翼桨叶的平面形状,特别是桨尖形状对旋翼性能有着重大影响。桨叶桨尖区域是一个非常敏感的区域,它既是桨叶的高动压区,又是桨尖涡的形成和逸出之处,桨尖形状微小的改变就能导致桨尖涡的强度和轨迹发生较大变化,从而影响旋翼的流场、气动载荷和噪声。因此,采用合适的桨尖形状,能有效地改进旋翼的气动特性,如图 6-9 所示。桨叶尖部形状对旋翼的气动噪声和前行桨叶的激波失速有重要影响,还有可能给桨叶带来有利的动态扭转,因此,采用先进、合适的桨尖形状,能有效地改进旋翼的气动特性,可延缓气流分离(前、后行)、改善气动载荷分布及桨涡干扰、降低振动和噪声、提高气动效率等。

各种先进的桨尖形状图 6-9 所示,包括后掠尖削、后掠桨尖、前缘后掠、短尖削、长尖削、双曲线后掠、BERP 桨尖、抛物线型后掠等。研究表明,后掠桨尖能够缓解压缩性影响,同时,桨尖翼弦长度变小,使边缘涡流密度减小,又延缓了后行桨叶的气流分离,在很大程度上改善了旋翼的气动特性。

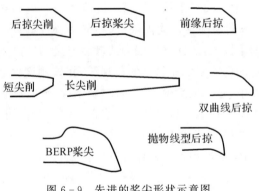

图 6-9　先进的桨尖形状示意图

(2)桨叶的结构形式及材料

影响桨叶结构形式及材料选择的主要因素有气动效率、疲劳强度等。

1)金属桨叶。20 世纪 50—60 年代,旋翼主要采用金属桨叶,主承力件是一根铝合金 D 形或 C 形大梁,大梁同时构成翼型前缘外形。桨叶载荷主要由大梁承受,使用寿命可达 1 000 h 以上。

2)复合材料桨叶。20 世纪 70 年代以后,旋翼采用复合材料桨叶。复合材料的应用为研制非常规桨叶外形提供了条件,使桨叶外形设计可以做到精细化,实现优化设计。通过改变桨叶扭转规律、翼型配置、采用特型桨尖等,使桨叶性能大幅度提高,振动和噪声水平大幅降低,经过优化的桨叶悬停效率可达到 0.8,旋翼升阻比达到 10.5,功率减少 10%。

6.2　旋翼工作原理与参数的无因次化

旋翼的主要功用是产生升力,以支持旋翼无人机在空中飞行,同时也起到一定的稳定和操控作用。虽然不同用途的旋翼无人机其旋翼形状、大小各有不同,但是它们的旋翼工作原理都是相同的,也都与无人机机翼的工作原理相同,都是利用气流与流场中的物体之间的相互作用产生升力。

6.2.1　旋翼的工作原理

1. 旋翼工作环境和桨叶运动

为了说明旋翼工作原理,考察旋翼的轴向直线运动,这相当于旋翼无人机做垂直飞行时旋翼的情况,可以把螺旋桨看成是一个一面旋转一面前进的机翼进行讨论。

设一旋翼,桨叶片数为 k,以恒定角速度 Ω 绕轴旋转,并以速度 V_0 沿旋转轴做直线运动。如果在想象中用一中心轴线与旋翼轴重合,而半径为 r 的圆柱面把桨叶截开,并将这圆柱面展开成平面,就得到桨叶剖面。既然这时桨叶包括旋转运动和直线运动,对于桨叶剖面来说,应有周向速度(等于 Ωr)和垂直于旋转平面的速度(等于 V_0),而合速度是两者的矢量和。用不同半径的圆柱面所截出来的各个桨叶剖面,它们的合速度是不同的:大小不同,方向也不相同。如果再考虑到由于桨叶运动所激起的附加气流速度(诱导速度),那么桨叶各个剖面与空气之间的相对速度情况更加不同。与机翼相比较,这就是桨叶的工作条件复杂,对它的分析比较麻烦的原因所在。

但从能量观点来看,旋翼不过是一具"能量转换器"。分为下列三种转换方式:

1)把发动机的能量转变成有效功,例如旋翼无人机的上升状态。

2)把发动机的能量转变成气流的动能,例如旋翼无人机的悬停状态。

3)把气流的动能转变成机械能,例如风车状态,旋翼无人机的某种下降状态。

假定螺旋桨的轴向速度为 V_0,其拉力为 T,而所消耗的功率为 P,那么,在第一种情况中,效率定义为 $\eta = TV_0/P$,对于正常情况来说,$0 < \eta < 1$。

2. 旋翼和桨叶的相对气流

在旋翼无人机前飞时,旋翼的远处来流方向与旋翼轴不平行,而是斜向吹来,旋翼处于斜流状态。现设定坐标系是旋翼构造轴系,坐标原点 O 在旋翼中心。竖轴 Y_S 沿旋翼的构造旋转轴,向上为正。纵轴 x_S 指向前方,与速度 v_0 在构造旋转平面(S—S 平面)的投影重合。右旋旋翼的横轴 Z_S 按右手规则确定;左旋旋翼 z_S 轴则按左手规则确定 z_S 轴的方向,因而 Z_S 轴总是位于桨叶向前方旋转的半圆内。

设旋翼无人机的飞行速度为 v_0,或者相对来说,速度为 v_0 的来流(未扰动气流)从一定方向吹向旋翼。按照与飞机机翼类似的方式,把来流 v_0 与旋翼的构造旋转平面(S—S 平面)之间的夹角 α_s 定义为旋翼构造迎角。把相对气流速度 v_0 分解为沿 x_S 轴与沿 y_S 轴两个方向的分量,并将它们除以桨尖旋转速度 ΩR,便得到表征旋翼工作状态的两个速度系数:

1)平行于构造旋转平面(S—S 平面)的速度系数 μ,称为前进比 μ。

$$\mu = \frac{V_0 \cos\alpha_s}{\Omega R} \tag{6-1}$$

2)垂直于构造旋转平面的速度系数 λ_0,称为轴向来流系数 λ_0,或称为流入比 λ_0。

$$\lambda_0 = \frac{V_0 \sin\alpha_s}{\Omega R} \tag{6-2}$$

在悬停飞行时,由于 $V_0 = 0$,μ 及 β 皆为 0,此时 α_s 没有意义;在垂直下降状态 V_0 自下而上流向旋翼,α_s 及 λ_0 为正值;而垂直上升时 α_s 及 λ_0 为负值。在前飞状态,飞行速度越大,μ 值越大。迎角 α_s 随飞行状态也有变化。一般地说,只是在下降中 α_s 及 λ_0 才可能为正值。在爬高及常用的平飞状态旋翼处于负迎角下工作,即来流从斜上方吹向旋翼,λ_0 为负值。通常,平飞时旋翼迎角 α_s 等于 $-5°\sim-10°$,而无人机的机翼一般处于小的正迎角状态下飞行。

由于前飞速度造成旋翼旋转平面上左右两边的相对气流速度不对称。在前行桨叶区域桨叶逆风旋转,相对气流速度当然比顺风旋转的后行桨叶要大些,相对方向也有不同。旋翼无人机的前飞速度越大,旋翼旋转平面上相对气流的不对称程度也就越大。

3. 旋翼诱导速度

诱导速度是直升机(旋翼)空气动力学里一个重要的术语。诱导速度是指空气在流过某一物体后产生额外的速度,比如空气在经过物体前速度为 V_0,经过该物体后速度变为 V_1,那么 $v_1 = V_1 - V_0$ 即为诱导速度。

对于旋翼无人机而言,旋翼与空气相互作用,空气因受旋翼作用而加速向下流动,空气速度增加量就是该处的诱导速度值,同时空气给旋翼与反作用力,即旋翼产生的拉力。当旋翼无人机处于悬停状态时,由于空气(桨盘上方无穷远处)原来没有速度,那么在桨盘下方的气流速度就是诱导速度。

诱导速度与旋翼拉力,需用功率,飞行状态关系密切。一般简化计算均假设诱导速度均匀分布,而实际上诱导速度在空间不同位置是变化的。因此精确计算必须对诱导速度大小,分布规律的研究计算。

4. 旋翼桨叶的挥舞运动

旋翼的桨叶如果是固接在旋转轴上的,前飞时由于旋转平面上气流的不对称,必然引起左右两边的拉力不对称。桨叶旋转方向与旋翼无人机前进方向之间的夹角称为桨叶方位角,用 ψ 表示。桨叶旋转方向与旋翼无人机前进方向相同时称为前行桨叶($180° < \psi \geqslant 0$),相反时就称为后行桨叶($360° < \psi \geqslant 180°$)。前行桨叶拉力大,后行桨叶拉力小,因而形成侧倾力矩使旋翼无人机倾转。前飞速度越大,侧倾力矩也越大,如果没有有效措施,旋翼无人机将难以前飞。另一方面,由于桨叶像一根很长的悬臂梁,分布的空气动力载荷引起很大的根部弯矩,而且这种弯矩随着周向气流速度的周期变化而相应地改变。桨叶在大的交变弯矩作用下容易发生疲劳损坏。铰接式旋翼消除了上述障碍,桨叶根部通过挥舞铰与旋转轴相联(见图6-2),桨叶可以绕挥舞铰作上下挥舞运动。桨叶在挥舞运动中偏离 S—S 平面向上抬起的角度称为桨叶挥舞角 β。桨叶挥舞运动所在的平面称为挥舞平面,挥舞平面与 S—S 平面相垂直。

旋翼无人机在稳定悬停状态时,桨叶的周向相对气流速度不随方位角变化。在旋转时各片桨叶应抬起相同的角度,该角度的大小取决于挥舞平面内桨叶拉力、重力和离心力三者对挥舞铰力矩的平衡。拉力使桨叶上扬,重力使桨叶下垂,而不论桨叶是处在上翘($\beta > 0$)或下垂($\beta < 0$)位置,离心力总是企图把它拉回到 $S-S$ 平面上($\beta = 0$)。由于重力远小升力,它对挥舞角的影响通常忽略不计。

在垂直飞行状态,虽然桨叶因上翘脱离了 $S-S$ 平面,桨尖面平行于 $S-S$ 平面,这种均匀挥舞并不影响桨叶空气动力的对称性。旋翼无人机前飞时旋翼处于斜流状态,桨叶的相对气流及空气动力沿方位角周期变化,致使桨叶在旋转中又有周期挥舞运动,可观察到此时旋翼锥体(或叶尖平面)大致侧后方有些倾倒。

旋翼桨叶作周期挥舞运动,在挥舞平面内除拉力、重力、离心力之外,还有挥舞惯性力。这些力对挥舞铰的力矩之和应为 0。由于陀螺进动效应的存在,桨叶挥舞响应与桨叶变距运动之间有 90°的相位滞后。所谓陀螺进动效应是指当外力沿切线作用到旋转的陀螺上时,陀螺的旋转平面将发生倾斜,倾斜的最大位移量发生在沿陀螺转动方向 90°滞后的点上,旋翼桨叶挥舞角随桨叶角变化曲线图如图 6-10 所示。

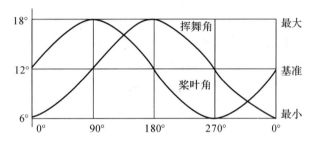

图 6-10　旋翼桨叶挥舞角随桨叶角变化曲线图

为了消除这种相位滞后的现象,通常在变距拉杆和连接主旋翼桨叶夹板或变距铰之间,安装一个变距摇臂,使变距摇臂与桨叶之间形成一定的夹角,称为前置角,使桨叶变距运动相对所需的挥舞响提前 90°发生,从而克服相位滞后的影响。

5. 旋翼桨叶的摆振运动

旋翼桨叶作挥舞运动时,桨叶重心距旋转轴的距离不断变化,由理论力学知道,旋转着的质量对旋转轴有相对运动时会受到哥氏力的作用。挥舞运动引起的哥氏力是周期交变力,而且一阶挥舞运动会引起二阶的哥氏力。根据实际例子的计算,发现一片桨叶的哥氏力的最大幅值竟高达桨叶自重的七倍以上,会在旋转平面内造成很大的交变弯矩,对桨叶结构寿命非常不利。另外,桨叶在旋转平面内的空气动力阻力也造成根部弯矩,前飞时气动阻力同样随方位角变化,不过它所造成的弯矩交变部分比哥氏力的交变弯矩小得多。通常旋翼无人机桨毂上安装有垂直铰(见图 6-2),这种垂直铰称为摆振铰,桨叶可以绕摆振铰作水平面内的前后摆动,从而避免因摆振运动所造成的桨叶根部疲劳断裂。

6. 旋翼需用功率与飞行速度的关系

旋翼作为能量转换器,其能量全部来源于发动机。在旋翼无人机飞行过程中,发动机提供的可用功率应大于各种飞行状态所需的需用功率。需用功率的大小随飞行速度的不同以及环境条件的不同而不同,如图 6-11 所示。

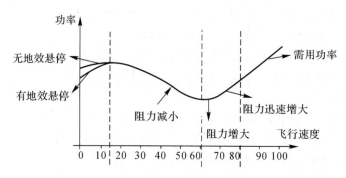

图 6-11　旋翼需用功率示意图

从图 6-11 可以看出：旋翼无人机在悬停状态所需的功率与地面效应有关系。有地面效应时，需用功率小于无地面效应的需用功率。当旋翼无人机由悬停状态向前飞状态转变时，需用功率将增大，用于加速旋翼无人机前飞；随着旋翼无人机的前飞速度增大，旋翼的诱导阻力将减小，总阻力减小，需用功率也随之降低；当旋翼无人机的飞行增大到一定速度后，直升机的废阻开始急剧上升，使得总阻力增大，因而需用功率增大。

旋翼无人机飞行过程中的所有功率由发动机提供，理想状态下发动机的输出功率通过旋翼运动转化为支持旋翼无人机飞行所需的功率。但在实际情况中，除旋翼的诱导功率外，还有由于气流黏性引起的型阻功率，流动不对称性带来的附加诱导功率，以及尾流旋转、桨尖损失和传动系统损失等造成的一系列功率损失。以某型旋翼无人机悬停飞行状态为例，各部分功率损失组成情况有：诱导功率 60%；型阻功率 30%；非对称流动 $5\%\sim7\%$；尾流气旋小于 1%；桨尖损失 $2\%\sim4\%$。

旋翼无人机发动机产生的功率大部分会传递到主旋翼，但在传递过程中不可避免存在功率损失，其中活塞式发动机大约有 $6\%\sim9\%$ 的功率损失；涡轴发动机大约有 $4\%\sim5\%$ 的功率损失。另外，尾桨需要吸收 $7\%\sim9\%$ 的功率；由于旋翼、机体、尾桨等的气动干扰还会产生大约 2% 的功率损失。

6.2.2　旋翼参数的无因次化

旋翼的参数无因次化的目的是便于把几何尺寸不同及工作条件不同的旋翼特性进行比较，或把旋翼模型的实验结果应用到实物上去。无因次化的基础是相似理论。在处理旋翼问题时，以 R 作为长度的基准尺度，以 πR^2 作为面积的基准尺度，以 ΩR 作为速度的基准尺度。

1. 桨叶剖面所在的相对半径

$$\bar{r} = r/R \tag{6-3}$$

2. 桨叶的相对宽度

$$\bar{b} = b/R \tag{6-4}$$

3. 旋翼运动的无因次化速度

$$\bar{V}_0 = V_0/\Omega R \tag{6-5}$$

4. 旋翼拉力系数 C_T、扭矩系数 mk、功率系数 C_P 的无因次化

$$C_T = T / \frac{\rho}{2} \Omega^2 R^2 \cdot \pi R^2 \tag{6-6}$$

$$C_p = m_k = M_k / \frac{\rho}{2} \Omega^2 R^2 \cdot \pi R^2 \cdot R = P / \frac{\rho}{2} \Omega^2 R^2 \cdot \pi R^2 \cdot \Omega R \qquad (6-7)$$

式中,ρ 为空气密度;T 为拉力;M_k 为旋翼反扭矩;P 为旋翼功率;C_T 为拉力系数;C_P 为功率系数,m_k 为扭矩系数。

6.3　旋翼动量理论

根据牛顿定律,旋翼拍击空气并将空气推向下方,空气加给旋翼的反作用力就是旋翼产生的拉力。动量理论以气流通过桨盘的动量和能量变化作为依据。把总的气流速度与总的旋翼拉力和功率联系起来,是流体力学中的基本守恒定律在旋翼上的应用。

6.3.1　垂直飞行的动量理论

1. 旋翼动量理论的原理

旋翼动量理论将旋翼看成是一个前进的桨叶片数无限多的桨盘,空气流连续地通过桨盘,在桨盘上产生的拉力分布是均匀的,即桨盘的气流速度在桨盘处各点为一常数。桨盘的前后存在压差,但桨盘前后的轴向速度是相等的(不考虑桨盘的厚度)。在桨盘上无扭矩,通过桨盘气流无旋转。此外,为了求解方便,进一步假定气体为理想不可压缩流体。在动量理论中,气流通过桨盘的流动如图 6 - 12 所示。

旋翼动量理论的基本原理是依据动量守恒定律,建立了旋翼拉力与流过旋翼桨盘的质量流量和远处尾迹中的诱导速度的关系。实质上,旋翼动量理论是牛顿定律在旋翼上的应用。把旋翼简单地看作作用盘,它拍击空气并将空气推向下方,而空气加给旋翼的反作用力就是旋翼产生的拉力。根据牛顿第二定律,该力正比于通过旋翼的空气质量流量和空气加速度的乘积。为了计算空气的流量和速度变化,要用到关于流体运动的质量守恒定律、动量定理和能量守恒定律。能量守恒定律把远处尾迹中的诱导速度与旋翼桨盘处的诱导速度联系起来,质量守恒定律则给出了流过旋翼桨盘的质量流量,三者相结合便能得出旋翼桨盘处的诱导速度与旋翼拉力和功率的关系。

2. 垂直上升状态

旋翼无人机的垂直飞行含有相对于旋翼的轴流状态,这就意味着旋翼具有轴对称性,它表明流过旋翼的气流速度和桨叶上的载荷都与旋翼桨叶的方位角无关。因而,这种轴对称性大幅简化了旋翼空气动力学。考虑旋翼无人机垂直上升状态下的均匀载荷旋翼作用盘模型,如图 6 - 12 所示。旋翼作用盘位于中间截面,模型的边界截面位于上下两端。在上游远处截面(S_0),气流速度 V_0 就是旋翼无人机垂直上升的速度;在桨盘处的中间截面(S_1)和下游远处截面(S_2),气流速度分别增加至 V_1 和 V_2,图中的 v_1 和 v_2 为当地气流诱导速度。所谓的诱导速度,是指由于某种作用在均匀流场内或静止空气中所引起的速度增量(包括大小和

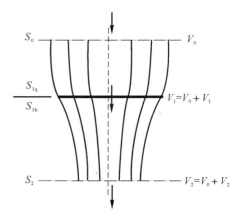

图 6 - 12　气流连续通过桨盘示意图

方向的改变)。由于旋翼的轴对称性,作用盘模型整个侧面上压强的水平横向分量自相平衡,而轴向分量构成的总压力与边界截面所承受的总压力互相平衡。此外,由于假设气流无黏性,因而边界截面上无切向力,仅受法向力。

(1) 旋翼升力系数 C_T 和功率系数 C_P 的计算

根据动量定理,旋翼作用盘模型内流体动量的变化率在大小和方向上等于旋翼作用在该流体上的外力。根据旋翼气流流应用定常条件下的能量守恒定律,因为气流上顶面(S_0)与下底面(S_2)压力所做的功率互相抵消,而侧壁压强与流速垂直,功率为零。所以,气流的动能变化所需的能量完全来自旋翼。旋翼所消耗的功率 P 可由气流的动能变化率确定:

$$P = \dot{m}\left(\frac{1}{2}V_2^2 - \frac{1}{2}V_0^2\right) \tag{6-8}$$

式中,$\dot{m}$ 为单位时间内流过任一截面的空气质量,称为空气质量流量。

旋翼付出的功率 P 应为

$$P = TV_1 = TV_0 + TV_1 \tag{6-9}$$

旋翼功率等于旋翼拉力与桨盘处的气流速度 V_1 的乘积。在动量理论中,这个功率还可以分成两部分:第一部分是拉力与运动速度 V_0 的乘积,称之为"有效功率";第二部分是拉力与桨盘处诱导速度 v_1 的乘积,称为"诱导功率",纯为损失。以 $\rho\pi R^2(\Omega R)^2$ 对 T,P 无量纲化,进一步得到旋翼拉力系数 C_T 表达式和功率系数 C_P 表达式

$$C_T = 2(\bar{V}_0 + \bar{v}_1)\bar{v}_1 \tag{6-10}$$

$$C_P = 2(\bar{V}_0 + \bar{v}_1)^2\bar{v}_1 \tag{6-11}$$

(2) 旋翼效率 η 的计算

按照定义,效率是有效功率与全部消耗功率之比。如果把效率公式都写成无因次公式,有

$$\eta = \frac{C_T\bar{V}_0}{C_P} = \frac{\bar{V}_0}{\bar{V}_1} \tag{6-12}$$

3. 垂直下降状态

旋翼动量理论分析的关键是要采用合适的旋翼作用盘模型。当旋翼无人机垂直下降飞行时,由于来流速度朝上,气流速度递减。这是气流向下动量的一个有效增量,也是气流向上运动时产生向上拉力的原因。远处下游尾迹在旋翼的上方,旋翼诱导速度与相对气流方向相反,两股反向气流相遇形成紊乱的漩涡。此时如图 6-12 所示的旋翼作用盘模型不再适用。

(1) 涡环状态

如图 6-13 所示,当旋翼无人机以低下降速度下降时,靠近桨盘的逆行环流和它上方的非定常紊流开始出现。此时,由于空气流动状态的改变是平缓的,旋翼附近并没有急剧的流动变化,故动量理论结果在进入涡环状态的某个范围内仍然适用。但是,当下降率超过大约 $V_0 = v_h/2$ 时,靠近桨盘处的气流也变得极不稳定和湍动。向上的自由流使桨尖涡螺旋线堆积在桨盘的下方,形成涡环。旋翼旋转一周,涡环累积着强度,直到这种流动突然崩溃而涡环破裂并离开桨盘平面为止。整个流场是非定常的,涡环周期性地逸散并且升入旋翼上方的气流中。这种状态下的旋翼承受着高水平的振动并且失去控制,且此时的需用功率对垂直速度非常不敏感。在此状态下旋翼动量理论失效。

(2) 紊流状态

旋翼处于垂直下降状态,当功率为负时,出现紊流状态,如图 6-14(b)所示。在这种状

下,气流仍然会有高水平的紊流,但是,因为桨盘处的速度向上,所以穿过旋翼的环流少了很多。旋翼承受着由于紊流造成的某些颠簸,但不像涡环状态那样剧烈振动。

平衡的自转通常出现于紊流状态,旋翼无人机发动机停车时的下降会处于这种状态。此时,旋翼功率为零,虽然理论上(名义上)不存在穿过桨盘的气流,$|V_0|-v_1=0$[见图 6-14(a) 中的理想自转]。但实际上有大量的环流和紊流。这种气流情况类似于圆盘的气流情况(没有穿过该圆盘的气流,在它上方有紊流尾迹)。据此,可估算旋翼无人机的垂直下降率。把该平衡自转时的旋翼假设视为一个不透气的圆形平板,其拉力就是它的迎风阻力,因此拉力系数可写为

$$C_T = \frac{1}{2}C_D |\bar{V}_0|^2 \tag{6-13}$$

式中,C_D 为阻力系数。

对于理想情况下平衡的自转,旋翼拉力系数与悬停情况一致:

$$C_T = 2\bar{V}_h^2 \tag{6-14}$$

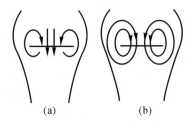
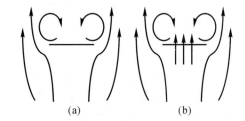

(a)　　　　　　　(b)　　　　　　　　　　　(a)　　　　　　　(b)

图 6-13　涡环状态的旋翼气流示意图　　　图 6-14　紊流状态的旋翼气流示意图

(a) 低下降率; (b) 高下降率　　　　　　　(a) 理想自转; (b) 紊流状态

6.3.2　前飞时的动量理论

当旋翼无人机以一定水平分速向前飞行时,旋翼桨盘为了给旋翼无人机提供推进力而向前倾斜,此时,整个旋翼处于一段斜吹的气流中。在运用旋翼动量理论分析时,可以把该段气流认为是一股理想流体斜向流过桨盘来处理。为简化处理,宏观上认为流过旋翼的这段流体具有轴对称性,气流速度和桨叶上的载荷均与旋翼的方位角无关。

1. 平飞状态

旋翼无人机平飞状态下的均匀载荷旋翼作用盘模型,如图 6-15 所示。

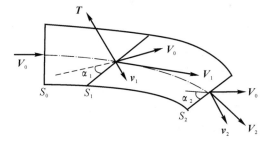

图 6-　5　旋翼无人机平飞状态下的均匀载荷旋翼作用盘模型

旋翼作用盘位于 S_1 截面;模型的边界截面位于上游远处 S_0 截面和下游远处 S_2 截面。在 S_0 截面,气流速度 V_0 在大小上等于旋翼无人机定直平飞的速度,与平飞速度方向相反;在 S_1

截面和 S_2 截面,气流速度分别增加至 V_1 和 V_2,图中的 v_1 和 v_2 为当地气流诱导速度;α_1 和 α_2 分别为来流速度 V_0 在 S_1 截面 S_2 截面的夹角,其中 α_1 就是旋翼桨盘迎角(此种流动情况下定义为正)。与垂直上升状态的作用盘模型分析情况基本一致,由于流过旋翼的气流的轴对称性,作用盘模型整个侧面上压强的法向分量自相平衡,而轴向分量构成的总压力与边界截面所承受的总压力互相平衡。此外边界截面同样无切向力,仅受法向力。

根据动量定理,旋翼拉力为

$$\boldsymbol{T} = -\dot{m}(\boldsymbol{V}_2 - \boldsymbol{V}_0) = -\dot{m}\boldsymbol{v}_2 \tag{6-15}$$

质量守恒定律依然可以确定流过作用盘模型任意截面的流体质量流量 $\dot{m}$ 为常数。气流穿过旋翼作用盘模型时,总是垂直穿过以旋翼直径为其直径的一个圆。这样,流过模型的质量流量可以写为

$$\dot{m} = \rho \pi R^2 V_1 \tag{6-16}$$

式中,ρ 为空气密度,根据能量守恒定律,得到旋翼拉力系数和功率系数表达式

$$C_T = 2\bar{V}_1 \bar{v}_1 \tag{6-17}$$

$$C_P = 2(\bar{V}_0 \sin\alpha_1 + \bar{v}_1)\bar{V}_1 \bar{v}_1 \tag{6-18}$$

2. 爬升和下滑状态

旋翼无人机爬升状态下的均匀载荷旋翼作用盘模型与上升状态下的模型基本一致,只不过此时旋翼桨盘的来流速度 $\boldsymbol{V}_0$ 与惯性水平面构成一个夹角 α_0 而已。实际上这个夹角 α_0 就是旋翼无人机的爬升角。此种状态下的动量理论分析方法与平飞状态无异,平飞状态中推导的一系列结论对于爬升状态而言都是适用的。值得注意的是,平飞状态的爬升率与诱导功率无关,仅仅取决于旋翼无人机的剩余功率。

旋翼无人机沿向下倾斜的轨迹所做的飞行,叫作下滑。基于垂直下降状态的分析结果,不难看出,旋翼无人机的下滑状态随下滑率的增大而可能由正常工作状态转至涡环状态、紊流状态。与垂直飞行状态不同的是,在下滑状态中,旋翼无人机带有一定的前飞速度。从理论上来说,动量理论分析下滑状态时,其分析方法与垂直状态基本一致。

6.4　旋翼叶素理论

由动量理论确定的理想效率,仅考虑了旋翼的轴向效应,而未考虑旋翼的旋转效应。因此,并不完全符合旋翼的实际气流特征。为了能够较合理模拟桨叶绕流,叶素理论把桨叶看成是由无限个桨叶微段(即叶素)组成的,考查每个叶素的运动、受力情况,并找出叶素的几何特性、运动特性和空气动力特性之间的关系,对一片桨叶进而对整个旋翼进行积分,得到旋翼的气动力、力矩和功率公式。旋翼气动特性取决于桨叶各个叶素的气流特性和升阻特性,而升阻特性与当地迎角(从而与诱导速度)密切相关。叶素理论为旋翼空气动力学奠定了基础,它涉及桨叶的细节流动和载荷,将桨叶的几何参数与气动特性联系在一起,使旋翼性能与设计参数相关。但是叶素理论本身并不能计算桨叶叶素的当地诱导速度,诱导速度必须借助其他方法得到。

6.4.1　垂直飞行的叶素理论

1. 旋翼拉力和功率的一般表达式

旋翼无人机垂直飞行时旋翼叶素理论下桨叶剖面,坐标示意图如图 6-16 所示。

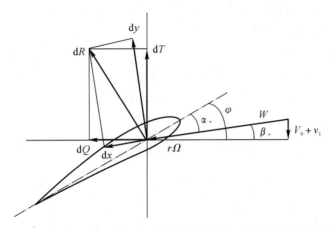

图 6-16　旋翼无人机垂直飞行时旋翼桨素理论下桨叶剖面坐标示意图

选取坐标系 $Oxyz$ 为旋翼叶素坐标系。叶素平面垂直于桨叶变距轴线,坐标原点"O"位于叶素平面与桨叶变距轴线的交点处;z 轴与变距轴线重合,指向叶尖;x 轴平行于构造旋转平面,指向叶素的旋转方向;y 轴指向上方。α_* 为桨叶剖面的气动迎角,β_* 为桨叶剖面的来流角,φ 为桨叶剖面安装角,W 为桨叶剖面的相对气流合速度。

从图 6-16 可知:流向桨叶翼型的相对气流合速度为 W,因此作用在翼型上的空气动力,包括升力和阻力为

$$\mathrm{d}Y = \frac{1}{2}C_y\rho W^2 b\,\mathrm{d}r \tag{6-19}$$

$$\mathrm{d}X = \frac{1}{2}C_x\rho W^2 b\,\mathrm{d}r \tag{6-20}$$

式中,C_y 翼型升力系数;C_x 型阻系数,翼型升力 $\mathrm{d}Y$ 与 W 相垂直,指向上。型阻 $\mathrm{d}X$ 沿 W 方向,指向后。$\mathrm{d}Y$ 和 $\mathrm{d}X$ 的合力以 $\mathrm{d}R$ 表示(见图 6-16)。

气动合力 $\mathrm{d}R$ 沿旋翼旋转轴的分力称翼型拉力;$\mathrm{d}R$ 在构造旋转平面的分力 $\mathrm{d}Q$ 为翼型旋转阻力,逆于旋转方向为正。 注意到翼型升力 $\mathrm{d}Y$ 和拉力 $\mathrm{d}T$ 之间的夹角为来流角 β_*,翼型旋转阻力 $\mathrm{d}Q$ 乘以半径 r 即为翼型扭矩 $\mathrm{d}M$,乘以 $r\Omega$ 即为翼型所消耗的功率 $\mathrm{d}P$。总和各个翼型的拉力和功率,就是整片桨叶的拉力和功率。旋翼的 k 片桨叶总加起来便得到整个旋翼的拉力和功率。写成无因次形式:

$$C_T = \kappa\,\frac{k}{\pi}\int_0^1 C_y\bar{r}^2\bar{b}\,\mathrm{d}\bar{r} \tag{6-21}$$

$$m_k = \frac{k}{\pi}\int_0^1 C_x\bar{r}^3\bar{b}\,\mathrm{d}\bar{r} + \frac{k}{\pi}\int_{r_0}^{r_1} C_y\bar{r}^3\beta_*\,\bar{b}\,\mathrm{d}\bar{r} \tag{6-22}$$

对于升力来说,要考虑桨叶的叶端损失。另外,一般来说旋翼桨叶 β_* 角度小于 $10°$,故推导计算公式时可近似认为 $\cos\beta_* = 1$,$\sin\beta_* = \beta_*$,从而得出拉力系数和功率系数为

$$C_T = \frac{T}{\dfrac{1}{2}\rho\pi R^2(\Omega R)^2} \tag{6-23}$$

$$m_k = \frac{75N}{\dfrac{1}{2}\rho\pi R^2(\Omega R)^3} \tag{6-24}$$

式中，N 为功率，单位是马力[①]。

2. 矩形桨叶旋翼拉力和功率

(1) 矩形桨叶拉力系数

在旋翼无人机的旋翼中，矩形桨叶是用得最多的。矩形桨叶，b 为常数，K_T 是拉力修正系数，表示拉力沿桨叶分布的不均匀程度，对于线性扭转的常用矩形桨叶 $K_T \approx 0.96$。由此得出矩形桨叶旋翼拉力公式：

$$\frac{C_T}{\sigma} = \frac{k}{3} K_T C_{y7} \tag{6-25}$$

式中，C_{y7} 是桨叶特征剖面的升力系数；k 为桨叶片数；C_T/σ 为单位桨叶面积的拉力系数，在旋翼设计的参数选择中要用到。一般来说，旋翼拉力系数值在 $0.01 \sim 0.02$ 之间。

(2) 矩形桨叶型阻功率系数

在矩形桨叶的情况下，假设以桨叶特征剖面的型阻系数 C_{x7} 表征各个桨叶剖面型阻系数，同时用一修正系数 K_P，来考虑型阻分布不均匀对旋翼型阻功率带来的影响，因此：

$$m_{K_x} = \sigma \int_0^1 C_x \bar{r}^3 \, \mathrm{d}\bar{r} = \sigma \int_0^1 K_P C_{x7} \bar{r}^3 \, \mathrm{d}\bar{r} = \frac{1}{4} K_P \sigma C_{x7} \tag{6-26}$$

式中，K_P 称为型阻功率修正系数，其值与桨叶几何形状有关。对于常用的矩形桨叶，$K_P \approx 1$。梯形桨叶的 K_P 值比矩形桨叶的小。K_P 与桨叶根梢比 η_{ye} 的近似关系见表 6-1。

表 6-1　K_P 与桨叶根梢比 η_{ye} 的近似关系

η_{ye}	1	2	3	4
K_P	1.0	0.94	0.91	0.88

(3) 有效功率系数

$$m_{K_{yx}} = \int_{\bar{r}_0}^{\bar{r}_1} C_y \bar{r}^2 \bar{V}_0 \, \mathrm{d}\bar{r} = C_T \bar{V}_0 \tag{6-27}$$

(4) 诱导功率系数

先假设诱导速度沿桨盘均匀分布为常数，C_y 用特征剖面的 C_{y7} 代替。为了计及实际上的诱导速度非均匀分布的影响，引入一个诱导功率修正系数 J，其量值由下面章节确定。

$$m_{K_i} = \sigma \int_{\bar{r}_0}^{\bar{r}_1} C_y \bar{r}^2 \bar{v}_* \, \mathrm{d}\bar{r} = J C_T \bar{v}_1 \tag{6-28}$$

总结起来，矩形桨叶的旋翼需用功率为

$$m_K = \frac{1}{4} K_P \sigma C_{x7} + C_T \bar{V}_0 + J C_T \bar{v}_1 \tag{6-29}$$

对于悬停状态，此时没有有效功率，因而

$$m_K = \frac{1}{4} K_P \sigma C_{x7} + J C_T \bar{v}_{10} \tag{6-30}$$

比较以上两式，似乎垂直爬升状态的需用功率总是大于悬停状态，差值即有效功率。但实际并非如此。一方面，爬升时通过旋翼的空气流量比悬停时大，因而诱导速度减小，即 $v_1 < v_{10}$，另

[①]　1 马力 = 735.449 W。

一方面,V_0增大了滑流速度,使各片桨叶的尾迹和尾桨的尾迹较快地远离桨盘平面,从而减小了桨叶之间的干扰,缓和了桨盘平面上速度分布不均匀性,上述原因导致诱导功率减小。

3. 儒氏旋翼

儒柯夫斯基曾经证明当诱导速度沿桨盘均匀分布时,诱导功率最小,若要保持诱导速度沿桨叶半径不变(称为儒氏条件),须桨叶速度环量沿半径不变,即

$$C_y \bar{b} r = C_{y7} \bar{b}_7 (0.7) = 常数 \tag{6-31}$$

实际上,此数为两倍翼型环量。由此拉力系数可以积分出来。

$$C_T = k\sigma C_{y7} \frac{0.7}{2} \tag{6-32}$$

式中,σ是以相对半径为0.7处桨叶特征剖面的相对宽度代入的。在矩形桨叶条件下,则

$$\varphi = \alpha_* + \beta_* = \frac{0.7 C_{y7}}{\alpha_\infty \bar{r}} + \frac{\bar{V}_0 + \bar{r}}{\bar{r}} \tag{6-33}$$

式中,φ,α_*,β_*分别为矩形桨叶儒氏旋翼安装角、迎角、来流角。

在矩形桨叶的情况下,儒氏旋翼的桨叶安装角φ与半径r成反比的规律变化。φ在叶根处大,桨尖处小,负扭转是很急剧的。飞行状态不同,儒氏旋翼桨叶扭转规律也不相同。虽然从气动上说,对某一设计状态而言,儒氏旋翼是性能最好的旋翼。即拉力一定时,所需功率最小,或功率一定时拉力最大。不过,由于儒氏桨叶的几何扭转过于急剧,会造成工艺制造上不方便,以及桨叶的刚度降低,容易发生弯曲和扭转变形。因此,通常并不采用桨叶最佳扭转,而采用简单线性规律扭转。

6.4.2　前飞时的叶素理论

1. 前飞时旋翼桨叶叶素的工作环境

旋翼无人机在前飞时,旋翼一方面要提供升力以平衡全机的重量,另一方面要提供向前的推进力以平衡旋翼和机身的气动阻力。前飞时旋翼桨叶的叶素理论旨在建立桨叶几何参数同它的空气动力之间的关系,与垂直飞行状态所不同的是旋翼诱导速度不是假定为均匀分布,而是采用由涡流理论给出的福氏级数形式表达式,它比均匀分布假定更真实地反映了诱导速度沿半径及方位角的变化。对于旋翼气动性能分析,诱导速度取到一阶谐波已够精确,即

$$v_1 = v_0(r) + v_{1c}(r)\cos\psi + v_{1s}(r)\sin\psi \tag{6-34}$$

前飞时旋翼桨叶的叶素理论如同垂直飞行时的叶素理论一样,首先分析桨叶剖面的相对流动,进而确定叶素上的基元力,然后通过积分得出桨叶及旋翼的空气动力。为了分析桨叶剖面的相对气流、迎角变化和它的工作特性,假定桨叶为中心铰式,而且不考虑摆振运动。取径向位置为r的一个剖面,各速度皆是已化为无因次的相对量(除以ΩR),由图可写出速度沿剖面坐标系各轴的分量:

$$\overline{W}_x = \bar{r} + \mu\sin\psi \tag{6-35}$$

$$\overline{W}_z = \mu\cos\psi - (\bar{v}_1 - \lambda_0)\beta \tag{6-36}$$

$$\overline{W}_y = \left(\bar{v}_0 - \lambda_0 - \frac{1}{2}\mu a_1\right)\cos2\psi + \left(-\frac{1}{2}\mu b_1\right)\sin2\psi \tag{6-37}$$

式中,V_β为桨叶挥舞运动速度;μ为旋翼前进比;λ_0为旋翼流入比;β为桨叶挥舞角;ψ为桨叶方位角。

考虑到桨叶几何扭转带来的安装角 φ 变化和诱导速度 v_1 的不均匀分布,桨叶在旋转一周过程中剖面迎角的变化是相当复杂的。即使同一剖面,在不同方位角处迎角也不同,亦即在旋转中剖面迎角作周期变化,变化幅度在 $10°$ 以上,如图 6-17 所示。

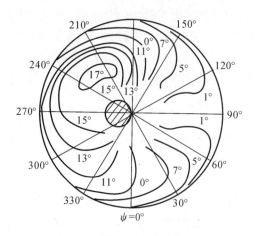

图 6-17　桨叶在旋转一周过程中剖面迎角的变化

桨盘平面上的剖面迎角分布很不均匀,后行桨叶一侧迎角大,容易发生气流分离。桨叶挥舞是造成迎角变化大的主要原因。迎角与速度相匹配,消除了倾翻力矩。不仅迎角,剖面的相对气流速度也是周期变化的。用速度对声速的比值马赫数 Ma 表示,前行桨叶 Ma 大,后行桨叶 Ma 小。随着 μ 值的增加,剖面迎角和 Ma 的变化幅度都会增大。

2. 前飞时旋翼桨叶叶素的空气动力

取桨叶上径向位置为 r,宽度为 dr 的叶素,叶素的空气动力在旋翼的构造轴系中的投影,构成了旋翼的基元力。旋翼空气动力在桨毂中心分解为:基元拉力 dT_s 沿旋翼轴,向上;基元后向力 dH_s 垂直于旋翼轴,顺风向后;基元侧向力 dS_s 指向方位角 $90°$ 方向;基元反扭矩 dM_k 与旋转方向相反。

$$dT_s = dT\cos\beta \tag{6-38}$$
$$dH_s = dQ\sin\psi - dT\sin\beta\cos\psi \tag{6-39}$$
$$dS_s = -dQ\cos\psi - dT\sin\beta\sin\psi \tag{6-40}$$
$$dM_k = dQr\cos\beta \tag{6-41}$$

将基元拉力沿桨叶积分,并取其对方位角的平均值,再乘以桨叶片数即得到整个旋翼产生的拉力。考虑旋翼桨叶叶端损失系数 $\kappa \approx 0.91 \sim 0.94$,桨盘载荷较大者取较小值。求解无因次的拉力系数时,利用定积分公式对 ψ 的积分做出后得到

$$C_T = \kappa \frac{k}{\pi}a_\infty \int_0^1 \left\{ \left[\varphi_7 \right]\left(\bar{r}^2 + \frac{1}{2}\mu^2 \right) - (\bar{v}_0 - \lambda_0)\bar{r} - \frac{1}{2}\bar{v}_{1s}\mu + \theta_2\mu\bar{r} \right\} \bar{b}d\bar{r} \tag{6-42}$$

可以看出,挥舞运动对于拉力系数没有影响。旋翼无人机旋翼无周期变距,对于矩形桨叶,桨叶宽度为常数,或者对于有尖削的桨叶近似地取 $\bar{b} = \bar{b}_7$,又假定诱导速度直线分布,即自前向后直线增大,线性扭转 $\Delta\varphi$ 对拉力系数影响很小,则拉力系数公式简化为

$$C_T = \frac{1}{3}\kappa\sigma a_\infty \left[(\varphi_7 - Ka_0)\left(1 + \frac{3}{2}\mu^2 \right) + \frac{3}{2}\lambda_1 \right] \tag{6-43}$$

通常 C_T 已预先确定,需要计算 φ_7,由(6-43)得到

$$\varphi_7 = \left[\left(\frac{3C_T}{\kappa\sigma a_\infty} - \frac{3}{2}\lambda_1\right)\Big/\left(1 + \frac{3}{2}\mu^2\right)\right] + Ka_0 \qquad (6-44)$$

用同样的方法，可得到后向力 C_H，侧向力 C_S，在此不再赘述。

旋翼的扭矩公式，固然可以像推导拉力公式那样经过二重积分来导出。但是在有了拉力、纵向力和侧向力的表达式之后，能够用比较简捷的推导过程得到。基元功率系数为

$$\mathrm{d}m_k = \overline{W}\mathrm{d}\overline{X} + \overline{v}_1\mathrm{d}C_T + (-\lambda_0)\mathrm{d}C_T + \overline{V}_\beta\mathrm{d}C_T - \mu\mathrm{d}C_H \qquad (6-45)$$

经推导和简化，最后旋翼的功率系数（扭矩系数）为

$$m_k = \frac{1}{4}\sigma C_{x7}K_{P0}(1+5\mu^2) + C_T\overline{v}_{dx}J_0(1+3\mu^2) + C_T(-\lambda_0) - C_{H\mu} \qquad (6-46)$$

6.5　旋翼经典涡流理论

由于动量理论只是根据整个气流的运动特性描述旋翼桨盘的作用，无法涉及旋翼的几何形状。叶素理论虽然从桨叶剖面受力情况分析问题，建立了旋翼几何特性、运动特性与其空气动力的关系，可用于旋翼设计，但不能确定各叶素处的诱导速度。旋翼涡流理论是基于固定翼飞机的机翼涡流理论，建立起旋翼在气流中运动的涡系物理模型，然后求解旋翼周围任一点处的诱导速度，从而能够确定在叶素上的诸力，最后算出旋翼的拉力和功率。

6.5.1　垂直飞行时的经典涡流理论

1. 垂直飞行时旋翼的运动状态

旋翼无人机垂直飞行时，在旋翼旋转过程中，每片桨叶既处于前一片桨叶脱出的涡流，同时也处于自身旋转产生的涡流区中。旋翼对周围空气的作用，相当于每片桨叶的附着涡和由桨叶后缘溢出顺流延伸到无穷远处的自由涡，如图 6-18 所示。

2. 旋翼经典涡流理论的基本假设

从理论空气动力学的观点来看，旋翼对周围空气的作用，就相当于某一涡系在起作用。旋翼的每片桨叶可用一条附着涡及很多由桨叶后缘逸出的、顺流而延伸到无限远的涡来代替，作以下基本假设：

1）空气是无黏性、不可压缩的气体。

2）气流是定常的（相当于无限多片桨叶）。

3）桨叶环量沿半径不变（只在桨尖有尾涡逸出）。

4）不计径向诱导速度和周向诱导速度对涡线延伸方向的影响。

5）轴向诱导速度对涡线延伸方向的影响，用桨盘处的等效诱导速度来代表。

3. 轴向气流中的旋翼涡系

在轴向气流中旋翼的涡系如图 6-19 所示，桨盘上均匀分布着无限多的但强度无限小的附着涡，在每片桨叶后缘，又有由大量自由涡形成的螺旋涡面逸出，形成一个由螺旋线所编织的圆柱，称为旋翼的固定涡系。轴向气流中旋翼涡系由三部分构成：

（1）附着涡盘

旋翼有 k 片桨叶，每片桨叶环量为 Γ，假设 $k\Gamma$ 的总环量均匀分布在桨盘上，即在桨盘有无限多的强度无限小的附着涡。桨盘平面上，中心角为 $\mathrm{d}\theta$ 的微元中，附着环量为 $(k\Gamma/2\pi)\mathrm{d}\theta$。

（2）桨尖涡的圆柱面

在叶尖处，每个微元附着涡转换成一条桨尖涡顺流逸出，它与桨盘圆周形成的螺旋线角度为 $\arctan(V_1/\Omega\rho)$，全部螺旋线桨尖涡形成圆筒形涡面。

（3）中央涡束

中央涡束在叶根处，附着涡汇集成环量为 $k\Gamma$ 的中央涡束沿轴进入。

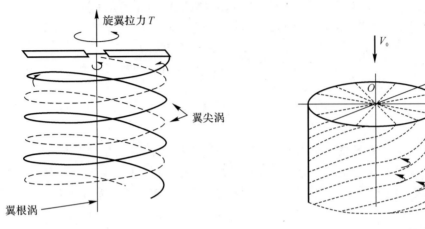

图 6-18　旋翼无人机垂直飞行时旋翼的运动状态　　图 6-19　在轴向气流中旋翼的涡系示意图

已知在流场内存在一根或多根涡线时，它或它们对其周围流体质点历撤起的诱导速度，在理想情况下可按比奥-沙伐尔定理来确定。假定有一根环量为 Γ 的涡线，涡线上某一微段 $\mathrm{d}s$ 在某点 M 处所激起的微元诱导速度为

$$\mathrm{d}\boldsymbol{v} = \frac{\Gamma}{4\pi} \frac{\mathrm{d}\boldsymbol{s} \times \boldsymbol{l}}{l^3} \qquad (6-47)$$

式中，l 为涡线微段 $\mathrm{d}s$ 到 M 点的距离，这一诱导速度的方向按矢量法则来规定。

诱导速度在直角坐标轴系中的分量，可由下列各式写出：

$$\mathrm{d}v_x = \frac{\Gamma}{4\pi l^3}(l_z \mathrm{d}s_y - l_y \mathrm{d}s_z) \qquad (6-48)$$

$$\mathrm{d}v_y = \frac{\Gamma}{4\pi l^3}(l_x \mathrm{d}s_z - l_z \mathrm{d}s_x) \qquad (6-49)$$

$$\mathrm{d}v_z = \frac{\Gamma}{4\pi l^3}(l_y \mathrm{d}s_x - l_x \mathrm{d}s_y) \qquad (6-50)$$

4. 轴向和周向诱导速度

螺线自由涡所构成圆柱涡面上任一点 A 处的涡元对桨盘面上 M_0 点所激起的微元轴向诱导速度为

$$\mathrm{d}v_y = \frac{k\Gamma\mathrm{d}\theta}{8\pi^2} \frac{\cos(\varphi-\theta)l_0 \mathrm{d}s_0}{(l_0^2+y^2)^{3/2}} \qquad (6-51)$$

式中，l_0 为 A 与 M_0 之间的距离。

求圆柱涡面所激起的轴向诱导速度，第一步沿圆柱面的母线（平行于圆柱轴的直线）积分，因为沿此线的各个微元涡的强度及方向都相同。第二步，沿 θ 积分，可得整个圆柱涡面对 M_0 点所激起的轴向诱导速度。圆柱涡面在桨盘平面处周向诱导速度分量 v_ψ 在圆柱涡面以内为零,在圆柱涡面以外方向相逆于桨叶旋转方向,且随远离圆柱涡面而减小。考虑到所有的同心圆柱涡面的贡献,沿整个半径进行积分,经简化处理,得到轴向诱导速度为

$$v_y = -\frac{k\Omega}{4\pi V_1}\Gamma_*(r) \tag{6-52}$$

式中,$\Gamma_*(r)$ 为当地的桨叶环量。

可以看出,在变环量的情况下,所有的圆柱涡面(也就是整个涡系)在桨盘上 M_0 点处所激起的轴向诱导速度,只与该点所在处的桨叶环量有关。

同理,可推导出在桨盘平面的 r 处的周向诱导速度(指向桨叶旋转方向)为

$$v_\psi = \frac{k}{4\pi r}\Gamma_*(r) \tag{6-53}$$

5. 拉力公式

在涡流理论中,升力是借助于环量来处理的。根据儒柯夫斯基定理,用系数来表示桨叶剖面当地的环量

$$\Gamma_* = \frac{1}{2}C_y\overline{wb} \approx \frac{1}{2}C_y\overline{rb} \tag{6-54}$$

如果 Γ_* 沿 r 为一常数,即在所谓"儒氏旋翼"的情况下,那来,令 $\Gamma_* = \Gamma_7$(以特征剖面的值来表示),很简单地得出:

$$C_T = k\frac{\kappa}{\pi}\overline{\Gamma}_7 \tag{6-55}$$

$$\overline{\Gamma}_{dx} = \int_0^1 \overline{\Gamma}_* \overline{r}\,\mathrm{d}\overline{r} \Big/ \int_0^1 \overline{r}\,\mathrm{d}\overline{r} \tag{6-56}$$

式中,$\overline{\Gamma}_{dx}$ 为等效环量。

在叶素理论中,已得到拉力系统的公式,修正系数 K_T 并未给出,此处由涡流理论导出。为了分析方便起见,把 C_T 写成另一形式,用桨叶上特征剖面处的值来表示:

$$C_T = \kappa\frac{k}{\pi}\overline{\Gamma}_7\int_0^1 2\left(\frac{\overline{\Gamma}_*}{\overline{\Gamma}_7}\right)\overline{r}\,\mathrm{d}\overline{r} = \kappa\left(\frac{\kappa\overline{b}_7}{\pi}\right)C_{y7}K_T/3 \tag{6-57}$$

式中,K_T 为拉力修正系数。

$$K_T = 3\times 0.7\int_0^1\left(\frac{\overline{\Gamma}_*}{\overline{\Gamma}_7}\right)\overline{r}\,\mathrm{d}\overline{r} = 3\int_0^1\frac{\overline{b}C_y}{\overline{b}_7C_{y7}}\overline{r}^2\,\mathrm{d}\overline{r} \tag{6-58}$$

在儒氏旋翼的情况下,$K_T = 3\times 0.7\div 2 = 1.05$,当环量沿径向按三角形分布,则 $K_T = 1$。

6. 功率公式

根据桨叶叶素的速度关系和受力关系,得出旋翼的需用功率的表达式为

$$m_k = m_{kx} + m_{kyx} + m_{ki} \tag{6-59}$$

式中第一项表示型阻功率,第二项表示有效功率,第三项表示诱导功率。第一项为

$$m_{kx} = \left(\frac{k\overline{b}_7}{\pi}\right)C_{x7}k_p/4 \tag{6-60}$$

式中,K_p 为型阻功率修正系数,其定义是

$$K_p = \int_0^1\left(\frac{\overline{b}}{\overline{b}_7}\right)\left(\frac{C_x}{C_{x7}}\right)\overline{r}^3\,\mathrm{d}\overline{r}\Big/\int_0^1\overline{r}^3\,\mathrm{d}\overline{r} \tag{6-61}$$

式中,如果 $b=b_7$,且 $C_x \approx C_{x7}$ 的话,$K_p \approx 1$。但在一般情况下,K_p 与 $C_x(r)$ 及 $b(r)$ 有关。

第二项为

$$m_{kyx} = C_T \bar{V}_0 \qquad (6-62)$$

第三项中含有诱导速度。在涡流理论中利用诱导速度与环量的关系式,把它代入,得到

$$m_{ki} = C_T \bar{v}_{dx} J \qquad (6-63)$$

式中,J 为诱导功率修正系数。

$$J = \int_0^1 \left(\frac{\Gamma_*}{\Gamma_{dx}}\right)^2 2\bar{r}\,\mathrm{d}\bar{r} \qquad (6-64)$$

当 $\Gamma_* = \Gamma_7$,在儒氏旋翼的情况下,$J = 1$。但在一般情况下,J 与 $\Gamma_*(r)$ 的分布有关。

6.5.2 前飞时的经典涡流理论

在固定涡系中桨叶以附着涡来代替,而尾随涡即纵向自由涡,在不同的飞行状态下的涡流图像不同,在悬停时,旋翼尾迹近似为一轴向涡柱,在小速度平飞时近似为一斜向涡柱,在大速度平飞时近似为一平面涡系。

1. 旋翼广义涡流理论的基本假设

有了旋翼尾迹的涡系模型,在桨叶分化为无限多片的处理下,利用毕奥-沙伐尔定理,可得空间任一点的诱导速度时均值。最初,人们考虑环量厂沿桨叶半径为常值,这样,只从叶尖处拖出螺线尾随涡即纵向自由涡(亦即螺旋自由涡);以后,有人又考虑到环量沿桨叶半径是不均匀的,$\Gamma = \Gamma(r)$,于是从桨叶不同半径处拖出许多不同的螺线尾随涡;最后,在广义上,再考虑到环量沿桨盘方位角也是不均匀的,$\Gamma = \Gamma(r, \psi)$,那么当桨叶运动时,还要在不同方位处逸出射线形状的脱体涡即横向自由涡,而横向自由涡与纵向自由涡构成网格的斜向螺旋涡面如图 6-20 所示。

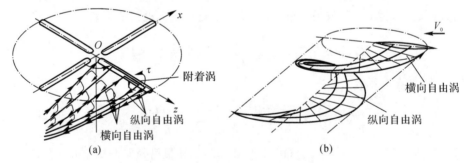

图 6-20 前飞时的旋翼固定涡系模型
(a)附着涡和纵、横向自由涡; (b)斜向螺旋涡面

在广义的固定涡系旋翼理论中,为了便于分析而又不致歪曲基本物理图像,做出如下一些假设:

1)气流是定常的,即分化装叶为无限多片,附着涡满布于桨盘平面。

2)涡系没有收缩,自由涡尾迹不随时间发生变化,是固定的。

3)附加旋转影响不计。

4)涡系延伸方向按桨盘平面处的某一气流合速度方向来考虑:$\boldsymbol{V}_1 = \boldsymbol{V}_0 + \boldsymbol{v}_{dx}$ 或 $\alpha = (-\alpha_0) + \varepsilon$,其中,$\varepsilon$ 为 $\boldsymbol{V}$ 相对于 $\boldsymbol{V}_0$ 的夹角。

在一般情况下,旋翼尾迹涡系既不在一平面内,环量分布也不是与方位角无关。1961 年,王适存教授创立了旋翼广义涡流理论,由此能够确定旋翼在任何定常飞行状态空间任一点的诱导速度。

2. 旋翼桨盘平面上的诱导速度

桨盘平面上附着涡面的环量分布用富氏级数表示:

$$\bar{\Gamma}_*(\bar{r}, \psi) = \bar{\Gamma}_0(\bar{r}) + \bar{\Gamma}_{1c}(\bar{r})\cos\psi + \bar{\Gamma}_{1s}(\bar{r})\sin\psi + \cdots\cdots \tag{6-65}$$

由于实际公式又长又繁,因此在运算处理中,诱导速度只取一阶谐波为止,而且认为诱导速度是由同阶环量及前阶环量所激起的。

3. 拉力系数

沿旋翼桨盘的环量分布以及升力分布是复杂的,为了便于旋翼无人机空气动力性能估算,可以通过桨叶的挥舞条件,辅以适当的假设近似地处理。所谓挥舞条件,对于铰接式的桨叶来说,取一阶挥舞系数为限。如果于 $\bar{\Gamma}_*$ 也以一阶谐波为限,那么代入挥舞条件式中,得:

$$\bar{\Gamma}_*(\bar{r}, \psi) \approx \bar{\Gamma}_7 \frac{(\bar{r} - \mu)}{(0.7 - \mu)}\left[1 - \frac{5}{3}\mu\bar{r}\sin\psi\right] \tag{6-66}$$

再把上式关系转到 C_y 上来,得到

$$C_y(\bar{r}, \psi) = \frac{2\bar{\Gamma}_*}{b\bar{W}_*} \tag{6-67}$$

对于矩形桨叶,半径位置为 0.7 处 C_y 为

$$C_y(0.7, \psi) \approx C_{y7} \frac{\left(1 - \frac{7}{6}\mu\sin\psi\right)}{\left(1 + \frac{\mu}{0.7}\sin\psi\right)} \tag{6-68}$$

4. 需用功率修正系数

旋翼无人机在前飞状态的需用功率系数,正如叶素理论中所推导出的,由四个部分组成:

$$m_k = m_{kx} + m_{ki} + C_T(-\lambda_0) - C_{H\mu} \tag{6-69}$$

其中,第一项型阻功率系数为

$$m_{kx} = \frac{1}{4}\sigma C_{x7} K_P \tag{6-70}$$

式中,型阻功率修正系数 $K_p = K_{P0}(1 + 5\mu^2)$,其中,K_{p0} 为悬停时型阻功率修正系数。

第二项诱导功率修正系数为

$$m_{ki} = C_T \bar{v}_{dx} J \tag{6-71}$$

式中,诱导功率修正系数 $J = J_0(1 + 3\mu^2)$,其中,J_0 为悬停时诱导功率修正系数。

6.6　共轴双旋翼和多旋翼空气动力分析

共轴双旋翼无人机具有绕同一理论轴线一正一反旋转的上下两副旋翼,两副旋翼转动方向相反,产生的反扭矩在航向不变的飞行状态下相互平衡。多旋翼无人机则运用多个(双数)旋翼,按照每两个旋翼以相反方向转动来克服彼此的反扭矩,使总的反扭矩为零。这两种旋翼无人机与传统常规的单旋翼带尾桨旋翼无人机相比较,其结构更为紧凑,尺寸小,能够产生更

大的升力,但由于在结构上各旋翼之间距离很近,因而它们的尾迹存在强烈的干扰作用,具有比较复杂的气动特性。

6.6.1 共轴双旋翼空气动力分析

1.共轴双旋翼之间的气流干扰

为了在不增大旋翼无人机体积的情况下使旋翼无人机的马力(总功率)更大,最简单的办法是把两个旋翼上下叠放。由发动机通过传动系统分别驱动两个大小相同、转向相反的旋翼转动,使它们产生的反扭矩相互抵消。

上下两个旋翼所产生的涡流相互作用,使得共轴双旋翼系统的上下两副旋翼之间存在着不同程度的气动干扰,形成比单旋翼系统更为复杂的空气流,如图 6-21 所示。

图 6-21 所示共轴双旋翼系统气流流动情况基于以下假设:

1) 共轴双旋翼系统的两个旋翼之间纵向间距足够大,因此可以假设上旋翼不受下旋翼的气流影响。

2) 共轴双旋翼系统在悬停状态时,下旋翼桨盘内侧有一部分区域工作在上旋翼的尾流区域中,该区域半径为 R_c。

3) 下旋翼气流区域分为两部分:内侧处于上旋翼尾流影响的区域 $r < R_c$,以及外侧不受上旋翼尾流影响的区域 $r > R_c$。

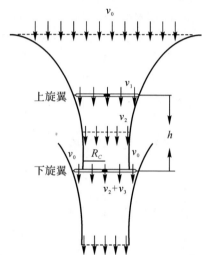

图 6-21 共轴双旋翼系统气流示意图

在这样的假设条件下,共轴双旋翼系统下旋翼内侧处于上旋翼尾流影响的区域($r < R_c$)可当作垂直上升状况分析,下旋翼外侧不受上旋翼尾流影响的区域($r > R_c$)当可做悬停状态来处理。

共轴双旋翼系统下旋翼受到上旋翼尾流影响的面积与上、下两旋翼桨盘间距 h 密切相关,在悬停姿态,下旋翼内侧处于上旋翼尾流影响的区域半径 R_c 可由下式得到:

$$\frac{R_c}{R} = 2\,432.74\left(\frac{h}{R}\right)^6 + 2\,933.52\left(\frac{h}{R}\right)^5 + 1\,685.35\left(\frac{h}{R}\right) + 298.54\left(\frac{h}{R}\right)^3 + 21.21\left(\frac{h}{R}\right)^2 -$$

$$0.188\left(\frac{h}{R}\right) - 0.933 \tag{6-76}$$

2.共轴双旋翼悬停性能计算

为了计算共轴双旋翼系统总拉力,首先采用旋翼动量理论,计算下旋翼内侧处于上旋翼尾流影响的区域($r < R_c$)当作垂直上升状况的诱导速度和拉力;然后采用旋翼叶素理论,计算下旋翼外侧不受上旋翼尾流影响的区域($r > R_c$)当可做悬停状态的诱导速度和拉力,最后将这两个区域的拉力相加,即可得到下旋翼拉力。上旋翼因为忽略了下旋翼的气流影响,可视为单旋翼计算其诱导速度和拉力。

(1)下旋翼受上旋翼尾流影响的区域($r < R_c$)

旋翼动量理论假定空气为理想不可压缩气体,空气流无旋转、连续地通过旋翼桨盘,在桨盘上产生的拉力分布是均匀的,即桨盘的气流速度在桨盘处各点为一常数。桨盘的前后存在压差,但桨盘前后的轴向速度是相等的(不考虑桨盘的厚度)。

为了计算方便,在下旋翼受上旋翼尾流影响的区域($r < R_c$)中,取距离桨盘中心为 r,宽度为 $\mathrm{d}r$ 的环带桨盘进行分析计算,如图 6-18 所示。根据旋翼悬停状态下的动量理论,该环带旋翼桨盘的拉力增量为

$$\Delta T = 4\rho\pi(V_0 + v_1)^2 r\Delta r \tag{6-77}$$

(2)下旋翼不受上旋翼尾流影响的区域($r > R_c$)

共轴双旋翼系统悬停飞行时,下旋翼不受上旋翼尾流影响的区域可采用叶素理论进行气动力分析,桨叶剖面如图 6-23 所示。

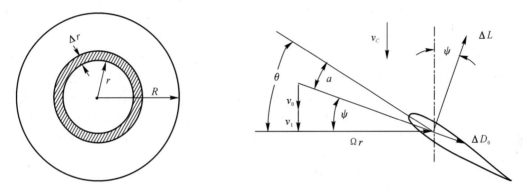

图 6-22　下旋翼受上旋翼尾流影响区域环带示意图　　图 6-23　旋翼桨叶叶素微段受力示意图

根据叶素理论得出的拉力增量为

$$\Delta T = b\frac{\rho}{2}(\Omega r)^2 a\left(\theta - \frac{V_0 + v_1}{\Omega r}\right)c\Delta r \tag{6-78}$$

将两式相结合可以得到通用于上、下旋翼在任意半径 r 处的诱导速度公式:

$$v_1 = \frac{-\left(\dfrac{\Omega}{2}acb + 4\pi V_0\right) + \sqrt{\left(\dfrac{\Omega}{2}acb + 4\pi V_0\right)^2 + 8\pi\Omega^2 abcr\left(\theta - \dfrac{V_0}{\Omega r}\right)}}{8\pi} \tag{6-79}$$

对于共轴双旋翼系统上旋翼来讲,当 $V_0 = 0$ 时由上式求得到的 v_1 即为上旋翼的诱导速度,从而求得上旋翼的迎角:

$$\alpha = \theta - \arctan\frac{v_1}{\Omega r} \tag{6-80}$$

对于共轴双旋翼系统下旋翼来说,当计算得到上旋翼拉力 T 后,根据动量理论可以得到下旋翼受上旋翼尾流影响区域 A_c 内气流速度:

$$V_0 = (A/A_c)\sqrt{\frac{T}{2\rho A}} \tag{6-81}$$

式中,A 为下旋翼桨盘总面积。

在共轴双旋翼系统下旋翼不受上旋翼尾流影响区域,$V_0 = 0$,由式(6-79)求得下旋翼诱导速度 v_1 后,也可求得下旋翼当地入流角:

$$\alpha = \theta - \arctan^{-1}\frac{v_1 + V_0}{\Omega r} \tag{6-82}$$

根据翼型的迎角以及升阻特性结果,即可求出旋翼桨叶单位长度的拉力及翼型扭矩载荷以及旋翼诱导扭矩载荷,分别对其积分后就可得到拉力系数与总的扭矩系数。

由于沿着旋翼桨叶的展向,各不同半径处的桨叶微段工作在不同的雷诺数范围下,从而各微段的翼型有着不同的升阻特性。因此,在计算中将旋翼沿展向均分为四段,对每段内的翼型取一个平均的雷诺数,运用计算所得各雷诺数下的升阻特性。对升力系数随迎角变化曲线拟合求得升力线斜率,并对阻力系数随迎角变化曲线插值得到阻力系数。

3. 共轴双旋翼系统气动特性

对于旋翼无人机,不论是双旋翼无人机,还是多旋翼无人机,采用共轴式双旋翼的方式,其共轴反向旋转的上下一对旋翼的气流之间存在着相互干扰,这种气流干扰依据飞行状态的不同,对气动力组合的效率影响有好有坏,其气动特性如下:

(1)悬停状态效率提高

单旋翼无人机采用共轴式双旋翼的方式,在悬停飞行状态两旋翼间的气动干扰会产生有利影响,能提高悬停效率,如图 6 - 24 所示。由于上旋翼尾迹的收缩通过下旋翼的引流得以扩张,从而增强了尾流的有效区,并可消除尾流的旋流损失。在相同总重下,共轴式旋翼的直径只相当于单旋翼直径的 0.78,根据单旋翼和共轴式双旋翼模型进行的试验结果表明,在拉力系数与旋翼实度之比 $C_T/\sigma = 0.13 \sim 0.20$ 范围内,共轴式多旋翼无人机的悬停效率比单旋翼带尾桨式旋翼无人机要高 17% ~ 30%。

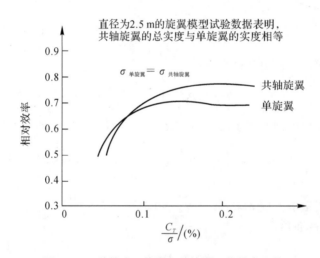

图 6 - 24 共轴式双旋翼与单旋翼工作效率比较

(2)前飞状态效率降低

与悬停状态相反,旋翼无人机采用共轴式双旋翼的方式,在前飞状态两旋翼间的气动干扰会产生不利影响,即双旋翼的气动干扰会产生附加的诱导损失,使旋翼气动效率损失 15% ~ 20%。附加诱导损失的大小与两旋翼轴向距离 h 与旋翼半径 R 之比(h/R)有关。上下两旋翼之间轴向距离增大,双旋翼气动干扰产生的附加诱导损失减小。为了减小双旋翼气动干扰产生的附加诱导损失及避免两旋翼相碰撞,一般要求共轴式两旋翼之间轴向距离 h 与旋翼半径 R 之比(h/R)大于 0.2。当 $h/R > 0.2$ 以后,随着上下旋翼间距的变化,共轴双旋翼的总拉力变化非常小。

（3）机体体积减小

旋翼无人机旋翼系统采用共轴式双旋翼的方式的另一设计特点是减小了体积尺寸。例如四轴八旋翼多旋翼无人机的体积约为八轴八旋翼多旋翼无人机的 54%，体积减小了几乎 1/2。由于体积尺寸减小，降低了纵向和横侧惯量矩，在飞行重量相同的条件下，共轴式双旋翼的惯量矩仅为单旋翼式的 1/2。其优点是体积小、结构紧凑、重量效率高，具有较大爬升率和使用升限。

（4）上旋翼提供的拉力大

共轴双旋翼系统在上下旋翼工作条件相同的情况下，上旋翼提供了 56%～58% 的拉力，下旋翼在上旋翼尾流的影响下拉力值相对于单旋翼有明显下降。这主要是由于相对比较大的上旋翼升力系数，导致了下旋翼受上旋翼影响区域内当地迎角减小，甚至会有一部分区域产生负的升力。

（5）下旋翼扭转分布影响大

由于下旋翼产生的大部分升力是由桨叶展向 40% 以外的部分产生的，因此下旋翼可以设计出合理的扭转分布以减小负迎角区域来提高桨叶的升阻特性，从而可以大幅度提高共轴双旋翼系统的整体性能。

6.6.2　多旋翼空气动力分析

多旋翼无人机具有多个旋翼，采用旋翼旋转变速或桨叶变总距（无周期变距）的方式改变旋翼升力的大小，因而取消了传统单旋翼无人机操纵系统中必不可少的自动倾斜器。多旋翼无人机通常都有 4 个或更多个旋翼（双数），如 4 旋翼式、6 旋翼式、8 旋翼式、16 旋翼式、32 旋翼式等，其中 4 旋翼式是结构最简单最流行的一种。

1. 多旋翼无人机的气动外形布置

多旋翼无人机根据最前与最后两个旋翼轴的连线与机体前进方向是否在同一直线上，可划分为"I"形（或称为"＋"形）和"X"形两种。如果连线与前进方向是在同一直线上，多旋翼无人机呈"I"形，否则呈"X"形。由于"X"形结构的实用载荷前方的视野比"I"形的更加开阔，所以在实际应用中，多旋翼无人机大多采用"X"形外形结构。除了这两种类型以外，还有其他类型的结构外形，包括"V"形、"Y"形和"IY"形等，如图 6-25 所示。

2. 旋翼安装位置的气动布局

多旋翼无人机的旋翼一般都安装在从机身向外伸出的机臂上，旋翼桨盘平面与机臂的相对位置有两种情况，一种情况是旋翼位于机臂上方，另一种是旋翼位于机臂下方。

（1）旋翼位于机臂上方的气动布局特点

1）旋翼产生向上的升力为拉力。

2）旋翼在支臂上方旋转，受到支臂保护，着陆时不易碰到障碍而损坏桨叶。

3）旋翼不会遮挡摄影相机向下的视野。

（2）旋翼位于机臂下方的气动布局特点

1）旋翼产生向上的升力为推力。

2）旋翼在支臂下方旋转，桨叶下洗流完整。

3）气流低于飞控气压计高度，准确。

3.旋翼桨叶旋转方向气动分析

假定多旋翼无人机所有旋翼在同一平面的同一圆周上,旋翼的旋转方向可以分为图 6-26 所示两种气动布局。

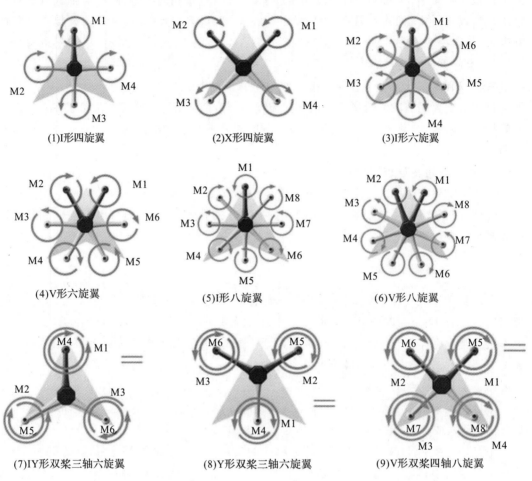

(1)I形四旋翼   (2)X形四旋翼   (3)I形六旋翼

(4)V形六旋翼   (5)I形八旋翼   (6)V形八旋翼

(7)IY形双桨三轴六旋翼   (8)Y形双桨三轴六旋翼   (9)V形双桨四轴八旋翼

图 6-25　多旋翼无人机外形结构的类型

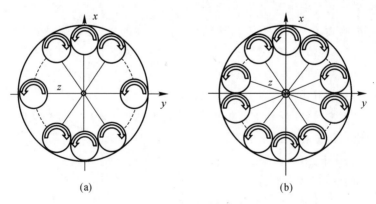

图 6-26　旋翼的旋转方向示意图

(a)4n; (b)4n+2

图 6-26(a)中对角线上的旋翼旋转方向相同,而图 6-26(b)中的旋转方向相反。针对以上两种情况,现假设飞行中旋翼的转速为 ω,机体俯仰运动产生的转速变化量用 $\Delta\omega$ 表示,则对角线上旋翼的实际转速分别为 $\omega-\Delta\omega$ 和 $\omega+\Delta\omega$。如果这对旋翼的旋转方向相同,如图 6-26(a)所示。旋转平面的旋转力矩被相互抵消,只有垂直于旋转平面方向的力矩有作用。

然而,如果两个旋翼的旋转方向相反,如图 6-26(b)所示。旋转平面的旋转力矩不能相互抵消,会产生转速为 $2\Delta\omega$ 旋转力矩。因此,对于旋翼数 $N=4n+2(n=1,2,\cdots)$ 的多旋翼无人机,采用相邻旋翼旋转方向交替布置的方法,如图 6-26(a)所示旋翼旋转方向。但在俯仰运动时会产生耦合的偏航运动,使控制方法变得复杂。

为了解决上述问题,避免出现旋转平面旋转力矩不能相互抵消的现象,针对旋翼数量 $N=4n+2$ 的情况,采用如图 6-27(a)所示的旋翼旋转方向。在俯仰运动时控制 x 轴上旋翼升力不变,其他旋翼进行相应的加减升力,结果如图 6-23(b)所示。这种结构控制简单,可以减少俯仰运动时可能出现的耦合,从而实现机体良好的操作性能,如图 6-27 所示。此外,对于旋翼个数不多的情况也可以将俯仰运动产生的转速变化 $\Delta\omega$ 按一定比例分解到各个旋翼,以消除所产生的偏航运动。

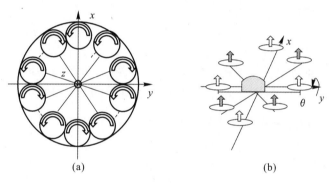

(a)　　　　　　　　(b)

图 6-27　优化后的旋翼旋转方向及俯仰原理

(a)旋翼旋转方向;　(b)俯仰原理

4.旋翼桨盘平面的气动布局

通过改变旋翼轴线相对机体轴线的垂直线之间的角度,就可以改变多旋翼无人机前飞时机体的前倾角。在多旋翼无人机总体布局设计中,旋翼桨盘平面布置有两种方式,一种是水平布置,如图 6-28(a)所示;另一种是倾斜布置,如图 6-28(b)所示。

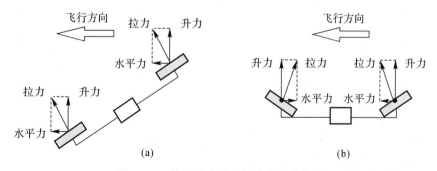

(a)　　　　　　　　(b)

图 6-28　旋翼桨盘平面气动布局示意图

(a)旋翼桨盘水平布置;　(b)旋翼桨盘倾斜布置

旋翼桨盘平面水平布置的方案是旋翼轴线相对机体轴线的垂直线之间的角度为零,其优点是结构简单,缺点是前飞时机体要有一个前倾角,需要使用云台来保持摄影相机处于水平状态。而旋翼桨盘平面倾斜布置表示旋翼轴线相对机体轴线的垂直线之间的夹角不为零,旋翼轴线倾斜方向朝向机体中心,旋翼轴线向机体中心倾斜的角度称为旋翼轴内倾角。这种布局方案的优点是前飞时机体不必前倾,因此无须使用云台也能保持摄影相机处于水平状态。采取旋翼桨盘平面倾斜布置的多旋翼无人机,其旋翼数量至少要有 6 个或以上。

5. 旋翼和机体半径的气动布局关系

图 6-29 表示多旋翼无人机体半径 H 与最大旋翼半径 R_m 关系的示意图。

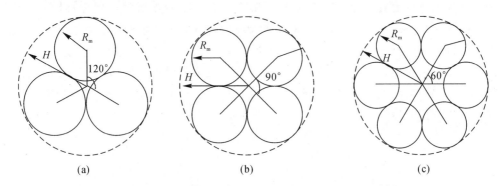

图 6-29　多旋翼机体半径与最大旋翼半径的关系示意图
(a)轴间夹角 120°;　(b)轴间夹角 90°;　(c)轴间夹角 60°

按照 6-29 上的参数,可得到机体半径 H 与旋翼最大半径 R_m 存在如下关系(Q 表示轴间夹角):

$$H = \left[1 + \frac{1}{\sin(Q/2)}\right] R_m \qquad (6-83)$$

在多旋翼无人机总体设计中,减小其机体尺寸对多旋翼无人机气动特性、惯性、有效负载具有很大影响,并最终影响最大飞行速度和航程。

6. 相邻旋翼桨叶之间的最小距离

多个旋翼的布置包括确定两相邻旋翼之间间距的确定。假定两相邻旋翼之间间距 L_{HB} 与旋翼半径 R 之比为 $\bar{L}_{HB} = L_{HB}/R$,当 $\bar{L}_{HB} < 2$ 时两旋翼有重叠,而当 $\bar{L}_{HB} \geq 2$ 时完全不重叠。

L_{HB} 容许的最小值取决于保证相邻两旋翼的桨叶没有相碰危险的条件。图 6-26 给出两相邻旋翼的俯视图,假如忽略桨叶的宽度,只考虑桨叶绕摆振铰的摆动,由图 6-30 可得

$$(\bar{L}_{HB})_{\min} = \frac{\sin\xi}{\tan(\theta - \xi)} + \cos\xi \qquad (6-84)$$

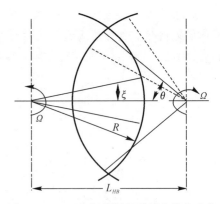

图 6-30　两相邻旋翼间距最小值的确定

式中,θ 为两个桨叶夹角的 $1/2$,$\theta = \pi/k$,k 是每个旋翼的桨叶片数;ξ 为桨叶摆动幅度的 $1/2$,可取前后限动角之和的 $1/2$。

由式(6-84)可以看出,桨叶数目越多,$(\overline{L}_{HB})_{min}$ 就越大。当然,实际上 L_{HB} 容许的最小值应该比式(6-84)所决定的数值大一些,这不仅是因为考虑到桨叶有宽度,而且还必须考虑到传动系统齿轮的间隙、协调轴的扭转变形及旋翼支持系统的变形等。

相邻两旋翼间距 L_{HB} 减小,两旋翼相互气动干扰作用就增加,诱导功率会有所增加。但机体长度或旋翼安装支臂却可以缩短,使结构重量有所降低,机身刚度会增加。具体布置时要全面考虑这些因素,根据具体情况确定,还要考虑到内部装载对机体长度的要求。

7. 全机重心位置分析

在进行多旋翼无人机气动设计时,首先需要将重心设计到多旋翼的中心轴上。然后面临另一个有关全机重心位置的问题,将重心布置到多旋翼形成的桨盘平面上方还是下方。

(1)多旋翼无人机前飞情况

在前飞状态下,多旋翼无人机全机重心位置对机体所受力矩的影响如图 6-31 所示。从该图中看出,前飞时重心在桨盘平面上下方位置的不同,机体所受力矩矢量的方向是相反的。

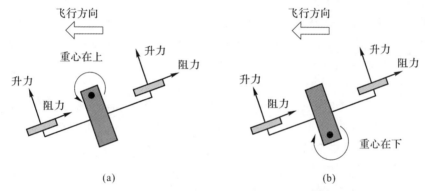

图 6-31　前飞状态重心位置对机体受力矩的影响示意图
(a)重心在桨盘平面上方受力分析;　(b)重心在桨盘平面下方受力分析

由于旋翼所受的气动阻力矢量与多旋翼无人机前飞方向相反,如果全机重心位置在桨盘平面上方,那么阻力形成的力矩会促使多旋翼无人机俯仰角朝发散方向发展,直至翻转。如果全机重心位置在桨盘平面下方,那么气动阻力形成的力矩会促使多旋翼俯仰角转向 0° 方向。因此,当多旋翼无人机在前飞状态时,重心在桨盘平面的下方会使前飞运动稳定。

(2)多旋翼无人机受阵风干扰情况

多旋翼无人机飞行时受到阵风干扰的情况如图 6-32 所示。从该图中看出,当阵风吹来时,由于旋翼所受的气动阻力矢量与阵风吹来的方向相同,如果全机重心位置在桨盘平面下方,那么气动阻力形成的力矩会促使多旋翼无人机俯仰角朝发散方向发展,直至翻转。如果全机重心位置在桨盘平面上方,那么气动阻力形成的力矩会促使多旋翼俯仰角转向 0° 方向。因此,当多旋翼无人机受到阵风干扰时,重心在桨盘平面的上方可以抑制阵风扰动。

综合分析多旋翼无人机在前飞状态和受到阵风干扰的受力情况,可知无论全机重心位置是在桨盘平面的上方还是下方都不能使多旋翼无人机飞行稳定。因此需要通过反馈控制来保持多旋翼无人机的飞行平衡。在实际飞行中,如果全机重心在桨盘平面很靠上的位置,那么会使多旋翼无人机某个运动模态很不稳定。因此,在进行总体设计气动分析时最好将全机重心位置配置在桨盘平面周围,可以稍微靠下,这样有利于提高多旋翼无人机飞行稳定性。

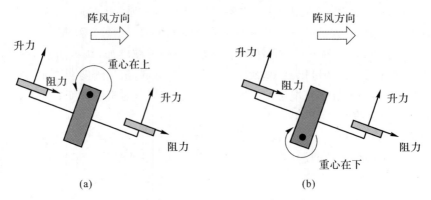

图 6-32　受阵风干扰状态重心位置对机体受力矩的影响示意图

(a)重心在桨盘平面上方风干扰；　(b)重心在桨盘平现下方风干扰

8. 多个旋翼相互气动干扰分析

多旋翼无人机在飞行过程中,由于旋翼桨叶上下表面压力差的存在,在桨尖处桨叶下方的气流会被诱导而产生向上的诱导速度,随着桨叶的旋转,会从桨尖拖出很长的尾迹,最后在空气黏性的作用下耗散掉。

(1)悬停状态旋翼气动干扰

当多旋翼无人机悬停时,一方面旋翼桨叶产生的尾迹会不断冲击旋翼安装机臂,从而引发整机振动,这对飞行控制是不利的;另一方面通常多旋翼旋翼无人机的机身离桨尖有一段距离,旋翼桨叶旋转引起的桨尖涡和下洗流都是向下的,它在水平方向上影响小,强度较大的那部分尾迹涡流既不会打到机身上,也不会打到相邻的其他旋翼上。因此各个旋翼之间,以及各个旋翼与机身之间的气动干扰比较小,基本上可以忽略不计。

现以四旋翼无人机为例,前面的旋翼编号为 1 号,然后顺时针方向依次编号至 4 号,四个旋翼旋转方向两两相反以保证整机的力矩平衡。1 号和 3 号旋翼都为逆时针旋转,会产生顺时针的反扭矩;2 号和 4 号都为顺时针旋转,会产生逆时针的反扭矩,如图 6-33 所示。

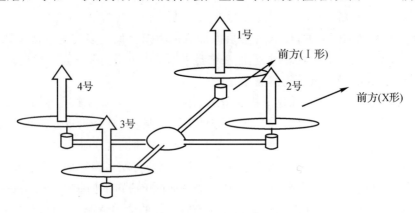

图 6-33　四旋翼无人机示意图

图 6-34 表示在悬停状态下四旋翼无人机各个旋翼拉力系数随方位角的变化。从图上可以看出:四旋翼无人机悬停时,四个旋翼的桨叶拉力系数随方位角变化不大,与单旋翼带尾桨

旋翼无人机的旋翼拉力系数基本相同。换言之，四旋翼无人机在悬停状态下，各旋翼桨叶之间因桨叶后缘尾迹和桨尖涡的溢出引起的相互干涉很小，由此所引起的气动载荷分布不均的问题并不严重。

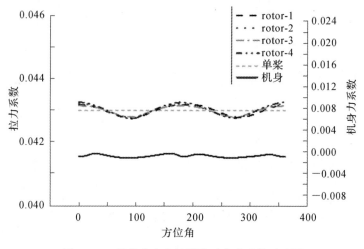

图 6-34　悬停状态各旋翼桨叶拉力系数对比图

（2）前飞状态旋翼气动干扰

1）I 形四旋翼无人机前飞气动干扰。四旋翼无人机前飞时机体前倾，旋翼的拉力在水平方向的分力与空气阻力平衡，它在前飞状态下的尾迹从旋翼桨叶和机身上拖出，流向下游区域进而诱导出整个流场。1 号桨叶处于最上游区域，在前飞时由于前飞速度的存在，1 号旋翼桨叶拖出的尾迹向后向下运动打到机身上，减小了对 3 号桨叶的气动干扰。与此同时，由于前飞机身本身也会有尾流产生，对 3 号旋翼的气动力产生影响。2 号、4 号旋翼桨叶的尾迹向后运动也会对 3 号旋翼产生影响，但是相比 1 号旋翼产生的影响会小很多。与悬停状态不同，I 形四旋翼无人机在前飞状态下，各旋翼桨叶尾迹会向后运动，其中 2 号、3 号、4 号旋翼桨叶对于机身气动力的影响相比悬停状态时大为减少，但是 1 号旋翼桨叶脱出的尾迹会打到机身上，这是引起机身气动力变化的主因。

四旋翼无人机在前飞状态与悬停状态不同的是由于有了前飞速度，在前行桨叶一侧，桨叶相对气流速度较后行一侧速度大。前行桨叶产生的桨尖涡强度也会较后行一侧大，从而前行一侧桨叶间上洗流速度较大，由于四旋翼 I 形结构形式的存在，1 号、3 号旋翼桨叶逆时针旋转，前行一侧在左侧；2 号、4 号旋翼桨叶顺时针旋转，前行桨叶在右侧。因而 1 号、3 号、4 号旋翼桨叶前行一侧集中在整机左侧位置相互靠近，因此诱导出的上洗流区虽然面积较小但是强度较大；1 号、2 号、3 号旋翼桨叶中只有 3 号旋翼桨叶前行一侧位于整机右侧，3 个旋翼桨叶前行一侧相互远离，因此诱导出的上洗流区面积大，强度小。3 号旋翼桨叶受到来自 1 号、2 号、4 号旋翼桨叶和机身拖出尾迹的冲击。在飞行过程中，3 号旋翼桨叶受到的干扰最大。

图 6-35 和图 6-36 分别表示前飞状态下旋翼拉力系数与力矩系数随方位角的变化，从图上可以看出：1 号旋翼桨叶的拉力系数大于 2 号、4 号、3 号旋翼桨叶的拉力系数，与单旋翼带尾桨旋翼无人机前飞时旋翼的拉力系数接近；2 号、4 号旋翼拉力系数接近；3 号旋翼拉力系数最小。由于四旋翼无人机在前飞时各个旋翼拉力系数的变化是不相同的，从而导致整机产

生了不平衡的力矩。

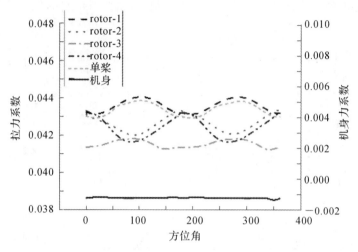

图 6-35　I形四旋翼前飞状态各旋翼拉力系数对比图

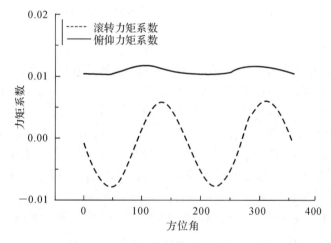

图 6-36　I形四旋翼前飞状态力矩系数

2)X形四旋翼无人机前飞气动干扰。X形四旋翼无人机前飞时的飞行状态与I形的不同,空气流场中从上游1号、4号旋翼桨叶脱落的桨尖涡流会对下游旋翼产生影响,但是机身对旋翼的气动干扰会小很多,旋翼的尾迹不会打到机身上,由机身产生的强度较大的涡量也不会打到下游旋翼上。

X形四旋翼无人机在前飞时,旋翼桨盘平面下方区域产生很大的下洗流,并且机体附近的流场相对于横滚轴是对称的,因此旋翼前行桨叶一侧的下洗流较后行一侧大,1号、4号旋翼桨叶在2号、3号旋翼桨盘平面处诱导出下洗速度,会减小其桨叶的有效迎角。

图 6-37 表示 X形四旋翼无人机在前飞时各旋翼拉力系数的变化。由于1号、2号旋翼处于流场上游受到气动干扰较小,拉力系数与单旋翼带尾桨旋翼无人机旋翼的拉力系数近似相等;3号、4号旋翼处于1号、2号旋翼的下游,因而会受到它们尾流的干扰,导致拉力系数变化比较复杂。由于各旋翼拉力系数的变化,使得整机产生不平衡的力矩。因此 X形四旋翼无

人机在前飞状态下,有必要考虑因气动干扰导致的气动力不平衡。图 6-38 表示 X 形四旋翼前飞状态力矩系数

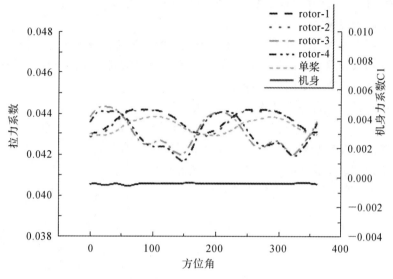

图 6-37　X 形四旋翼前飞状态各旋翼拉力系数对比图

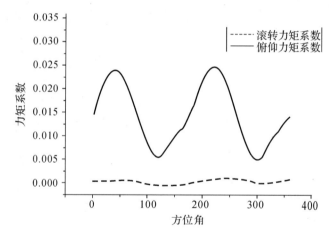

图 6-38　X 形四旋翼前飞状态力矩系数

习　　题

1. 旋翼无人机气动结构由哪五个主要部分组成?
2. 简述旋翼无人机的旋翼系统的基本结构和桨叶运动自由度的内容。
3. 旋翼无人机旋翼桨毂的结构形式有哪些类型?
4. 简述旋翼桨叶气动外形设计、结构形式及材料的内容。
5. 分析旋翼工作环境和桨叶运动,以及旋翼需用功率与飞行速度的关系。
6. 旋翼参数无因次化的目的是什么?

7.论述旋翼动量理论的原理。

8.论述旋翼叶素理论的原理。

9.写出旋翼拉力系数和功率系数的一般表达式。

10.什么是儒氏旋翼?

11.论述旋翼经典涡流理论的原理;在轴向气流中旋翼涡系由哪三部分构成?

12.画出共轴双旋翼系统的气流示意图。说明共轴双旋翼悬停性能计算过程。

13.简述共轴双旋翼系统的气动特性。

14.举出多旋翼无人机外形结构的8种类型。

15.论述多旋翼无人机的旋翼安装在机臂上、下方的特点。

16.如何确定旋翼桨叶旋转方向和旋翼桨盘平面的气动布局?

17.如何确定相邻旋翼桨叶之间的最小距离和全机重心位置?

18.多个旋翼之间相互气动干扰有哪些?

第7章 旋翼无人机的飞行平衡、稳定性和操纵性

7.1 旋翼无人机的机体轴系和所受到的外力

旋翼无人机的飞行平衡、稳定性和操纵性问题主要涉及旋翼无人机在飞行中的外力、运动及其控制,其运动方程除了要考虑力的平衡以外,还要进一步考虑到作用于旋翼无人机上的诸力矩的平衡,即把整架旋翼无人机当作一个质点系来考虑力和力矩的平衡。

7.1.1 旋翼无人机的机体轴系和作用力矩

1.旋翼无人机的机体轴系

任意系统的运动方程,都是针对某一特定的参考坐标系建立的。对于旋翼无人机来说,选用恰当的坐标系可使运动方程的形式简单、便于分析和求解。本章采用的坐标轴系为旋翼无人机的机体轴系,其坐标原点在旋翼无人机的重心,轴系的三个轴分别用 x,y,z 表示,如图 7-1 所示。

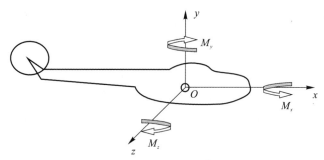

图 7-1　旋翼无人机(单旋翼)的机体轴系

x 轴在旋翼无人机纵向对称平面内(或平行于该平面),指向前方,绕 x 轴的旋转称为滚转,其角度称为侧倾角,用 γ_S 表示。

y 轴在旋翼无人机纵向对称平面内(或平行于该平面),指向上方,绕 y 轴的旋转称为偏航,其角度称为偏航角,用 ψ_S 表示。

z 轴垂直于旋翼无人机的纵向对称平面,指向右方。绕 z 轴的旋转称为俯仰,其角度称为俯仰角,用 ϑ 表示。

绕三轴旋转的各角度的正方向是:γ_S 角右倾为正,ψ_S 角左偏为正,ϑ 角抬头为正。

采用机体轴系的好处:绕机体轴的惯性矩、惯性积为常值,不随飞行状态的改变而变化。

2.作用在旋翼无人机上的力矩

把作用在旋翼无人机上的力矩沿机体的三个坐标轴进行分解,得到三个力矩分量,即俯仰力矩 M_z、偏航力矩 M_y 和滚转力矩 M_x,如图 7-1 所示。

(1)俯仰力矩

俯仰力矩的作用是使无人机绕横轴做抬头或低头的转动(称为俯仰运动)。

(2)偏航力矩

偏航力矩的作用是使无人机绕立轴做旋转运动。

(3)滚转力矩

滚转力矩的作用是使无人机绕纵轴做滚转运动。

7.1.2 旋翼无人机的自动倾斜器和电动操纵系统

1.旋翼无人机的自动倾斜器

(1)自动倾斜器的结构

旋翼是旋翼无人机最重要的操纵面,由自动驾驶仪操纵指令控制旋翼拉力的大小和方向,实现对旋翼无人机的主要飞行操纵。除了多旋翼无人机(旋翼数量多于 4 个)以外,现代常规形式的旋翼无人机采用自动倾斜器(又称斜盘)来改变旋翼桨叶的桨距。自动倾斜器的结构如图 7-2 所示。

自动倾斜器的旋转环跟桨叶同步旋转,并有变距拉杆分别与每片桨叶相连。不旋转环与总距杆相连,并带动旋转环一同倾转或沿旋翼轴上下滑动。自动驾驶仪操纵总距杆使自动倾斜器整体上下移动,即同时同等地改变各片桨叶的桨距,以控制旋翼拉力的大小;周期变距杆与不旋转环相连,自动驾驶仪操纵变距杆向任何方向偏转,则带动旋转环倾斜,实现桨叶的周期变距,从而控制旋翼拉力的倾斜方向。

(2)自动倾斜器的工作原理

自动倾斜器是用来周期性地改变旋翼无人机桨叶桨距的机构,它的工作原理如图 7-3 所示。其关键组件为一对不旋转环和旋转环。当操纵不旋转环向某一方向倾斜时,旋转环也向同方向倾斜。旋转环和桨叶同步旋转。旋转环上的每根拉杆分别与各片桨叶的变距摇臂相连接(如图 7-3 中 A 点)。桨叶根部有轴向铰(变距铰),桨叶可以绕该铰轴线转动以改变桨距。当自动倾斜器偏转时,拉杆带动节点 A 使桨叶变距,旋翼旋转时拉杆周期性地上下运动,因此各片桨叶的桨距也周期性地变化。

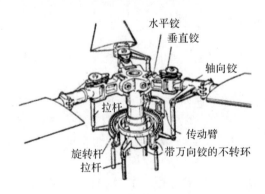

图 7-2　自动倾斜器的结构示意图

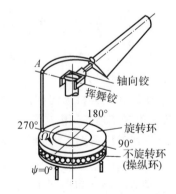

图 7-3　自动倾斜器工作原理示意图

通常自动倾斜器的构造旋转平面称为操纵平面,用 $C—C$ 平面表示;旋翼的构造旋转平面称为旋翼基准平面,用 $S—S$ 平面表示;旋翼桨叶桨尖的旋转轨迹平面称为桨尖平面,用 $D—D$ 平面表示。当旋翼桨叶旋转方向与旋翼无人机的前进方向相同时,桨叶称为前行桨叶;当旋翼桨叶旋转方向与旋翼无人机的前进方向相反时,桨叶称为后行桨叶。

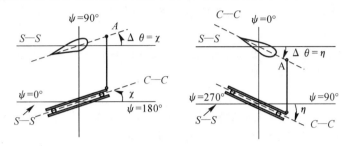

图 7-4　自动倾斜器对桨距角的控制示意图

(a)前行桨叶；　(b)后行桨叶

如图 7-4 所示,当自动倾斜器后倒 χ 角、侧倒 η 角时,自动倾斜器(操纵平面 $C—C$)偏转造成的桨叶周期变距为

$$\Delta\theta = \chi\sin\psi + (-\eta)\cos\psi \qquad (7-1)$$

式中,θ 为桨叶桨距角;ψ 为桨叶方位角。

操纵平面 $C—C$ 的倾斜造成完全相同的桨尖平面 $D—D$ 的倾斜,那么操纵引起的挥舞(即操纵挥舞)为

$$\Delta\beta = -\chi\cos\psi + (-\eta)\sin\psi \qquad (7-2)$$

2. 旋翼无人机的电动操纵系统

在操纵系统方面,旋翼无人机一般采用电动操纵系统,即旋翼无人机上的舵系统。它是一个典型的机电一体化伺服机构系统,受到机上自动驾驶仪指令控制,主要包括舵机的位置、速度、电流环控制回路和起功率放大作用的驱动器,以及配合好的电机和减速器,由减速器的输出(即舵机总的扭矩输出)通过变距拉杆来操纵旋翼的桨距,进而达到控制旋翼无人机飞行的目的。所以旋翼无人机一般不再需要有人直升机上必备的复杂液压助力操纵系统。

7.1.3　旋翼无人机在飞行中所受到的外力

旋翼无人机在飞行中受到许多外力的综合作用,包括空气动力和重力,以及当旋翼无人机有加速度或角加速度时的惯性力。其中质量力(重力 G 和惯性力)的合力作用在旋翼无人机的重心,空气动力则作用于各个气动面上。本节以单旋翼带尾桨式旋翼无人机为例,说明旋翼无人机上的外力及其作用。

1. 旋翼无人机的重力

旋翼无人机的重力在机体轴系的三个分量可写为

$$\left. \begin{array}{l} X_G = -G\sin\vartheta \\ Y_G = -G\cos\vartheta\cos\gamma_s \\ Z_G = G\sin\gamma_s\cos\vartheta \end{array} \right\} \qquad (7-3)$$

2. 旋翼无人机的旋翼力

旋翼无人机的旋翼力是把旋翼桨叶和桨毂上的空气动力及离心力合成而得到。

（1）拉力 T_S

沿旋翼旋转轴向上为正，是各片桨叶的升力在旋转轴上的投影的合成。

（2）后向力 H_S

在桨毂旋转面内指向旋翼无人机的正后方。H_S 力来自桨尖平面的后倒、前行桨叶与后行桨叶的翼型阻力之差，以及旋翼纵向挥舞与旋翼入流相结合所造成的剖面升力倾斜。

（3）侧向力 S_S

在桨毂旋转面内指向方位角 $90°$ 方向。S_S 力来自桨尖平面的侧倾以及旋翼横向挥舞与旋翼入流相结合所造成的剖面升力倾斜。

（4）反扭矩 M_k

与旋翼旋转方向相反，由旋翼的旋转阻力（包括型阻和诱导阻力）形成。反扭矩 M_k 力图使旋翼无人机机体相对于旋翼反方向旋转，因此须由尾桨拉力对重心的力矩与之平衡才能保持旋翼无人机的方向。当二者不平衡时，旋翼无人机改变方向。

（5）桨毂力矩 M_G

对于挥舞铰不在旋转中心的旋翼，桨叶离心力引起的与挥舞角有关的力矩，与挥舞铰偏置量 e 成正比。桨毂力矩 M_G 主要包括附加的俯仰力矩 M_{zhu} 和附加的滚转力矩 M_{xhu}。

3. 旋翼无人机其他部件的空气动力

（1）尾桨拉力 T_{TR} 和反扭矩 M_{kTR}

尾桨的空气动力与旋翼类似，其中拉力 T_{TR} 对旋翼无人机的航向配平和操纵起决定性作用，对于侧倾姿态和侧向配平也有重要影响。尾桨反扭矩 M_{kTR} 来自尾桨的旋转阻力，构成旋翼无人机的俯仰力矩的一部分。尾桨的其他力素，如后向力、侧向力等，因量值小对旋翼无人机配平影响不大，一般忽略不计。

（2）机身空气动力

旋翼无人机机身形状比较复杂，一般把机身的空气动力合成为作用于旋翼无人机重心（即机体轴系的原点）的六力素，其中升力 L_F、阻力 D_F 分别垂直于和平行于相对气流方向，侧力 S_F 垂直于 L_F 及 D_F，机身气动力矩 M_F 的 3 个力矩分量是俯仰力矩 M_{zF}、滚转力矩 M_{xF} 和偏航力矩 M_{yF}。机身的空气动力是不可操纵的，但对旋翼无人机配平和稳定性有影响。

（3）平尾升力 L_{HT} 和阻力 D_{HT}

平尾升力 L_{HT} 垂直于平尾处的相对来流，阻力 D_{HT} 平行于相对来流。平尾自身对重心 M_{zHT} 的力矩很小，一般忽略不计。平尾的升力 L_{HT} 对旋翼无人机的配平俯仰姿态和俯仰稳定性起重要作用。

（4）垂尾升力 L_V 和阻力 D_V

垂尾升力是旋翼无人机的侧向力，对航向配平和航向稳定性起重要作用。有时把垂尾作为机身的一部分，其空气动力不单独列出。

7.2　旋翼无人机的平衡

当物体处于静止或者均衡状态（匀速直线运动）时，称物体处于平衡状态。一般情况下，平衡状态指静止状态。但是对旋翼无人机飞行而言，则指匀速直线运动状态，在该状态下，旋翼无人机承受的所有外力之合力为零，同时所承受的所有外力矩之合力矩也为零。

7.2.1　旋翼无人机悬停时的平衡

1. 旋翼无人机悬停时的纵向平衡

旋翼无人机悬停时,作用于其上的纵向力和力矩可以表示如图 7-5 所示。

在机体轴系中,可以列出纵向平衡方程:

$$\left.\begin{array}{l} \sum F_y = T - G\cos\gamma_s\cos\vartheta = 0 \\ \sum F_x = -H_S - G\sin\vartheta = 0 \\ \sum M_z = Tx + H_S y + M_{zHU} + M_{zot} = 0 \end{array}\right\} \qquad (7-4)$$

式(7-4)中,x 表示重心在旋翼旋转轴的后侧。且有

$$M_{zot} = M_{zF} + M_{zHT} + M_{kTR} \qquad (7-5)$$

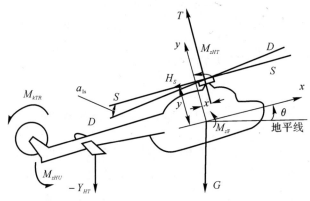

图 7-5　旋翼无人机悬停时作用于其上的纵向力和力矩

假定自动倾斜器与旋翼之间的连接为简单布置,而且旋翼气动合力 R 垂直于叶尖平面。则 $H_S \approx Ta_{1s}$,$S_S \approx Tb_{1s}$,$T \approx R \approx G$。在这样的假设下,旋翼无人机悬停时的纵向平衡中,叶尖平面 $D—D$ 始终水平,即旋翼的气动合力 R 始终竖直向上(R 为拉力 T 和后向力 H_S 的矢量和)且与重力 G 平衡。这相当于旋翼无人机的机身悬挂在旋翼中心的情况。同时,由于悬停时没有自然挥舞,桨叶相对于桨距不变平面没有周期性挥舞变化,因此,操纵平面 $C—C$ 平行于叶尖平面 $D—D$(始终保持水平)。

在构造上,自动倾斜器纵向偏斜的前后极限已经确定,因此,在某一飞行状态下重心的前后变化范围相应是确定的。但是,在悬停时,趋向选择让重心位置靠前而自动倾斜器向后偏斜。这样,当旋翼无人机由悬停转入平飞状态时,操纵自动倾斜器向前偏斜的裕度较大。否则,如果重心位置过于靠后,意味着自动倾斜器已经向前偏斜,在转入前飞时操纵裕度过小。因此,旋翼无人机重心前限,可以由悬停时自动倾斜器的极限后偏来确定。

在悬停时的机身力矩对于普通单桨式旋翼无人机来说是抬头力矩。虽然对于不同的重心位置而言,机身与桨叶的相对姿态稍微不同,但是一般认为,在其他条件不变的情况下,在悬停时自动倾斜器偏斜对机身力矩的影响不大。悬停时,近似的把水平尾面看作是一块平板,该尾面产生的力矩也是抬头力矩。这时尾桨的反扭矩与旋翼的反扭矩在数值上大致成正比,其比例系数由实验来确定。通常,尾桨的旋转方向应该使尾桨本身产生抬头力矩,这样相当于把旋翼无人机重心前限放宽。

2.旋翼无人机悬停时的航向平衡

如图 7-6 所示,旋翼无人机悬停时取绕其垂直轴的力矩平衡方程:

$$\sum M_y = 0 \tag{7-6}$$

得到

$$T_{TR}(-x_{TR}) - S_S x - M_k = 0 \tag{7-7}$$

在近似估算中,取 $T_{TR} l_{TR} \approx M_k$,可得:

$$T_{TR} = \frac{M_k}{l_{TR}} \tag{7-8}$$

式中,l_{TR} 为尾桨到旋翼旋转轴的距离。

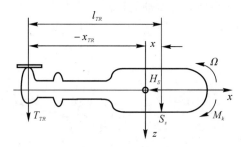

图 7-6 旋翼无人机悬停时航向气动力和力矩

如前所述,旋翼无人机尾桨拉力力矩的作用就是平衡旋翼的反扭矩,而尾桨桨距 ϕ_{TR} 可以由尾桨拉力 T_{TR} 求得。对于右旋旋翼,反扭矩 M_k 使机头向右(即向前行桨叶方向)偏转,需使尾桨拉力向右,造成左转力矩平衡 M_k。旋翼无人机从悬停状态转入垂直上升,反扭矩 M_k 增加。为了使机头能保持原来的航向,要求尾桨拉力 T_{TR} 相应增加与之平衡。

3.旋翼无人机悬停时的横向平衡

如图 7-7 所示,按正方向画出有关力和相关角度,可以列出旋翼无人机悬停时横向平衡方程:

$$\sum M_x = T_{TR} y_{TR} - Tz + S_s y + M_{xHU} = 0$$
$$\sum F_z = T_{TR} + S_s + G\cos\vartheta\sin\gamma_s = 0 \tag{7-9}$$

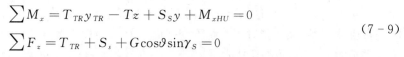
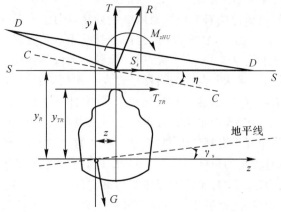

图 7-7 旋翼无人机悬停时的横向气动力和力矩

在旋翼无人机悬停时的横向平衡中,由于尾桨拉力存在,并绕重心有力矩作用,因此旋翼气动合力应该向尾桨拉力相反的方向偏倾。即叶尖平面 $D—D$ 连同操纵平面 $C—C$ 应该向"后行桨叶"方向偏倾,一般来说 $\eta < 0$,从而出现相反方向的侧向力,构成相反方向的力矩来平衡尾桨拉力力矩。

7.2.2　旋翼无人机平飞时的平衡

1.旋翼无人机平飞时的纵向平衡

旋翼无人机在定常直线水平飞行时,在纵向平面内作用于旋翼无人机上的力和力矩如图 7-8 所示(图中的力和力矩按正方向标出)。

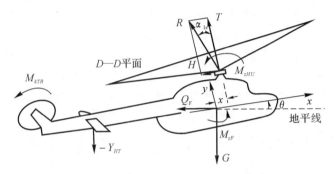

图 7-8　旋翼无人机平飞时作用于其上的纵向力和力矩

根据纵向平衡关系,有

$$\sum F_y = T - G\cos\vartheta\cos\gamma_s + Q_F\sin\alpha_s = 0$$

$$\sum F_x = -H_S - G\sin\vartheta - Q_F\cos\alpha_s = 0 \tag{7-10}$$

$$\sum M_z = Tx + H_S y + M_{zHU} + M_{zF} + M_{zHT} + M_{kTR} = 0$$

由于 ϑ 的值很小,因此可以认为:$\sin\vartheta \approx \vartheta$,$\cos\vartheta \approx 1$,$\sin\alpha_s \approx \alpha_s$,$\cos\alpha_s \approx 1$。

在对纵向平衡方程作定性分析的时候,假定自动倾斜器与旋翼之间的连接是简单布置,即操纵平面 $C—C$ 平行于叶尖平面 $D—D$,并认为旋翼气动合力 R 垂直于叶尖平面 $D—D$。

通常计算在不同平飞速度上相应的桨距角 ϕ_7,将计算结果与旋翼无人机在定常直线水平飞行时需用功率(N_{req})曲线相比较,如图 7-9 所示。从图中可以看出,随着平飞速度 V 的增加,桨距 ϕ_7 先是变小。这是由于在旋翼拉力不变的时候,随着平飞速度 V 的增加,诱导速度减小;对于桨叶的典型剖面而言,来流角随之减小,为了保持拉力一定,迎角基本不变,因此桨距应该随之减小,其变化趋势类似于诱导速度随平飞速度 V 的变化。当平飞速度大于经济速度之后,由于旋翼无人机机身低头厉害,使

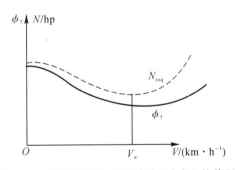

图 7-9　旋翼无人机在不同平飞速度上的桨距

桨叶来流角增大,为了保持旋翼拉力不变,必须增大桨距。由此可见,桨距随平飞速度的变化规律,与平飞需用功率随平飞速度的变化规律基本类似(大速度除外)。

2. 旋翼无人机平飞时的航向平衡

旋翼无人机在定常直线水平飞行时,在航向平面内作用于旋翼无人机上的力和力矩如图 7-10 所示,有

$$\sum M_y = T_{TR}(-x)_{TR} - S_S x - H_S z - M_k = 0 \qquad (7-11)$$

式中,$(-x)_{TR}$ 为旋翼无人机重心到尾桨毂中心的距离,并且可以认为

$$T_{TR} = \frac{M_k}{l_{TR}} \qquad (7-12)$$

式(7-12)表明,尾桨拉力 T_{TR} 与旋翼的反扭矩 M_k 成正比。同时,由于旋翼转速 Ω 基本不变,反扭矩 M_k 与旋翼平飞需用功率 N_{req} 是相当的。随着平飞速度的增加,尾桨拉力的变化类似于平飞需用功率的变化。对于尾桨桨距 ϕ_{TR} 的变化而言,由于尾桨诱导速度随平飞速度的增加而减小,尾桨桨叶各个微段的来流角也相应减小。

在小速度范围内,当平飞需用功率 N_{req} 减小,尾桨拉力 T_{TR} 亦随之减小,因此尾桨桨距 ϕ_{TR} 减小更多;在大速度范围内,当平飞需用功率 N_{req} 增加,尾桨拉力 T_{TR} 亦随之增加。但是尾桨桨距 ϕ_{TR} 并不是随之增加,而是在平飞速度很大,而诱导速度减小甚微时尾桨桨距 ϕ_{TR} 才略有回升。在一般的旋翼无人机上,尾桨桨距 ϕ_{TR} 的变化范围很大,这是为了保持自转、侧滑飞行、左右转弯等飞行状态下的平衡。

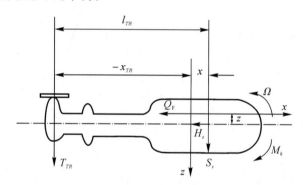

图 7-10 旋翼无人机平飞时作用于其上的航向力和力矩

3. 旋翼无人机平飞时的横向平衡

旋翼无人机在定常直线水平飞行时,在横向平面内作用于旋翼无人机上的力和力矩如图 7-11 所示。根据横向平衡关系,有:

$$\left.\begin{array}{l} \sum F_z = S_S + T_{TR} + G\cos\vartheta\sin\gamma_s = 0 \\ \sum M_x = S_S y - Tz + T_{TR} y_{TR} + M_{xhu} = 0 \end{array}\right\} \qquad (7-13)$$

对于力的平衡方程而言,由于 γ_s 很小,可以认为 $\sin\gamma_s \approx \gamma_s$,由 $\sum F_z = 0$,可得:

$$\gamma_s = -\frac{T_{TR} - (-S_S)}{G} \qquad (7-14)$$

侧向力总是与尾桨拉力方向相反,当两者大小相等时,机身就没有倾侧。通常,尾桨位置低于旋翼,侧向力 S_S 小于尾桨拉力 T_{TR},机身向尾桨拉力相反的方向倾侧,对于右旋旋翼旋翼无人机而言,向左倾侧;对于左旋旋翼旋翼无人机而言则是向右倾侧。根据力矩平衡关系,随

平飞速度的增加,S_S 和 T_{TR} 在大小上略成正比,方向上相反,数值上 S_S 小于 T_{TR}。

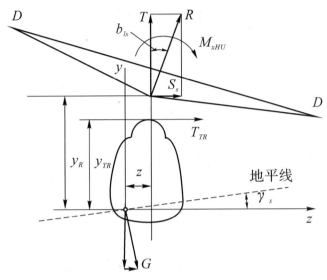

图 7-11 旋翼无人机平飞时作用于其上的横向力和力矩

7.3 旋翼无人机的稳定性

稳定是在平衡的前提下定义的。稳定性也是旋翼无人机的一种运动属性,通常指旋翼无人机保持固有运动状态或抵制外界扰动的能力。

7.3.1 旋翼无人机稳定性的基本概念

1. 旋翼无人机静稳定性的定义

旋翼无人机在作定常直线飞行过程中,可能遇到各种瞬时扰动作用(如阵风扰动、重量重心的变化等),使旋翼无人机的平衡飞行状态遭到破坏。平衡状态被破坏瞬间的旋翼无人机运动趋势,称作旋翼无人机的静稳定性。如果旋翼无人机受到外界瞬时扰动作用后,不经自动驾驶仪操纵的干预,具有自动恢复到原来平衡状态的趋势,则称旋翼无人机是静稳定的;反之,在外界瞬时扰动后,旋翼无人机有扩大偏离平衡状态的趋势,则称旋翼无人机是静不稳定的。此外,第三种可能的情况是旋翼无人机受到瞬时扰动作用后既无扩大偏离,又无恢复到原来平衡状态的趋势,则称旋翼无人机是中性稳定的。

2. 旋翼无人机动稳定性的定义

旋翼无人机的动稳定性是指作定常飞行的旋翼无人机受到扰动而偏离其平衡状态后,在由此而产生的力和力矩作用下所发生的运动性质。可分为以下几种情况(见图 7-12):

(1)动稳定的。旋翼无人机受扰而偏离原平衡位置,当干扰因素消失后,其运动为减幅振荡(阻尼振荡),或为单调衰减(非周期)运动,如图 7-12(a)和 7-12(b)所示。

(2)动不稳定的。旋翼无人机受扰而偏离原平衡位置,当干扰因素消失后,其运动为增幅振荡(发散振荡),或为单调发散(非周期)运动,如图 7-12(c)和图 7-12(d)。

(3)中性动稳定的。旋翼无人机受扰而偏离原平衡位置,当干扰因素消失后,其运动为等幅振荡(简谐振荡),或保持运动参数为常值,见图 7 - 12(e)和图 7 - 12(f)。

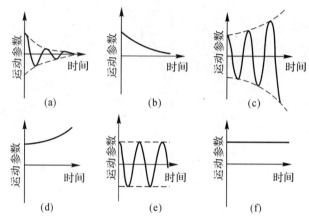

图 7 - 12　旋翼无人机的动稳定性的几种情况

动稳定以静稳定为前提,静不稳定的旋翼无人机不可能是动稳定的。动不稳定的旋翼无人机,当发散程度不是很剧烈时,仍是可以飞行的,但需自动驾驶仪频繁的操纵修正来抵制扰动的影响。

7.3.2　旋翼无人机的静稳定性

旋翼无人机的静稳定性是指其飞行过程中受扰而偏离原平衡位置后,自动恢复和返回到它原来平衡状态的初始能力。

1. 旋翼无人机纵向静稳定性

(1)旋翼无人机对速度的静稳定性

旋翼无人机在偶然受到干扰后,使飞行速度发生变化,如果出现新的附加力矩,使之自动趋于恢复原来的速度,则旋翼无人机按速度是静稳定的;反之,按速度是静不稳定的。旋翼无人机速度静稳定性原理如图 7 - 13 所示。

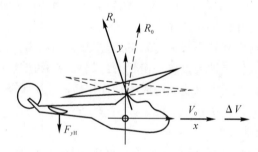

图 7 - 13　旋翼无人机速度静稳定性原理示意图

旋翼无人机的速度静稳定力矩主要来自旋翼,图 7 - 13 中虚线表示原来平衡状态的旋翼位置。对处于前飞状态的旋翼无人机来说,当飞行速度增加时,桨叶周向来流左右不对称性增加,引起周期挥舞增大而使桨尖平面后倒,从而旋翼气动合力由 R_0 后倾至 R_1 位置,对旋翼无人机重心产生附加抬头力矩。如果旋翼的挥舞铰偏置,旋翼后倒引起的桨毂力矩也使旋翼无人机抬头。抬头力矩的作用会使旋翼无人机上仰,减小前飞速度;当飞行速度减小时,旋翼产生附加低头力矩,有增加前飞速度的趋势。因此旋翼对速度的变化是起静稳定作用的。

旋翼无人机的平尾也提供恢复力矩。单旋翼带尾桨式旋翼无人机的机身一般也产生对速度变化的稳定力矩。

悬停状态的旋翼无人机在受扰后,如果有了向前的速度增量,则旋翼会出现吹风挥舞,使桨尖平面后倒,因此,悬停状态旋翼无人机按速度也是静稳定的。

速度静稳定性可按下列方法判别:

1) $\dfrac{\Delta M_z}{\Delta V} > 0$,表示速度增大引起抬头力矩,是对速度静稳定的。

2) $\dfrac{\Delta M_z}{\Delta V} < 0$,表示速度增大引起低头力矩,是对速度静不稳定的。

(2) 旋翼无人机对桨盘迎角的静稳定性

旋翼无人机在偶然受到干扰后,迎角发生了变化,如受到干扰后抬头,如果出现新的附加低头力矩,使之自动趋于恢复原来迎角,则旋翼无人机按迎角是静稳定的;反之,如出现的附加力矩是抬头力矩,使机身进一步抬头,则按迎角是静不稳定的。

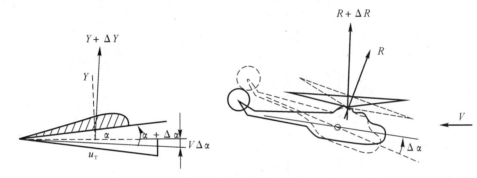

图 7-14　旋翼无人机桨盘迎角静稳定性原理示意图

对处于前飞状态的旋翼无人机来说,如图 7-14 所示,当机身迎角增加一个角度 $\Delta\alpha$ 时,前飞相对气流在垂直于旋翼旋转平面的分速改变量为 $V \cdot \Delta\alpha$,因而使桨叶各个微段的迎角随之增大,由此引起的桨叶微段的升力增量与 $V \cdot \Delta\alpha \cdot u_T$ 成正比。

因为前飞时旋翼平面内周向来流速度分布不均,当迎角增加时,引起旋翼左右两边升力增加不等,前行桨叶一边升力增加得多些,后行桨叶一边升力增加得少些。这样加强了桨叶的周期吹风挥舞,使桨尖平面后倒,产生附加抬头力矩。同时,因为左右两边升力都有增加,也就增加了旋翼气动合力本身,所以更加增大了附加抬头力矩。

反之,当迎角减小时,桨尖平面会相对于机身前倾,产生附加的低头力矩。不过,由于桨盘迎角减小,会使旋翼气动合力有所减小,所以旋翼产生的附加低头力矩要比迎角增加相同角度时的附加抬头力矩小一些。

迎角静稳定性可按下列方法判别:

1) $\dfrac{\Delta M_z}{\Delta \alpha} > 0$,表示迎角增大引起抬头力矩,对迎角静不稳定。

2) $\dfrac{\Delta M_z}{\Delta \alpha} < 0$,表示迎角增大引起低头力矩,对迎角静稳定。

在悬停状态,旋翼无人机没有飞行速度,严格地说,不存在桨盘迎角。但是,机身姿态即俯仰角是可以改变的。当机身俯仰角改变一个角度时,自动倾斜器跟着改变同样的值,旋翼桨盘平面也将随着机身一起倾斜同样的角度。于是,桨盘平面与机身的相对位置同机身俯仰角未改变前一样,故没有附加力矩产生。这样,悬停状态旋翼对俯仰角变化是"中性"的。

在前飞状态,旋翼无人机旋翼按迎角是静不稳定的。为此,通常在旋翼无人机上安装有水平尾面,以改善旋翼无人机在前飞时旋翼按迎角的静稳定性。水平尾面安装在重心之后,通常是负安装角,产生向下的气动力以提供抬头力矩,用来在前飞中配平旋翼产生的低头力矩,使机身有较好的俯仰姿态。当机身构造迎角增加时,水平尾面向下的升力减小,相当于产生附加的低头力矩。

至于整架旋翼无人机是否按迎角是静稳定的,需根据各部分的气动力矩偏导数之和而定,其中旋翼和水平尾面的作用是主要的。

2. 旋翼无人机航向静稳定性

当旋翼无人机偶然受到干扰偏离原来航向后,在初始时若能产生恢复力矩,则旋翼无人机是航向静稳定的;反之,则是航向静不稳定的。

对于单旋翼带尾桨旋翼无人机来说,尾桨对航向静稳定性起主要作用,在飞行速度较大时,垂尾也起重要作用,如图 7 – 15 所示。当旋翼无人机受扰后机头左偏 β_s 角,形成右侧滑。相对尾桨有轴向来流 $V_0\sin\beta_s$ 从尾桨右方吹来,增大了尾桨桨叶的迎角,尾桨向左的拉力增大 ΔT_T,使绕旋翼无人机重心的右偏力矩增大,该力矩驱使旋翼无人机向原来航向回转,力图消除右侧滑。

同理,当旋翼无人机受扰后机头右偏,则出现左侧滑,使尾桨向左的拉力减小,绕旋翼无人机重心向右的力矩减小而不足以配平旋翼的反扭矩,旋翼无人机会按照旋翼反扭矩的方向左转,力图恢复原航向以消除左侧滑,所以旋翼无人机对侧滑角是航向静稳定的。

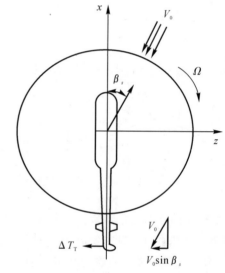

图 7 – 15　旋翼无人机航向静稳定性原理示意图

有些旋翼无人机上装有垂直尾面,或把尾梁末端的上翘部分设计成尾面形状。当有侧滑时,垂尾的升力总是提供航向恢复力矩,有助于改善航向稳定性。

旋翼无人机在静止空气中悬停时,则无飞行方向,因而其航向稳定性可认为是"中性"的。

旋翼无人机的航向静稳定性可按下列方法判别:

1) $\dfrac{\Delta M_y}{\Delta \beta_s} < 0$,表示向右侧滑引起向右的偏转力矩,或向左侧滑引起向左的偏转力矩,航向静稳定。

2) $\dfrac{\Delta M_y}{\Delta \beta_s} > 0$,航向静不稳定。

3.旋翼无人机横向静稳定性

旋翼无人机在偶然受到干扰后,横向平衡状态遭到破坏,旋翼无人机发生侧倾,这时会出现侧滑(侧移)。例如当旋翼无人机向右侧倾时,右倾的旋翼气动力使旋翼无人机向右移动,即出现右侧滑。若此时出现新的左滚力矩来消除向右侧滑,即具有自动恢复原来横向平衡状态的趋势,则旋翼无人机是横向静稳定的;反之,则是横向静不稳定的。

旋翼无人机的横向静稳定性可按下列方法判别:

1) $\dfrac{\Delta M_x}{\Delta \beta_s} < 0$,负值,表示向左侧滑引起右滚力矩,向右侧滑引起左滚力矩,横向稳定。

2) $\dfrac{\Delta M_x}{\Delta \beta_s} > 0$,正值,横向静不稳定。

横向平衡状态的破坏,导致侧滑运动,而通过侧滑运动,出现横向恢复力矩,这在无人机上称为"上反效应",因为这种恢复力矩的产生是由于无人机机翼具有上反角。

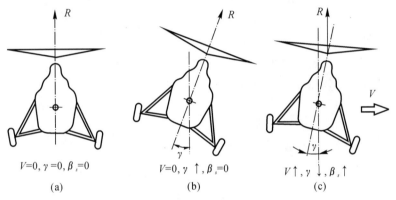

图 7-16　旋翼无人机横向静稳定性原理示意图

(a)悬停状态;　(b)向右倾侧;　(c)向右移动

对于单旋翼带尾桨式旋翼无人机来说,横向静稳定力矩主要来自旋翼和尾桨。以悬停为例,如图 7-16 所示,当旋翼无人机向右倾侧时,拉力的侧向分量导致旋翼无人机向右移动。对于旋翼来说,右侧滑时旋翼出现吹风挥舞的"后倒角"(此时是侧风、侧倒),桨尖平面向旋翼无人机的左侧倾斜,产生左滚力矩。对于尾桨来说,旋翼无人机向右移动时,相对气流使尾桨向左的拉力增大。由于尾桨高于旋翼无人机的重心,因而形成附加的左滚力矩。总之旋翼和尾桨提供横向稳定力矩,机身则起不良作用。

前飞时的旋翼无人机,向右倾侧导致向右侧滑,旋翼和尾桨出现左滚力矩的物理实质与悬停时的一样。

7.3.3　旋翼无人机的动稳定性

旋翼无人机的静稳定性是指其飞行过程中受扰后的初始反应,是它自动恢复和返回到它原来平衡状态的初始能力。旋翼无人机的动稳定性问题,研究的是旋翼无人机受扰后的飞行状态的动态过程,是一个非定常问题,对于受扰运动的全过程的分析,要进行复杂的数学运算。具有静稳定性的旋翼无人机不一定就是动稳定的,但是,静不稳定的旋翼无人机必是动不稳定的。原因是旋翼无人机若无恢复力(力矩),受扰后不可能恢复原平衡状态。

1.旋翼无人机动稳定性的主要指标

研究旋翼无人机的动稳定性,不仅要判断它是否稳定,而且要了解它在飞行中受扰后运动的具体特征,如运动的周期、频率、收敛(或发散)的快慢等。研究动稳定性的方法有多种,都是建立表示旋翼无人机运动特征的运动方程,用不同方法计算或判断各个运动参数随时间的变化规律。这些方法统称为"稳定性理论"。目前以常系数线性微分方程的稳定性理论较为完善。少数非线性微分方程的稳定性问题存在解析解,但多数问题只能通过计算机求出数值结果。

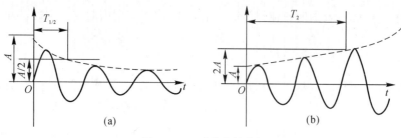

图 7 - 17　动稳定性指标

衡量旋翼无人机动稳定性好坏的主要指标有,如图 7 - 17 所示:

1)半衰期 $T_{1/2}$ 和倍幅时间 T_2。

2)周期 T。

3)振幅 A。

2.旋翼无人机动稳定性的规范要求

目前各国有关旋翼无人机动稳定性的规范要求不一,较为普遍的规范有:

1)对于 $T<5$ s 的周期运动,$T_{1/2}<10$ s。

2)对于 5 s$<T<10$ s 的周期运动,至少应该稍有衰减。

3)对于 10 s$<T<20$ s 的周期运动,$T_2>10$ s。

由此可以看出,对短周期的振荡运动要求严格,而对长周期振荡的要求可以稍微放宽。单旋翼带尾桨式旋翼无人机在悬停时一般是周期发散运动,其周期大致介于 $10\sim20$ s 之间。随着平飞速度的增大,不稳定的情况先是逐渐改善,甚至出现周期衰减运动;当速度进一步增大时稳定性往往变坏。

3.改善旋翼无人机动稳定性的措施

理论和实践表明,改善单旋翼带尾桨式旋翼无人机悬停时动稳定性的措施主要在于增加旋翼的阻尼。在某些轻型旋翼无人机上,在旋翼系统中采用诸如稳定杆这样的装置以增加阻尼的作用。

而改善前飞动稳定性的措施,除了增加阻尼的措施之外,主要措施是安装平尾,以改善直升机按迎角的静稳定性。

旋翼无人机由于都有控制增稳电子系统,因而其动稳定性能大为改善。

7.3.4　旋翼无人机的阻尼

旋翼无人机在受扰转动之后还可能出现一种阻滞转动的力矩,通常称为阻尼。旋翼无人机的阻尼主要来自旋翼和尾桨。

1. 旋翼无人机的纵向阻尼

旋翼无人机的纵向阻尼主要来自旋翼。当旋翼无人机以俯仰角 ω_z 绕轴抬头转动时,对于铰接式旋翼,由于桨叶与桨毂是铰接的,机身的抬头转动不能立刻将此转动直接传给旋翼。由于桨叶惯性的缘故,叶尖平面的转动滞后于机身的转动。此时气动合力 R 对重心产生低头力矩,阻止机身的抬头转动,如图 7-18 所示。同理,在机身低头转动时,会出现一个抬头力矩,阻止机身的低头转动。

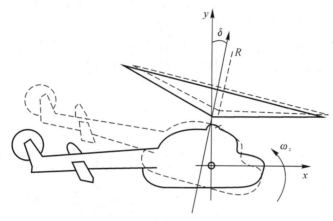

图 7-18　俯仰运动引起的阻尼

在其他量不变的情况下,考虑俯仰角速度和俯仲力矩的符号规定:

$\dfrac{\Delta M_z}{\Delta \omega_z} < 0$,有阻尼。

$\dfrac{\Delta M_z}{\Delta \omega_z} > 0$,无阻尼。

需要说明的是:

1) 阻尼与角速度有关,但与角度无关,因而可以称为"动稳定力矩";一旦机身停止转动,叶尖平面和机身构造旋转平面重合,阻尼就会消失,尽管此时机身姿态已经改变。

2) 阻尼对旋翼无人机的受扰运动是否最终趋于稳定起着重大作用。若阻尼过小,旋翼无人机受扰后可能长时间不停摆动。

3) 在构造上增加阻尼的方法:①增加桨叶绕挥舞铰的惯性矩,例如增加桨叶尖部重量。②无人直升机重心要低。因为这增加了气动合力作用点到旋翼无人机重心的距离,即增大了阻尼力矩的力臂。③旋翼桨叶的挥舞铰外伸量选得适当大些。主要可以使桨毂附加力矩增大,当机身姿态改变时,由于叶尖平面滞后而产生的阻尼相应地增加。④用稳定杆或控制短翼、速率陀螺增加阻尼。

2. 旋翼无人机的航向阻尼

对于单旋翼带尾桨式旋翼无人机来说,航向阻尼主要来自尾桨。当机头以角速度 ω_y 向左偏转时,相对尾桨有轴向来流 $\omega_y l_{TR}$ 从尾桨右方(相当于下游)吹来,增大尾桨的构造迎角,使尾桨向左的拉力增大,从而出现一个使机头右偏的附加力矩,如图 7-19 所示,阻止机头左偏。同理,若机头以 $(-\omega_y)$ 角速度向右偏转,则会出现一个使机头左偏的附加力矩,阻止机头右偏。一旦机头偏转运动停止,阻尼随即消失。

在其他量不变的情况下,考虑角速度和力矩正负(均为绕 y 轴左转为正):

$\dfrac{\Delta M_y}{\Delta \omega_y} < 0$,有阻尼。

$\dfrac{\Delta M_y}{\Delta \omega_y} = 0$,无阻尼。

3.旋翼无人机的横向阻尼

旋翼无人机在滚转中,也会出现阻尼。对于单旋翼带尾桨式旋翼无人机来说,横向阻尼除了与纵向阻尼一样与旋翼有关之外,还与尾桨有关。

对尾桨来说,由于旋翼无人机的滚转运动,相对地产生 $\omega_x y_{TR}$ 改变了尾桨的拉力大小,增加了横向阻尼,这是在纵向运动没有的情况,如图 7-20 所示。

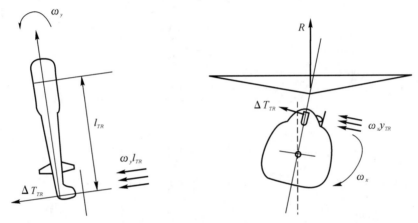

图 7-19　航向运动引起的阻尼　　　图 7-20　横向运动引起的阻尼

在其他量不变的情况下,考虑右滚的角速度和力矩为正,有:

$\dfrac{\Delta M_x}{\Delta \omega_x} < 0$,有阻尼。

$\dfrac{\Delta M_x}{\Delta \omega_x} = 0$,无阻尼。

7.4　旋翼无人机的操纵性

旋翼无人机的操纵性与稳定性是两个不同的概念,操纵性是自动驾驶仪通过伺服机构对旋翼无人机施加力和力矩,以保持旋翼无人机在有阵风的空气中仍处于定常飞行状态,或者完成所希望的机动飞行能力;稳定性是旋翼无人机的一种运动属性,是指旋翼无人机保持固有运动状态或抵制外界扰动的能力。

7.4.1　旋翼无人机操纵性的基本概念

1.旋翼无人机操纵性的定义

操纵性是研究旋翼无人机在自动驾驶仪操纵后的飞行状态改变的动态过程。该过程是非定常过程,其运动特性随时间呈不规则的随机性变化。旋翼无人机操纵特性与操纵输入量有关,该操纵输入控制着旋翼无人机从某一飞行状态过渡到另一飞行状态。

一般用两个术语来进一步定义操纵性:操纵功效和操纵灵敏度。操纵功效指的是,为了从定常配平飞行状态作机动或者为了补偿大的突风扰动,自动驾驶仪可以利用的总的力或者力矩(指单位操纵运动所产生的力或者力矩);操纵灵敏度是指单位操纵运动所产生的飞行器加速度或者定常速度。在确定操纵的精确度时,灵敏度有重要的意义。

旋翼无人机的纵向和横向操纵力矩是自动驾驶仪通过伺服机构改变自动倾斜器的倾斜角来实现的;而旋翼无人机的航向操纵力矩则是自动驾驶仪通过伺服机构改变尾桨桨距来实现。旋翼无人机的操纵功效较大,则旋翼无人机重心可以有较宽的变化范围,或者可以减小自动倾斜器的操纵倾角。当旋翼以及尾桨离旋翼无人机重心的垂直距离较大时,显然操纵功效较大,因此一般采用降低旋翼无人机重心的方法增大操纵功效。此外,适当增大桨叶挥舞铰离桨毂中心的外伸量也可以增大操纵功效,显然无铰旋翼的操纵功效较大。

2. 旋翼无人机飞行操纵的特点

旋翼无人机飞行操纵具有以下特点:

1) 对于旋翼无人机的六个运动自由度,即沿 x,y,z 三个直角坐标轴方向的移动自由度和绕这三个坐标轴的转动自由度,旋翼无人机只有四个直接的飞行操纵力(旋翼的拉力 T_S、后向力 H_S、侧向力 S_S 以及尾桨拉力 T_{TR}),以及另一个操纵是对发动机转速或功率控制,因而对各自由度的控制并非彼此独立。对于挥舞铰偏置的旋翼,在改变 H_S 力和 S_S 力的同时,也改变了桨毂力矩 M_{Gx} 和 M_{Gz}。

2) 旋翼无人机对操纵的响应存在各轴之间的严重耦合(对扰动的响应也是如此),须由自动驾驶仪或自动增控增稳系统(SCAS)的修正动作予以消除。

3) 旋翼无人机的升降、俯仰、滚转操纵,皆通过旋翼挥舞这一环节,所以直升机响应滞后较大,而且挥舞惯性抑制了对于高频操纵输入的响应,起着过滤器的作用。

上述特点以及其他因素,使旋翼无人机的飞行品质不如无人机,并且使旋翼无人机飞行动力学的研究更加复杂。

7.4.2　旋翼无人机的操纵方式

1. 单旋翼带尾桨旋翼无人机的操纵方式

旋翼无人机在空中飞行时具有六个自由度。自动驾驶仪并不能对这六个自由度全部实施单独的或彼此完全独立的控制。但是,利用上述四个飞行操纵与发动机控制的适当配合,自动驾驶仪可以操纵旋翼无人机实现所需要的任何飞行状态。单旋翼带尾桨式旋翼无人机的操纵方式见表 7-1。

表 7-1　单旋翼带尾桨式旋翼无人机的操纵方式

自由度	旋翼无人机运动	操纵机构	气动操纵面	操纵力
垂直方向	升降	总距伺服机构	旋翼	T_S
纵向	俯仰、进退	纵向伺服机构	旋翼	H_S,M_{Gz}
横向	滚转、侧移	横向伺服机构	旋翼	S_S,M_{Gx}
航向	转向	转向伺服机构	尾桨	T_{TR}

从表 7-1 可以看出、旋翼是旋翼无人机最主要的操纵面,纵向、横向和垂直方面的操纵力都由旋翼提供。同时,旋翼又是旋翼无人机的主升力面,产生使旋翼无人机飞行的最重要的空气动力。表明旋翼在旋翼无人机上的重要地位,又预示了一种不良特征:操纵耦合。例如,垂直方向的操纵本是改变旋翼的拉力,实现直升机升降的运动,然而拉力的改变会同时造成旋翼无人机俯仰力矩的变化,引起了纵向运动。

显然,与无人机相比,旋翼无人机的操纵特性明显不同。无人机各运动轴的操纵面彼此独立,升降舵提供俯仰力矩,方向舵产生偏航力矩,副翼差动使无人机滚转,螺旋桨拉力或喷气推力使无人机前进,它们各司其职互不干扰。而且无人机的主升力面(机翼)不参与操纵。这些优点使无人机的操纵特性远优于旋翼无人机。

2. 双旋翼无人机的操纵方式

双旋翼无人机没有尾桨,全部飞行操纵皆由旋翼执行。每一副旋翼都有一套自动倾斜器,均可进行周期变距,以改变每一副旋翼的拉力大小和倾斜方向。利用两副旋翼拉力变化的组合,实现旋翼无人机的飞行操纵。双旋翼旋翼无人机的操纵方式如图 7-21 所示,并有单旋翼带尾桨式作为参照。

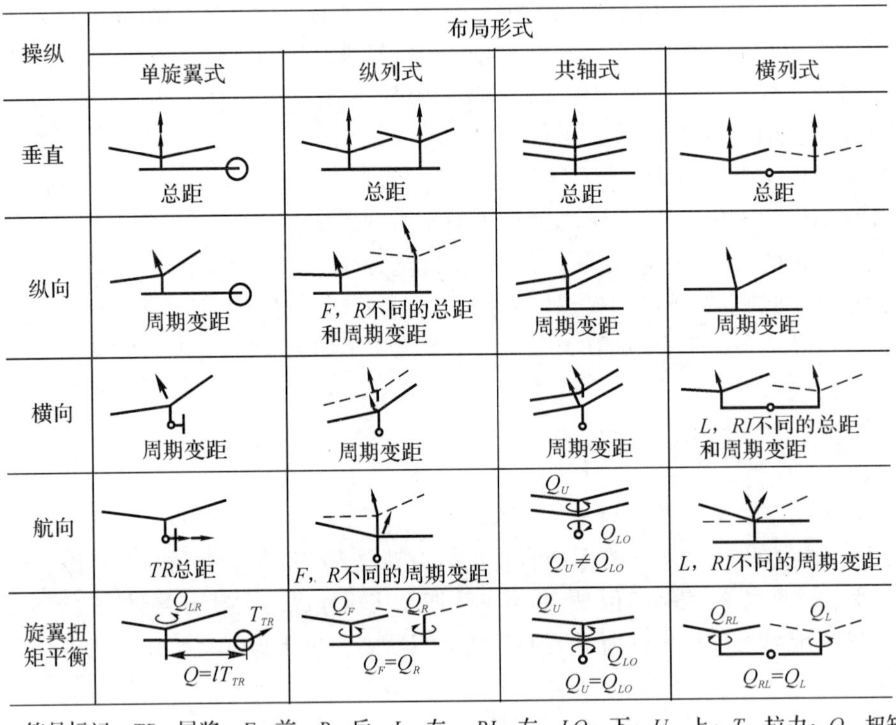

符号标记:TR-尾桨;F-前;R-后;L-左;RI-右;LO-下;U-上;T-拉力;Q-扭矩。

图 7-21 双旋翼无人机操纵方式图解

3. 多旋翼无人机的操纵方式

多旋翼无人机没有自动倾斜器,为了克服旋翼旋转产生的反作用力矩问题,多旋翼无人机运用多个旋翼按照不同方向转动来克服彼此的反扭矩,使总扭矩为零。下面以四旋翼无人机为例,说明多旋翼无人机的操纵方式。

四旋翼无人机是通过协调改变各旋翼升力的大小来实现姿态控制的,需要对旋翼旋转转速或总距进行精准的同步调制,它是不稳定系统,也是欠驱动系统。欠驱动系统是指系统的独立控制变量个数小于系统自由度个数的一类非线性系统,在节约能量、降低造价、减轻重量、增强系统灵活度等方面都比完整驱动系统优越。欠驱动系统结构简单,便于进行整体的动力学分析和试验,同时由于系统的高度非线性、多目标控制要求及控制量受限等原因,欠驱动系统又足够复杂。四旋翼无人机的旋翼桨叶只能产生向上的升力,不能产生向下的推力,所以它不稳定,很难控制好,飞行器翻过来之后基本没办法控制回来,就坠机了。历史的经验证明:四旋翼飞行器的非线性、欠驱动系统结构让人手来控制难度实在太高,只能用自动控制器来控制飞行姿态才能解决问题。

如图 7-22 所示,四旋翼无人机有 4 个处于同一高度平面旋转的旋翼,前后旋翼(1 和 3)顺时针方向旋转,左右旋翼(2 和 4)逆时针方向旋转。由位于二个轴向的旋翼反方向旋转方式抵消彼此扭矩,从而使四旋翼无人机能在空中保持飞行预定方向或悬停不动。四旋翼无人机在空中飞行时有六个自由度,它们分别是沿三个坐标轴做平移和旋转动作。在图 7-22 中规定沿 x 轴正方向运动称为向前运动,垂直于旋翼运动平面的箭头向上表示此旋翼升力提高,向下表示此旋翼升力下降,没有箭头表示升力不变。

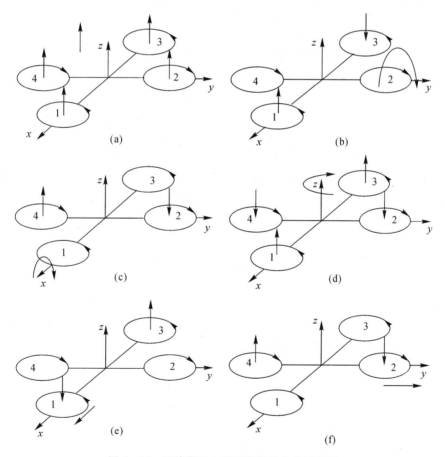

图 7-22 四旋翼无人机飞行操纵方式示意图

(a)垂直运动; (b)俯仰运动; (c)滚转运动; (d)偏航运动; (e)前后运动; (f)侧向运动

1)垂直运动:当同时增加或减小四个旋翼的升力时,四旋翼无人机便会垂直上升或下降;

当四旋翼产生的升力等于机体的自重时,四旋翼无人机便保持悬停状态如图7-22(a)所示。

2)俯仰运动:改变旋翼1和旋翼3的升力,保持旋翼2和旋翼4的升力不变。产生的不平衡力矩使机身绕y轴旋转,实现四旋翼无人机的俯仰运动如图7-22(b)所示。

3)滚转运动:改变旋翼2和旋翼4的升力,保持旋翼1和旋翼3的升力不变,产生的不平衡力矩使机身绕x轴旋转,实现四旋翼无人机的滚转运动如图7-22(c)所示。

4)偏航运动:当旋翼1和旋翼3的升力增大,旋翼2和旋翼4的升力下降时,旋翼1和旋翼3对机身的反扭矩大于旋翼2和旋翼4对机身的反扭矩,机身便在富余反扭矩的作用下绕z轴转动,实现四旋翼无人机的偏航运动如图7-22(d)所示。

5)前后运动:改变旋翼3和旋翼1的升力,同时保持其他两个旋翼升力不变,四旋翼无人机首先发生一定程度的倾斜,从而使旋翼升力产生水平分量,实现四旋翼无人机的向前和向后运动如图7-22(e)所示。

6)侧向运动:在如图7-22(f)中,由于结构对称,侧向飞行的工作原理与前后运动完全一样。

7.4.3 旋翼无人机操纵性分析

1. 旋翼无人机操纵性的主要指标

旋翼无人机操纵性的主要指标包含以下两个方面:

（1）灵敏度

灵敏度说明的是旋翼无人机在操纵后的反应大小,通常这样规定:操纵机构移动一个角度或距离(如自动倾斜器偏转一个角度或自动驾驶仪控制操纵伺服机构纵向移动一定位移),所造成的旋翼无人机可能达到最大的稳态转动角速度。例如纵向灵敏度$\dfrac{\Delta\omega_x}{\Delta\chi}$。

灵敏度不仅与操纵功效有关,而且与阻尼有关。由于在稳态中阻尼力矩值等于操纵力矩,因此灵敏度也可以表示为操纵功效与阻尼之比。以纵向灵敏度为例,有:

$$\frac{\Delta\omega_x}{\Delta\chi}=\frac{操纵功效}{阻尼} \tag{7-15}$$

在一定的操纵机构位移下,阻尼越小则可能达到的稳态角速度越大,灵敏度越高;反之,灵敏度越低。灵敏度过高或者过低均有相应的负面作用,因此灵敏度应该大小适中。一般而言,相对于同量级普通无人机来说,旋翼无人机的操纵灵敏度较高,这不是因为直升机的操纵功效大,而主要由于旋翼无人机旋翼的阻尼小。由于轻型旋翼无人机的阻尼小,因此一般具有较高的灵敏度。增加旋翼阻尼(如增加桨叶绕挥舞铰的惯性矩或者安装稳定杆)可以使灵敏度降低到较为满意的程度。

但是,增加旋翼桨毂到旋翼无人机重心的垂直距离不会改变操纵灵敏度,因为该距离的增加,使得阻尼和操纵功效同时增加。同理,增加桨叶挥舞铰离桨毂中心的外伸量也不能改变操纵灵敏度。

（2）响应时差

灵敏度表明旋翼无人机在操纵后达到稳定的稳态值,而旋翼无人机达到该稳态值需要一个响应过程,该响应过程的快慢对应响应时间。

人的反应时间一般在0.5～1 s之间,因此,旋翼无人机在操纵后,无论是俯仰、偏航还是滚转响应,最好在 0.5~1 s 之间达到稳态角速度的 90%~95%。

旋翼无人机在操纵后的响应时间,主要取决于阻尼与机身惯性矩之比,按纵向、航向、横向划分。阻尼越大,机身惯性矩越小,响应时间越短。旋翼无人机均装有自动驾驶装置以利于飞行。

2.旋翼无人机操纵性分析方法

(1)操纵输入形式应满足的条件

旋翼无人机的操纵响应是旋翼无人机对自动驾驶仪操纵输入的反应。在实际飞行中操纵输入形式是多种多样的,因此没有必要讨论每种操纵输入形式下旋翼无人机的反应。只能抽出一些具有典型性和代表性的操纵输入加以研究。所选择的操纵输入形式应满足以下条件:

1)在实际飞行和地面模拟时经常用到。

2)在选择的操纵输入下,旋翼无人机的反应特性反映旋翼无人机的飞行品质。

3)数学表达简单,便于理论分析。

(2)典型的操纵输入形式

根据以上条件,旋翼无人机飞行动力学中常用的典型操纵输入形式有阶跃函数形式、谐波函数形式等函数形式。

1)阶跃函数。阶跃函数的数学形式为

$$f(t) = \begin{cases} 0, & t < 0 \\ R, & t \geqslant 0 \end{cases} \qquad (7-16)$$

式(7-16)代表一个幅值为 R 的阶跃变化函数,如图 7-23 所示。幅值 $R = l$ 的阶跃函数,称为单位阶跃函数,一般用 $1(t)$ 表示。

旋翼无人机在飞行中遇到常值阵风扰动,可近似为阶跃函数形式。

2)谐波函数。谐波函数的数学表达式,对于正弦函数为

$$f(t) = A\sin\omega t \qquad (7-17)$$

式中,A 为输入的幅值;ω 为输入的频率,如图 7-24 所示。

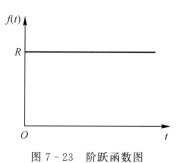

图 7-23　阶跃函数图

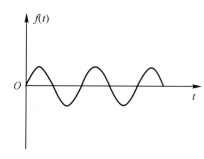

图 7-24　正弦函数

(3)旋翼无人机操纵响应的求解方法

从已有的数学知识可知,任何一种实际的操纵输入都可以通过富氏级数或富氏积分表达为各种不同频率的谐波型操纵输入之和。因此,如果将旋翼无人机看作常系数线性系统,则只要分析了各种不同频率的操纵输入下旋翼无人机的反应,旋翼无人机对任意操纵输入的反应就可以通过线性叠加的方法求得。此外,任何一种操纵输入还可看作为不同瞬时作用的阶跃输入叠加的结果。这样,可以把旋翼无人机对各种典型操纵输入的反应归结为一种基本的反

应。不过,这些典型的操纵输入也各有特点,例如分析谐波形式输入的旋翼无人机反应着重从不同频率的角度(频域)来考虑,而对于阶跃输入形式则从时间角度(时域)进行研究。当然,无论从那一个角度进行分析,对旋翼无人机做出的评价应当是完全一致的。

一般研究旋翼无人机的稳定性,在数学上归结为求解线性常系数齐次微分方程。求解线性常系数微分方程的方法很多,其中拉普拉斯变换法是求解线性常系数微分方程的常用方法。拉普拉斯变换将线性常系数微分方程变换成代数方程,得到操纵输入和旋翼无人机反应(输出)之间的关系——传递函数。用传递函数可有效地研究旋翼无人机稳定性和操纵响应。

习　题

1. 作用在旋翼无人机上的力矩有哪些?

2. 简述自动倾斜器的结构和工作原理。

3. 旋翼无人机在飞行中受到的外力有哪些?

4. 分析旋翼无人机悬停时的纵向平衡、航向平衡和横向平衡。

5. 分析旋翼无人机平飞时的纵向平衡、航向平衡和横向平衡。

6. 什么是旋翼无人机的静稳定性和动稳定性?

7. 简述旋翼无人机对速度和桨盘迎角的纵向静稳定性的内容。

8. 论述旋翼无人机航向和横向静稳定性原理。

9. 旋翼无人机动稳定性的主要指标有哪些?

10. 简述旋翼无人机纵向、航向和横向阻尼的内容。

11. 旋翼无人机飞行操纵具有哪些特点?

12. 单旋翼带尾桨式旋翼无人机和双旋翼无人机飞行操纵方式有何不同?

13. 简述四旋翼无人机的飞行操纵方式。

14. 旋翼无人机操纵性的主要指标包含哪些内容?

15. 简述旋翼无人机操纵输入形式及其应满足的条件。

第8章 旋翼无人机飞行性能分析

8.1 功率飞行器的基本概念

旋翼无人机是一种自身重量比重大于空气比重的航空飞行器,其升空飞行的首要条件是需要有动力,即所谓的动力飞行。有了动力才能驱动旋翼旋转,才能产生克服重力所必需的升力,才能在空气环境中(空中)进行持续的可控飞行。

8.1.1 旋翼无人机发动机的分类

旋翼无人机动力装置的核心设备是发动机,它是一种将某种能量转换成机械功的动力装置,主要有热力发动机和电力发动机两种,其中热力发动机是将燃料的热能转换成机械功的动力装置;电力发动机是将电能转换成机械功的动力装置。

1.旋翼无人机发动机的类型

旋翼无人机发动机类型和型号的选择,要求能够保证旋翼无人机在飞行包线范围内具有足够的功率,即要考虑发动机在各种外界条件下的有效功率,以适应各种使用状态,并在设计中尽量提高功率利用系数。发动机特性的优劣对旋翼无人机的各种使用性能都有很大影响,有了适用的发动机,才能实现真正的有动力、可控制的飞行,旋翼无人机常用发动机的类型见图8-1。

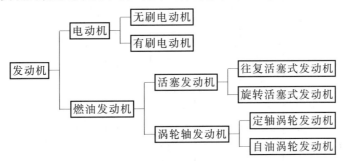

图8-1 旋翼无人机常用发动机的类型

2.旋翼无人机按发动机类型的分类

旋翼无人机旋翼桨叶旋转所产生的升力和需要克服阻力产生的阻力力矩的大小,不仅取决于旋翼的转速,而且取决于旋翼桨叶的桨距。从旋翼空气动力原理上讲,调节旋翼转速(变速)和桨距(变距)都可以调节升力的大小。旋翼无人机常用的发动机有燃油发动机和电动机两大类(见图8-1)。

（1）燃油动旋翼无人机

燃油动旋翼无人机以燃油（航空）发动机作为动力来源，包括航空活塞发动机和涡轮轴发动机等机型。燃油动旋翼无人机属于旋翼桨距可控类，即旋翼变距类，其机型大多是大、中、小型的旋翼无人机，载重大，航程远。

（2）电动旋翼无人机

电动旋翼无人机以电动机作为动力来源，其螺旋桨的桨矩是固定的，旋翼提供的升力大小取决于空气螺旋桨的转速，转速越大升力越大，转速越小升力越小。电动机运转所需的能量由聚合物锂电池或新能源方式（例如燃料电池）提供。

8.1.2 功率型飞行器的定义、需用功率和剩余功率

发动机的基本功用是为旋翼无人机提供持续的动力，以确保其在空中稳定飞行。

1. 功率型飞行器的定义

从能量观点来看，旋翼无人机的旋翼不过是一具"能量转换器"：把发动机的能量转变成有效功，提供给旋翼无人机作为驱动旋翼旋转的动力。旋翼旋转所产生的气动力，即是旋翼无人机克服重力所需的拉力。通常把这种类型的飞行器称为功率型飞行器。

对于功率型飞行器，电能或燃油消耗率同功率的产出大致成比例，因而飞行器飞行时的功率需求是非常重要的问题。

2. 需用功率和剩余功率

（1）需用功率

旋翼无人机旋翼的可用功率是指发动机的出轴功率减去传动装置等的功率损失后输送给旋翼的功率。旋翼无人机旋翼的需用功率包括克服旋翼型阻和诱导阻力的功率，克服机体废阻的功率和用于旋翼无人机爬高的功率，如图8-2所示。

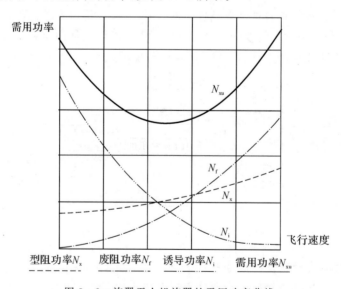

图8-2 旋翼无人机旋翼的需用功率曲线

给定旋翼无人机的重量、发动机的功率特性、旋翼和机体的空气动力特性，根据力的平衡原理可以求出在某一高度的可用功率和需用功率随旋翼无人机飞行速度的变化关系。这个关

系就是估算旋翼无人机飞行性能的根据。例如,当旋翼无人机平飞速度增大时,旋翼型阻功率基本不变,仅在大速度时由于激波损失而变大,旋翼诱导功率由大变小,机体废阻功率由小急剧变大。三者相加就是旋翼无人机平飞时旋翼的需用功率随速度的变化关系,即功率在小速度时较大,在中速度时较小,在大速度时又很大。

(2)剩余功率

旋翼无人机发动机所能提供的总的功率减去相应飞行条件下的需用功率就得到了该飞行条件下的剩余功率。剩余功率描述了发动机功率储备的大小,是旋翼无人机具备作机动飞行能力的重要度量。旋翼无人机发动机可用功率减去平飞需用功率的剩余功率基本上都能用于爬高。有了不同高度的曲线族,根据可用功率大于、等于或小于需用功率的情况就可确定旋翼无人机的各项飞行性能。

8.2　旋翼无人机垂直和爬升飞行性能分析

旋翼无人机垂直和爬升飞行性能指在正常状态时不同高度的上升速度和上升速度为零的理论静升限,以及上升率为某一规定值(0.5 m/s)的实用静升限。由于近地面有地面效应,在确定悬停高度时应说明有无地面效应。

8.2.1　旋翼无人机垂直飞行性能分析

1. 旋翼无人机垂直飞行功率平衡关系

旋翼无人机的垂直飞行性能由发动机的功率储备和旋翼的升力储备决定,旋翼无人机随着飞行高度的升高,空气密度越来越低,发动机的功率就会下降,旋翼桨叶产生的升力也随着空气密度的降低而降低,发动机或桨叶有一个力不从心都会影响旋翼无人机的垂直飞行性能。在平原地区显不出来,但是一旦到了海拔超过 3 000 m 之后就显露无遗。一般到了 5 000 m 以上,发动机的可用输出功率只有海平面的 65% 左右,如图 8-3 所示。

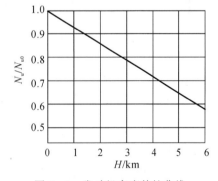

旋翼无人机在做垂直定常飞行时,旋翼的可用功率与需用功率保持相等,即功率平衡。发动机传给旋翼的可用功率等于出轴功率减去尾桨、传动损失和冷却、液压系统、发电机以及其他设备或附件所消耗的功率。初步计算中可用功率传递系数 k 来计入这些消耗,即:

$$N_m = kN_u \tag{8-1}$$

式中,N_m 为旋翼的可用功率;N_u 为发动机出轴功率;k

图 8-3　发动机高度特性曲线

的值可依经验估算或作分析估算,垂直飞行时在 0.78 ～ 0.85 之间。

2. 旋翼无人机垂直飞行性能计算

旋翼无人机垂直飞行升性能包括上升速度 V_h,悬停升限 H_h(上升的极限高度)和上升时间 t_h(上升至一定高度需用的时间)。旋翼无人机垂直上升时旋翼需用功率 N_{xu},主要由诱导功率 N_i、型阻功率 N_x,以及旋翼上升做功的上升功率 N_p 三部分组成,即

$$N_{xu} = N_i + N_x + N_p \tag{8-2}$$

旋翼无人机垂直上升飞行速度称为上升率或爬升率以 V_h 表示。通常直升机的垂直上升速度都不大,机体阻力与飞行重量 G 比较起来则为一个小量,可以忽略不计,因此直升机垂直上升时力的平衡与悬停时基本相同。即

铅垂方向:$T_1 = G$

水平侧向(尾桨推力):$T_{TR} = T_3$

旋翼无人机垂直上升与悬停状态相比,诱导功率虽然随上升高度的增加其值有所减小,然而随着上升速度 V_h 的增加被忽略的机体阻力的功率损耗也有所增加,这两项的增与减大至相抵。型阻功率 N_x 也可认为与悬停状态相同。因此在粗略分析中可以近似认为垂直上升时诱导功率 N_i 与型阻功率 N_x 之和与悬停时的旋翼需用功率相等。然而上升功率 N_p 则随垂直上升速度线性增加。因此垂直上升的总需用功率比悬停时的需用功率大,并且随上升速度 V_h 的增加而增加。

按照第 6 章旋翼无人机垂直飞行时旋翼叶素理论,由公式(6-31)整个旋翼的需用功率。写成无因次形式,有

$$m_k = \frac{k}{\pi} \int_0^1 C_x \bar{r}^3 \bar{b} \, \mathrm{d}\bar{r} + \frac{k}{\pi} \int_{\bar{r}_0}^{\bar{r}_1} C_y \bar{r}^3 \beta_* \bar{b} \, \mathrm{d}\bar{r} \tag{8-3}$$

式中,m_k 为旋翼无人机垂直飞行时旋翼的需用功率。

根据给定的旋翼无人机飞行重量和已知参数,对于不同飞行高度,按发动机可用功率计算出相应的垂直爬升率 V_h 和需用桨距,进而算出爬升到各高度所需要的爬升时间及可能达到的最大高度(悬停升限 H_h),由于诱导速度、桨距及机体阻力又是爬升速度的函数,因而计算包含有迭代过程。最后根据求得的不同高度的垂直上升速度,可以绘制成上升速度图,如图 8-4 所示。

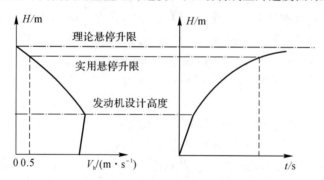

图 8-4　旋翼无人机垂直上升速度和时间曲线

图 8-4 曲线出现拐折的地方是发动机的设计高度。在设计高度以下,由于增压器的作用使进气压力增大,因而发动机出轴马力是随高度而提高的,尽管高度增加时旋翼的需用功率增大,但垂直上升速度仍可能略有增大。在设计高度以上,由于空气密度降低的缘故,垂直上升速度随高度急剧下降。所谓悬停升限,即垂直上升速度等于零所对应的极限高度,在图 8-4 上曲线与纵轴的交点便是悬停升限。不过,这是理论值,实际是达不到的。通常,把 $V_h = 0.5$ m/s 对应的那个高度,称为旋翼无人机的实用悬停升限。

垂直上升时间是指旋翼无人机垂直上升到某一高度所需用的时间,即

$$t_h = \int_0^H \left(\frac{1}{V_h} \right) \mathrm{d}H \tag{8-4}$$

　　爬升时间随高度的变化如图 8-4 所示。随着高度增大,垂直爬升率减小,上升变得缓慢下来,如果要爬升到理论升限需要花费无限长时间,实际上是不可能的。

8.2.2　旋翼无人机爬升飞行性能分析

　　旋翼无人机的斜向爬升性能,主要指旋翼无人机在不同高度上具有前进速度时的最大爬升率 V_y 和达到不同高度所需的爬升时间 t。同时也给出在不同高度上对应最大爬升率的前进速度以及可能爬升到的最大高度(平飞升限或动升限)。

　　1. 旋翼无人机爬升性能的初步估算

　　从旋翼无人机旋翼的需用功率曲线(见图 8-2)可以看出,随着旋翼无人机平飞速度地增加,平飞需用功率既然是先降低然后回升,那么,如果可用功率随速度基本不变,在平飞需用功率最低点处剩余功率最大(m_k 表示)。

$$\Delta m_k = m_{kky} - (m_k)_{\min} \tag{8-5}$$

式中,m_k 为功率系数;m_{kky} 为旋翼可用功率系数。

　　实际上,剩余功率并非确切等于爬升功率。平飞和爬升两种飞行状态的旋翼及机身迎角不同,速度分布也不同,因而二者的废阻功率、诱导功率和型阻功率皆有差别。作为近似处理,引入爬升修正系数 k_{ps},即

$$\bar{V}_y = k_{ps} \frac{m_{kky} - (m_k)_{\min}}{C_T} \tag{8-6}$$

　　k_{ps} 随飞行速度而变化。一般地,单旋翼旋翼无人机的 k_{ps} 值在 $0.8 \sim 0.9$ 之间,而且多数旋翼无人机的平飞最小功率所对应的速度在 $120 \sim 160$ km/h 范围,宜取 $k_{ps} = 0.85$。

　　2. 旋翼无人机爬升性能的精确计算

　　如果需要精确计算旋翼无人机爬升率,可以采用迭代计算方法,把由式(8-6)得出的 V_y 作为初次近似值,以此计算爬升角(航迹角)、旋翼的气流速度和诱导功率、机身迎角及废阻功率等,然后重新计算剩余功率并求出 V_y 的第二次近似值。利用逐次近似法重复计算,直到求得的相邻两次的 V_y 值之差达到满意程度(例如小于 0.1 m/s)为止。

　　根据求得的旋翼无人机在各高度上的 V_y 值,做出 H-V_y 曲线,该曲线就是在各高度所能达到的最大爬升率边界,如图 8-5 曲线的最高点($V_y = 0$)给出旋翼无人机的理论动升限。利用 H-V_y 曲线,按照在垂直性能计算中所用的方法,可以得到爬升时间曲线,如图 8-5 所示。

$$t = \int_0^t \mathrm{d}t = \int \frac{\mathrm{d}H}{V_y} \approx \sum \frac{\Delta H}{V_y} \tag{8-7}$$

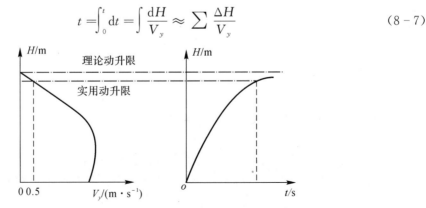

图 8-5　旋翼无人机斜向爬升速度和爬升时间曲线

像垂直性能分析中那样,取 $V_y = 0.5$ m/s 的高度为旋翼无人机实用动升限或称"实用升限",并求得爬升到实用动升限升所用的时间。

8.3 旋翼无人机前飞性能分析

同垂直飞行性能计算一样,旋翼无人机的前飞性能计算也是只针对定常飞行状态,即作用在旋翼无人机上的力和力矩皆自成平衡,旋翼需用功率与发动机输送给旋翼的可用功率相等。除此以外,前飞性能计算还要考虑旋翼无人机的废阻功率对前飞性能有重要作用;飞行速度不仅受可用功率的限制,还受限于桨叶上气流分离和空气压缩性的影响等。

8.3.1 旋翼无人机前飞时力的平衡方程和废阻力

1. 旋翼无人机前飞时力的平衡方程

旋翼无人机以航迹角 θ 作定常直线飞行时,在纵向平面内的力如图 8-6 所示。由于前飞时旋翼与机身之间的相互干扰较小,忽略不计。沿航迹方向(这时也是飞行速度方向)及其法线方向力的平衡关系为

$$\left. \begin{array}{l} T_s \sin(-\alpha_S) - H_S \cos(-\alpha_S) - Q - G\sin\theta = 0 \\ T_s \cos(-\alpha_S) + H_S \sin(-\alpha_S) - G\cos\theta = 0 \end{array} \right\} \tag{8-8}$$

式中,Q 为除了旋翼桨叶之外旋翼无人机"无升力的"其他部分的空气阻力,主要是机身、桨毂、起落架的阻力,称为废阻力。

$$Q = \left(\sum C_x S \right) \cdot \frac{1}{2} \rho V_0^2 \tag{8-9}$$

式中,C_x 为部件的阻力系数;S 是它的迎风面积。

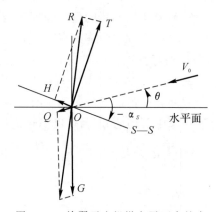

图 8-6 旋翼无人机纵向平面内的力

将式(8-8)写成系数形式即得前飞运动方程,有

$$C_T \sin(-\alpha_S) - C_H \cos(-\alpha_S) = C_Q + C_G \sin\theta$$
$$C_T \cos(-\alpha_S) + C_H \sin(-\alpha_S) = C_G \cos\theta \tag{8-10}$$

由上式可以推出前飞时旋翼迎角 $(-\alpha_s)$ 的表达式。由于此时 α_s 较小,有

$$(-\alpha_S)^o \approx 57.3 \left(\frac{C_Q}{C_T} + \frac{C_H}{C_T} \right) \tag{8-11}$$

为了算出旋翼迎角$(-\alpha_S)$,须知道$\dfrac{C_Q}{C_T}$及$\dfrac{C_H}{C_T}$。废阻是机身迎角的函数,与旋翼迎角有关。在性能计算中,作为初步近似可以取$\alpha_s=0$时的值,不致带来明显误差,即

$$\frac{C_Q}{C_T} \approx \frac{(\sum C_x \bar{S})_0}{C_T} \cdot \frac{\mu^2}{\cos^2(-\alpha_S)} \qquad (8-12)$$

旋翼无人机的废阻,对于最大飞行速度有重要影响,为了提高飞行速度,人们采用了若干措施以改善机身气动形状、桨毂及起落架加整流罩或采用收进式起落架等,使废阻系数显著减小。多数旋翼无人机的$(\sum C_x \bar{S})_0$在$0.008 \sim 0.012$之间。

在计算旋翼迎角时,后向力系数C_H宜采用简单的近似公式

$$\frac{C_H}{C_T} \approx 10.5 \frac{C_T}{\sigma \alpha_\infty} \mu \qquad (8-13)$$

式中,μ为旋翼前进比;σ为旋翼实度。

将式$(8-13)$及式$(8-12)$代入式$(8-11)$,得到计算平飞时旋翼迎角的近似公式

$$(-\alpha_S)^o \approx 60 \frac{(\sum C_x \bar{S})_0 \mu^2}{C_T} + 105 \frac{C_T}{\sigma} \mu \qquad (8-14)$$

由此可以计算机身的迎角α_{Sh}:

$$\alpha_{Sh} \approx \alpha_S + \delta_{sj} \qquad (8-15)$$

式中,δ_{sj}为旋翼轴前倾角。

2. 旋翼无人机前飞时的废阻力

式$(8-9)$表示了旋翼无人机的废阻力计算方法。式中C_x和分别为旋翼无人机上各迎风构件的阻力系数及迎风面积,由于它们的形状复杂和彼此之间的气动干扰,比较精确的计算(例如用机身涡系和鳞片法)需大量的计算时间。工程上一般靠模型吹风试验来确定旋翼无人机的废阻力。然而在设计阶段,旋翼无人机的平衡计算和需用功率计算都需要知道废阻力。这里介绍一种便于工程应用的估算方法。

(1)流线型部件的阻力

机身、发动机短舱、尾梁、尾面及短翼等,具有较好的气动外形,它们的阻力主要是附面层摩擦阻力。其阻力系数可写为

$$C_x = C_f (1 + k_3) I_c \qquad (8-16)$$

式中,C_f为平板紊流附面层的摩擦阻力系数,取决于雷诺数Re和表面粗糙度,如图$8-7$所示。k_3为构件的三维系数。对于机身等圆形剖面的部件,主要取决于其直径d与有效长度l之比,有

$$k_3 = 0.001 \times \left(\frac{l}{d}\right) + 1.5 \times \left(\frac{d}{l}\right)^{3/2} + 8.4 \times \left(\frac{d}{l}\right)^3 + C_k \qquad (8-17)$$

式中,第一项为表面曲度的影响,第二项表示绕流速度增大(大于飞行速度V_0)的作用,第三项计入压差阻力,C_k表示迎风剖面形状的影响,若迎风剖面为圆形C_k取为0,非圆形则C_k取0.05。

式$(8-16)$中I_c为干扰系数,计入各部分间相互干扰的作用,应由实验测定,否则取不小于1.2的值。

考虑到外廓表面的不平整(如铆钉头、接缝凸缘、蒙皮波纹等)及气流通过各种口盖、检查

窗的渗入或漏出,摩擦阻力会增大。因此将上面算出的阻力系数 C_x 增大 20% 以计入表面不平及气流渗漏的影响。

流线型部件的外廓尺寸和迎风面积虽然很大,但由于具有良好的气动外形,它们的废阻力之和仅为全机废阻力的 1/4 左右。

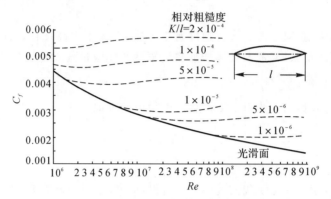

图 8-7　平板紊流附面层的摩擦阻力系数

这里应注意到,这些部件(尤其机身)的迎风面积 S 因机身迎角而异,即 C_xS 是会随飞行状态变化的。

(2) 起落架的阻力

旋翼无人机上常用的不收放、无整流罩的轮式起落架,其阻力约占全机废阻的 1/4。飞行中由于机轮、缓冲器及撑杆上的大面积气流分离,其阻力主要为压差阻力,各构件的阻力系数可表示为

$$C_x = C_d I_c \tag{8-18}$$

式中,I_c 为干扰系数,可取为 1.25;C_d 为压差阻力系数,迎风平板取 1.20,缓冲器及撑杆等柱形构件取 $0.3 \sim 0.5$,机轮取 0.3。

如果用模型吹风实验确定起落架的阻力系数,则需进行雷诺数修正。因为模型起落架的尺寸及雷诺数很小,转换到实物时阻力系数减小 10%～15%。

常用的橇式起落桨由于迎风面积及各构件之间的相互干扰较小,其废阻力约为轮式起落架的 60% 左右。

(3)桨毂的阻力

旋翼无人机旋翼桨毂的尺寸相对来说虽然不大,但其阻力约占全机废阻的 1/4。

这是因为桨毂的气动外形不好,距旋翼主轴及机身很近且处于旋转之中,因而干扰效应较大的缘故。旋翼桨毂阻力的估算比较烦琐且难以精确,可根据如图 8-8 所示的统计资料确定。

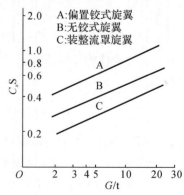

图 8-8　桨毂阻力的统计资料

显然,铰接式旋翼由于桨毂结构复杂和尺寸较大,阻力高于无铰旋翼的桨毂。安装桨毂整流罩可以降低废阻,但增加了重量,造价和检查维护的不便,因而至今尚属研究课题,未见实用。

尾桨毂的阻力为旋翼桨毂阻力的 1/4～1/5。

（4）其他废阻力

上述各项构成了旋翼无人机废阻力的 90％ 左右，其他难以计算的部分，可按下述方法估计：

1）机体上的突出物，如各种鼓包、天线、航行灯，进排气风门等，可将已算得的总阻力增大 5％～10％ 以计入它们的作用。

2）流经各个散热器（润村油、液压油等所用）和减速器、发动机的冷却用空气流，其动量损失也构成飞行阻力。近似地认为，冷却系统的等效阻力系数 $(C_x S)_{lq}$ 与发动机的可用功率 N_{Ky} 成正比，即

$$(C_x S)_{lq} \approx (1.0 \sim 1.5) \times 10 - 5 N_{ky} \tag{8-19}$$

8.3.2　旋翼无人机前飞时需用功率

1. 旋翼无人机性能计算的功率法

在进行旋翼无人机飞行性能计算时，不仅要保证力的平衡，同时要保证能量平衡。旋翼无人机在定常飞行状态中需用功率必须等于可用功率。旋翼无人机在前飞时，旋翼拉力的变化很小，而根据旋翼需用功率的变化，能够比较简单而清晰地确定飞行状态参数，得出旋翼无人机的前飞性能。这种方法称为性能计算的功率法。

将旋翼无人机前飞运动方程（8-10）式的第一式通乘以 $\bar{V}_0$，得

$$C_T(-\lambda_0) - C_H \mu = C_Q \bar{V}_0 + C_G \bar{V}_y \tag{8-20}$$

式中，C_G 为旋翼无人机重量系数；λ_0 为旋翼流入比；μ 为旋翼前进比。

式（8-20）右边两项的物理意义分别为废阻功率系数 m_{kf} 及爬高功率系数 m_{kp}。

$$m_{kf} = C_Q \bar{V}_0 = (\sum C_x \bar{S}) \bar{V}_0^3 \tag{8-21}$$

$$m_{kp} = C_G \bar{V}_y \tag{8-22}$$

此外，还应计算由于空气压缩性而增加的波阻功率损失。当翼型的迎面气流速度增加到某一临界值以后，由于局部激波的出现及其发展，翼型的阻力系数开始剧烈增大，旋翼要消耗一部分功率于克服波阻。

前飞时，位于 $\psi = 90°$ 处的叶尖叶素迎面气流速度最大。以该处达到阻力突增临界 M_{DD} 为起始点来计算旋翼的波阻功率损失（Ma 为马赫数，M_{DD} 阻力发散马赫数）。

由 $\psi = 90°$ 处叶尖的 M_{90} 大于 M_{DD} 的差值，$\Delta M = M_{90} - M_{DD}$，按图 8-9 查得相应的波阻，有

$$m_{kb} = \left(\frac{m_{kb}}{\sigma}\right) \cdot \sigma \tag{8-23}$$

式中，m_{kb} 为波阻功率系数；σ 为旋翼实度。

如果把波阻功率并入型阻功率之中（视为对型阻功率的修正），而且当旋翼无人机水平飞行时，爬高功率为零，那么平飞需用功率系数为

$$m_k = m_{kx} + m_{ki} + m_{kf} \tag{8-24}$$

式中，废阻功率系数由式（8-21）确定，诱导功率系数 m_{ki} 及型阻功率系数 m_{kx} 为

$$m_{ki} = C_T \bar{v}_{dx} J_0 (1 + 3\mu^2) \tag{8-25}$$

$$m_{kx} = \frac{1}{4} C_{x7} \sigma K_{p0} (1 + 5\mu^2) \tag{8-26}$$

式中，v_{dx} 为桨盘处轴向诱导速度 v_1 的等效值；J_0 为悬停时旋翼诱导功率修正系数；K_{po} 为悬停时旋翼型阻功率修正系数；C_{x7} 为桨叶特征剖面的阻力系数。

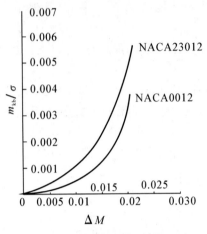

图 8-9　桨叶翼型波阻

2. 旋翼无人机需用功率随平飞速度变化分析

当旋翼无人机的飞行重量、旋翼几何参数及转速给定时，在一定高度上，各项需用功率随平飞速度的变化概略分析如下（见图 8-10）：

（1）型阻功率

型阻功率随旋翼无人机平飞速度的提高而略有增加，这是因为桨叶的相对气流速度及迎角分布更加不均匀所致。增加的规律表现在 $K_p=K_{p0}(1+5\mu^2)$ 之中。在大速度阶段，由于激波功率和后行桨叶上发生气流分离，型阻功率显著增大。

（2）诱导功率

诱导功率与旋翼无人机平飞速度的关系，基本上就是等效诱导速度 v_{dx} 与飞行速度的关系。因为拉力 T 近似等于飞行重量，面修正系数 $J=J_0(1+3\mu)^2$ 随飞行速度的变化不甚显著。因此，诱导功率在一定速度范围内大致与平飞速度成反比。

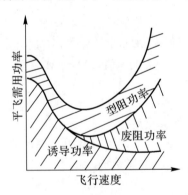

图 8-10　旋翼无人机需用功率随平飞速度的变化

（3）废阻功率

随旋翼无人机飞行速度的增加，废阻功率迅速增大。因为即使废阻系数 $\sum C_x\overline{S}$ 不因机身倾角而改变,废阻功率将与飞行速度的三次方成正比。若干旋翼无人机在高速飞行对机身有较明显的低头姿态,$\sum C_x \bar{S}$ 比巡航飞行时为大。

上述各部分功率之和,组成平飞需用功率。由图 8-10 可以看出,旋翼无人机悬停时需用功率较大,其中诱导功率为主要组成部分,约占 70% 以上,如果要求旋翼无人机悬停性能好,譬如悬停升限高,油耗低,或具有最大的垂直起飞重量(例如对于飞行起重机或高原地区使用的旋翼无人机的要求),应在设计上采用较低的桨盘载荷 p、优化的桨叶扭转角和平面形状,以减小旋翼的诱导功率。

随着旋翼无人机飞行速度的增大,由于诱导功率迅速减小,总的需用功率也减小下来,在某一速度达最低值,旋翼无人机常以该速度作巡逻、空中待机或执行某些民用任务(护林、农业)。此时诱导功率和型阻功率约各占总功率的 40%。若要改善经济性,除应减小诱导功率外,要选择优化的桨尖速度 ΩR 和实度 σ,以降低型阻功率损失。

旋翼无人机在大速度飞行时,废阻功率占总功率的 40% 以上,型阻功率占 35%~40%,而诱导功率仅占 15%~20%。若要求旋翼无人机有良好的高速性能及大航程,应采取措施尽可能降低废阻,并推迟和缓和桨叶上气流分离和激波的发生。

旋翼无人机飞行高度不同,需用功率也不同。当高度增大时,由于空气密度减小,旋翼需产生更大的诱导速度才能保持拉力不变,因而诱导功率增大。另一方面,空气密度的减小使废阻功率按同样比例下降。至于型阻功率,密度减小使摩擦阻力减小,但由于桨距随飞行高度而加大,将会部分地抵消前者的有利影响。再者,大桨距下会较早发生气流分离及激波,因而大速度时型阻功率可能随飞行高度而增大。综合上述各因素,随着飞行高度的增大,悬停及低速飞行功率也将增大。中速飞行功率或许会减小,高速飞行功率有可能增大,这要根据旋翼无人机的参数(如桨盘载荷)及废阻特性而定。

8.3.3　旋翼无人机前飞时的极限速度

1. 旋翼无人机前飞速度的功率限制

在任一设计高度的旋翼无人机平飞需用功率曲线图上,画出在该高度发动机可能输送给旋翼的可用功率曲线,这两条曲线的交点给出功率平衡所确定的平飞极限速度(见图 8-11)。

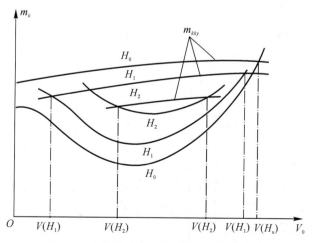

图 8-11　旋翼无人机平飞需用功率曲线图

发动机的出轴功率,不可能全部输给旋翼,其中一部分功率消耗于驱动尾桨、冷却风扇、泵及其他附件,还要克服传动系统中的摩擦等中间损失,因此,可能输给旋翼的功率,只是发动机出轴功率的一部分。可以用功率传递系数 ζ 表示这一百分比,但前飞中该值随飞行速度变化。尾桨消耗功率随飞行速度而减小,传动损失在大功率时比较大,其他附件的功率消耗与飞行速度几乎无关。单旋翼带尾桨式旋翼无人机的 ζ 值典型曲线如图 8-12 所示,可供初步计算时采用。

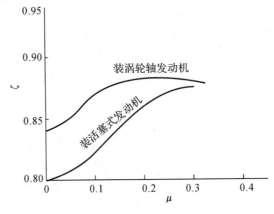

图 8-12 发动机功率传递系数

因而,旋翼可用功率系数 m_{kky} 可写为

$$m_{kky} = \zeta \cdot \frac{75N}{\frac{1}{2}\rho\pi R^2 (\Omega R)^3} \qquad (8-27)$$

根据旋翼参数,由经验或估算得出各修正系数 J_0,K_{p0},K_{r0} 及 k,还须由模型吹风试验或前面所介绍的估算方法得出全机废阻系数($\sum C_x \overline{S}$)随机身迎角 α_{sh} 的变化。有了上述准备,就可进行平飞需用功率和极限速度的计算了。

对于旋翼无人机不同的计算高度,重复进行上述过程,可以得到各计算高度的平飞极限速度,如果同一高度的可用功率和需用功率曲线,在图左边 $m_{kky} > m_k$,而在图右边只有一个交点,即表明旋翼无人机在该高度上可以悬停及垂直爬升。如果存在 V_{min} 交点,则表明旋翼无人机在该高度上已不具有悬停及垂直起飞性能(如果不依靠地面效应)。

根据上面得到的旋翼无人机在各高度上最大及最小平飞速度,可以绘出平飞速度曲线图,如图 8-13 所示。曲线与纵坐标的交点,即旋翼无人机悬停升限。在此高度以下,旋翼无人机有悬停及垂直上升性能;高于此高度时,旋翼无人机不能悬停,只能在 V_{min} 及 V_{max} 速度范围内飞行(可以前飞爬升)。曲线的最高点给出了旋翼无人机所能达到的最大高度,即动升限,在此高度上旋翼无人机只能以固定的速度平飞。

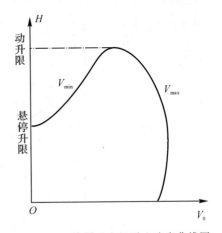

图 8-13 旋翼无人机平飞速度曲线图

2.气流分离对旋翼无人机前飞速度的限制

旋翼无人机的最大飞行速度不仅受限于可用功率,而且后行桨叶的气流分离和前行桨叶的激波限制也规定了最大飞行速度的界限。

(1) 旋翼无人机旋翼气流分离的界限

当旋翼无人机前飞时,已经知道,旋翼上不同半径不同方位角的相对气流速度是不同的,在不同位置上桨叶剖面的升力系数或迎角也是不同的,当前飞速度增加时,这种不均匀性增大,而当前飞速度或 μ 值达到某一数值时,旋翼上某一部分将开始发生气流分离。根据实际观察和前面的分析,可以预料,气流分离一般将首先出现在后行桨叶这半边的某一部分,$\psi=270°$附近。随着前飞速度的继续增加,气流分离区逐渐蔓延扩张,如图 8-14 所示。

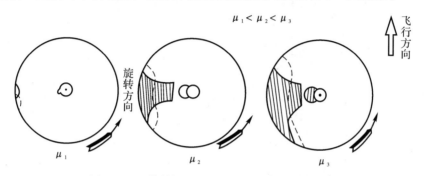

图 8-14　旋翼气流分离区逐渐蔓延扩张示意图

在旋翼无人机旋翼上,一方面,气流分离现象是逐渐严重起来的,这是好处,不致使旋翼无人机突然操纵失灵;另一方面,气流分离是由于前飞速度增加而引起的,这是限制旋翼无人机很难继续提高前飞速度的根本原因。

关于旋翼无人机旋翼上气流分离界限的确定,基于上述理由,应考察究竟先在何处桨叶剖面升力系数或迎角是否超过其临界值为准。但是,严格地计算旋翼上的升力系数或迎角的分布,从而找寻何处最为严重,由于牵涉到具体的桨叶形状,挥舞条件及飞行状态等因素,不易得知。这里,人为规定,当 $\bar{r}=0.7$,$\psi=270°$ 处的桨叶剖面升力系数达到最大值时,即为气流分离界限。

(2) 旋翼无人机前飞时的失速限制

旋翼无人机前飞时的失速限制本质上并非指旋翼无人机前飞速度不足,而是指流经其旋翼桨叶翼面的相对气流速度不足,不足以平滑地流动到桨叶后缘而形成紊流的情况。流经旋翼后行桨叶翼面的相对气流速度为旋翼转动线速度减去前飞速度(矢量之差),因而旋翼无人机前飞时旋翼气流分离最先发生在后行桨叶 $\psi=270°$ 处叶尖附近,然后随着飞行速度的继续增大,气流分离区逐渐扩展。桨叶在旋转过程中进入和转出该区域时,其俯仰力矩产生剧烈变化,有可能造成结构过早的疲劳破坏。同时,旋翼锥度变得紊乱,引起很大的震动。当气流分离区足够大时,会使旋翼无人机发生"失速颤振"而危及飞行完全。

为旋翼无人机前飞时的失速限制风洞实验曲线图如图 8-15 所示,虚线表示失速开始发生,实线表示旋翼无人机结构疲劳强度所限定的边界。

旋翼无人机前飞时的失速限制简化的理论计算:假定容许旋翼桨盘上的失速区域扩大到 $\psi=270°$ 的 $\bar{r}=0.7$ 处,气流分离所限制的最大速度按下式条件确定:

$$C_y(270°, 0.7) \leqslant C_{ymax} \qquad (8-28)$$

旋翼无人机在高速飞行时,可取更简单的式子

$$(C_{y7})_{max} = C_{ymax}/(1+4\mu) \qquad (8-29)$$

这里,C_{ymax} 根据该剖面的雷诺数 $(Re)_{7,270}$ 由翼型资料查得

$$(R_e)_{7,270} = \frac{0.7\Omega R - V_0 \cos\alpha_s}{\nu} \qquad (8-30)$$

式中,ν 为空气的运动黏性系数。

对于各 μ 值及其对应的 $(C_{y7})_{max}$,计算 $(C_T/\sigma)_{max}$

$$(C_T/\sigma)_{max} = \frac{1}{3}(C_{y7})_{max} k K_{T0}(1-\mu^2) \qquad (8-31)$$

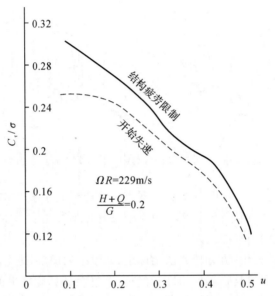

图 8-15　旋翼无人机前飞时的失速限制风洞实验曲线

然后将 μ 化为 $\overline{V}_0$ 画出气流分离边界线,如图 8-16 所示。

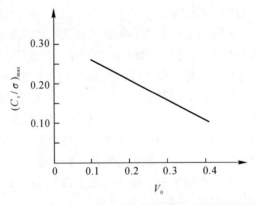

图 8-16　旋翼无人机前飞时的失速限制理论计算结果曲线

与图 8-15 实验曲线相比较,可知由此确定的失速限制较结构疲劳所规定的限制边界更为

严格,而与感受到失速开始发生(图 8-15 上的虚线)的实验曲线相近。这样,根据平飞功率计算得到的各高度上的 C_T 值,由图 8-16 查出对应的 $\bar{V}_0$,即作为失速限制的 $(\bar{V}_0)_{max}$。

3. 激波对旋翼无人机前飞速度的限制

无人机只要持续加速超过声速之后就可以突破音障,但是旋翼无人机不行,因为旋翼桨叶剖面的相对气流与其半径有关,即使旋翼桨叶的尖端超过了声速,但是在旋翼中的某一处必然是在声速附近的,这样一来旋翼会一直受到激波影响无法正常工作,因此直升机旋翼是不可能像飞机机翼一样通过持续加速突破音障的。

一般认定旋翼无人机旋翼前行桨叶 $\bar{r} = 0.7, \psi = 90°$ 处剖面上出现激波是其飞行速度的极限,因为这时激波对桨叶的影响已相当严重,前行桨叶的力矩突变,以致旋翼无人机操纵性变坏,并有较大振动。这样,激波限制条件可写为

$$0.7\Omega R + \bar{V}_0 \cos\alpha_s \leqslant M_{lj} \cdot a \qquad (8-32)$$

或改写为

$$\mu \leqslant M_{lj}\frac{a}{\Omega R} - 0.7 \qquad (8-33)$$

式中,M_{lj} 为桨叶翼型上发生激波的临界马赫数,M_{lj} 与 C_y 的关系由风洞实验得出,如图 8-17 所示。

旋翼无人机在高速飞行时,激波限制的临界升力系数为

$$(C_{y7})_{lj} = C_y(0.7, 90°)/(1 - 2\mu) \qquad (8-34)$$

激波限制的最大飞行速度边界,可按下述方法得出。

选取一系列的 $C_y(0.7, 90°)$ 值,由图 8-17 查得对应的一系列 M_{lj},据此由式(8-35)算得一组 μ_{lj},然后利用式(8-36)得出相应的 $(C_{y7})_{lj}$ 数组,象在计算失速边界那样,计算出

$$(C_T/\sigma)_{lj} = \frac{1}{3}(C_{y7})_{lj}kK_{T0}(1 - \mu_{lj}^2) \qquad (8-35)$$

并画出 $(C_T/\sigma)_{lj} - (\bar{V}_0)_{lj}$ 曲线,此处 $(\bar{V}_0)_{lj} = \mu_{lj}/\cos\alpha_s$。最后,根据平衡计算得到的各高度上的 C_T/σ 值,由该曲线查得 $(\bar{V}_0)_{lj}$,即可得到激波限制的速度边界 $H - (\bar{V}_0)_{lj}$ 曲线。

将旋翼无人机失速和激波所限制的最大速度边界线,画到由功率限制所确定的平飞速度曲线图上,这三条线组成了旋翼无人机的平飞速度包线,如图 8-18 所示。该图限定了旋翼无人机飞行所能达到的高度和速度范围。

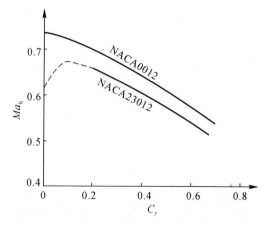

图 8-17　翼型上发生激波的临界马赫数

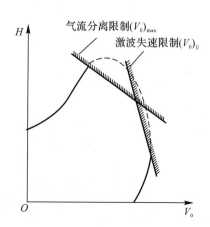

图 8-18　旋翼无人机的平飞速度包线

如果旋翼无人机(尤其是旋翼参数)设计得不好,功率确定的飞行范围被气流分离或激波限制削去过多,使得发动机的可用功率不能被充分利用,以致按功率平衡可能达到的最大飞行速度或高度不能实际应用。

4.旋翼无人机垂直、斜向爬升和平飞性能综合分析

图8-4表示了旋翼无人机垂直上升速度和时间曲线。旋翼无人机的垂直上升性能包括垂直上升率,垂直上升升限即悬停升限和垂直上升时间等。其中垂直上升率就是垂直上升速度;垂直上升时间是指达到某一高度所需的时间;垂直上升升限是指直升机以垂直上升的方法能够达到的最大高度,是直升机能够保持悬停的最大高度,所以也叫悬停升限或静升限。悬停升限分为理论悬停升限和实用悬停升限两种,理论悬停升限是实际上不可能达到的理论计算值,真正有实用价值的是实用悬停升限。通常,把 $V_h = 0.5$ m/s 对应的那个高度,称为旋翼无人机的实用悬停升限。

图8-5表示了旋翼无人机斜向爬升速度和时间曲线。旋翼无人机的斜向爬升性能包括最大爬升率,最大爬升速度,爬升时间和爬升最大高度等。其中最大爬升率指旋翼无人机在某一高度在具有前飞速度时所能达到的最大的上升率;最大爬升速度是指在某一高度达到最大上升率所对应的前飞速度;爬升时间是指爬升飞行达到某一高度所需的时间;爬升最大高度是指带水平速度爬升所能达到的最大高度,这个高度也是直升机能够维持平飞的最大高度,所以也称为动升限。像垂直性能分析中那样,取 $V_y = 0.5$ m/s 的高度为旋翼无人机实用动升限或称"实用升限",并求得爬升到实用动升限升所用的时间。

图8-18表示了旋翼无人机的平飞速度包线,图中可以看到旋翼无人机的平飞速度受到气流分离和激波失速的双重限制。

现假定旋翼无人机的平飞工作状态在气流分离和激波失速限制的范围内,将图8-4、图8-5和图8-18表示的性能曲线综合画在同一张图上,即可得到旋翼无人机飞行性能综合分析曲线图,如图8-19所示。

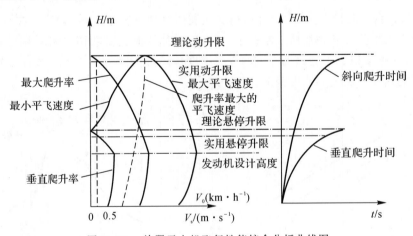

图8-19　旋翼无人机飞行性能综合分析曲线图

8.3.4　旋翼无人机巡航性能分析

旋翼无人机的巡航性能包括续航时间(简称航时)及航程,是旋翼无人机的主要技术指标之一,表示旋翼无人机能飞多久和能飞多远两项重要性能。而在设计旋翼无人机时,这两项指

标又是用来确定燃油量的依据。

1. 旋翼无人机巡航飞行的耗油量

旋翼无人机的巡航性能主要取决于两方面的因素:旋翼无人机上的可用燃油量和单位时间(每小时)或单位距离(每千米)内旋翼无人机的油耗。显然,可用燃油量多,小时耗油量或公里耗油量小,则续航性能好。

小时耗油量 q_h 是指旋翼无人机每飞行一小时发动机消耗的燃油量,根据发动机特性可知

$$q_h = C_e N_M \tag{8-36}$$

式中, N_M 为发动机的出轴功率(马力); C_e 为发动机的单位耗油率,指发动机在某一工作状态下每小时、每匹马力所消耗的燃油量。

由此可见,发动机的单位耗油率越小,特别是飞行状态所要求的发动机功率越小,则小时耗油量 q_h 就越小。这时,在一定的燃油量下续航时间就越长。

公里耗油量 q_{KM} 指飞行每 1 km 的燃油消耗量,它与小时耗油量的关系为

$$q_{KM} = \frac{q_h}{V_0} = \frac{C_e N_M}{V_0} \tag{8-37}$$

式中, V_0 为旋翼无人机的飞行速度,km/h。

由于旋翼无人机的巡航飞行时间较长,燃油消耗使飞行重量有较大的变化。为使巡航计算比较准确而又方便,飞行重量采用巡航飞行中的平均值

$$G_{pj} = G - \frac{1}{2} G_{ry} \tag{8-38}$$

式中, G 是起飞重量; G_{ry} 是可用燃油量,它并不等于旋翼无人机所装载的全部燃油,须扣除下列部分:巡航飞行之外的油耗(起飞、爬升到巡航高度以及下降至落地各飞行阶段)、应急储备油量和油箱的残留死油。如无具体数据,估算巡航性能时,须扣除的油量可以近似地取为 30 分钟巡航飞行的油耗,或总油量的 $10\% \sim 15\%$ 。

2. 旋翼无人机巡航飞行的航时和航程

假定旋翼无人机在巡航飞行过程中,发动机功率 N_M 保持不变,那么航时 t 和航程 L 分别为

$$t = \int \frac{\mathrm{d}G_{ry}}{q_h} = \frac{\zeta G_{ry}}{C_e N_{xu}} \tag{8-39}$$

$$L = \int \frac{\mathrm{d}G_{ry}}{q_{KM}} = \frac{\zeta G_{ry}}{C_e (N_{xu}/V_0)} \tag{8-40}$$

式中, N_{xu} 为巡航飞行(平飞)时旋翼的需用功率; ζ 为功率利用系数。

如果发动机的单位耗油率 C_e 不随飞行速度或 N_{xu} 变化,那么由式(8-41)可以判断,在一定的可用燃油量 G_{ry} 下,以需用功率最小的平飞速度作巡航飞行则航时最久。同样,由式(8-42)可以判断,当 (N_{xu}/V_0) 为最小值时,航程 L 最长,即

$$t_{\max} = \frac{\zeta G_{ry}}{C_e (N_{xu})_{\min}} \tag{8-41}$$

$$L_{\max} = \frac{\zeta G_{ry}}{C_e (N_{xu}/V_0)_{\min}} \tag{8-42}$$

在旋翼无人机平飞需用功率曲线图上, N_{xu} 的最低点对应着航时最久的飞行状态,如图 8-20 所示。相应于航时最久的飞行速度称为经济速度,用 V_{ec} 表示。在旋翼无人机平飞需用

功率曲线上(见图8-20),由原点向该曲线作切线,切点处就是$(N_{xu}/V_0)_{min}$点,相应于航程最长的平飞速度称为有利速度,用V_{op}表示。

整个航时及航程,除上面的计算值外,还应加上进入航线之前的起飞、爬升与退出航线后下滑落地两飞行阶段的留空时间及水平距离,它们大约为$6\sim8$min及$10\sim15$km。此外,应当注意,由此算得的相应于最大航程的飞行速度往往较大,须检查是否受到气流分离、激波或结构强度及振动的限制。

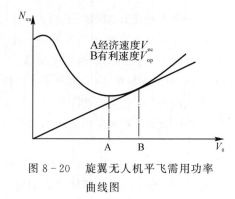

图8-20 旋翼无人机平飞需用功率曲线图

8.4 旋翼无人机特殊性能分析

旋翼无人机的垂直和前飞性能分析所研究的飞行状态都是定常直线运动,除了这些常规性能问题以外,旋翼无人机还有一些特殊性能问题。在所谓特殊性能问题中,有的是气流情况不稳定,有的是旋翼无人机本身处于非定常运动,这些问题在数学上一般不易精确分析,但是在飞行中常会碰到,因此对这些问题必须有一定的了解。

8.4.1 旋翼无人机自转性能分析

1. 旋翼无人机自转下滑状态的力平衡方程

旋翼无人机在飞行中,如果发动机空中停车,自动驾驶仪就会驱动伺服机构迅速减小桨距并作适当操纵,使旋翼无人机迅速进入定常自转飞行。这时,发动机不提供功率,旋翼无人机下降损失位能(高度),而旋翼则在下降时的来流中获得能量,以抵偿自身的型阻功率、诱导功率及旋翼无人机废阻功率,保持稳定旋转(转向并不改变)并产生拉力,实现定常自转下滑。在下滑到距地面几十米高度时,自动驾驶仪会采取瞬时增距措施,使拉力突然增大以减小下降率,实现安全着陆。

分析研究旋翼无人机自转性能主要着眼于安全着陆,即确定自转下滑的极限情况:可能的最小下降率和最小下滑角。

旋翼无人机自转下滑状态的力平衡关系如图8-21所示。可以得到力平衡方程为

$$\sin[(-\theta)-\alpha_S]-\frac{C_H}{C_T}\cos[(-\theta)-\alpha_S]=\frac{C_Q}{C_T}\cos(-\theta)$$

$$(8-43)$$

2. 旋翼无人机自转下滑性能计算

根据旋翼无人机飞行功率平衡关系:

$$N_{xu}=(N_x+N_i+N_f)=0 \qquad (8-44)$$

式中,N_{xu}为需用功率;N_i为诱导功率;N_x为型阻功率;N_f为废阻功率。

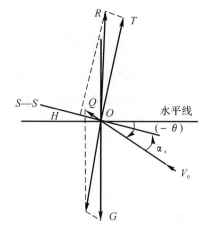

图8-21 旋翼无人机自转下滑状态的力平衡关系

得到下降率 V_y 为

$$V_y = \frac{75}{G}(N_x + N_i + N_f) \qquad (8-45)$$

作为第一次近似计算，上式括号中的功率和，可以近似地取为旋翼无人机平飞需用功率 N_{xu}。考虑到旋翼无人机自转飞行中旋翼必须输出一部分功率（约 5%）来带转尾桨及泵等附件，那么下降率可写为

$$V_y = -1.05 \times \frac{75 N_{xu}}{G} \qquad (8-46)$$

利用旋翼无人机平飞性能计算中的 N_{xu}-V_0 曲线，根据式（8-46）可以方便地做出自转下滑性能曲线，如图 8-22 所示。图中 V_{ec} 表示经济速度，V_{op} 表示有利速度，可以看出，最小下降率及最小下滑角分别与旋翼无人机平飞性能中的经济速度及有利速度相对应。

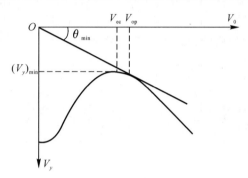

图 8-22　旋翼无人机自转下滑性能曲线

旋翼无人机以最小下降率状态飞行，在空中停留时间最久；以最小下滑角状态飞行，则自转下滑中飞行的距离最远。旋翼无人机在不同的飞行高度上，由于需用功率有所不同，因而 $(V_y)_{min}$ 随高度而略有变化。

$$(V_y)_{min} = -1.05 \times \frac{75(N_{xu})_{min}}{G}$$

$$\theta_{min} = \arctan\left(\frac{V_y}{V_0}\right)_{min} \qquad (8-47)$$

在旋翼无人机发动机空中停车后，自动驾驶仪会根据感知与避让系统提供的环境信息，自动选择着陆点，并根据着陆点周围具体情况采用这种或那种飞行状态。

8.4.2　旋翼无人机地面效应性能分析

1. 旋翼无人机地面效应的定义和作用原理

（1）旋翼无人机地面效应的定义

地面效应也称为气垫效应，是一种使飞行器诱导阻力减小，同时能获得比空中飞行更高升阻比的流体力学效应。当运动的飞行器掉到距地面（或水面）很近时，整个飞行器机体的上下压力差增大，升力会陡然增加。即当旋翼无人机贴近地面悬停或低速飞行时，在一定的功率下，旋翼的拉力较远离地面时有所增加；或在一定的拉力下，旋翼的需用功率较远离地面时有所减小。

地面效应对旋翼无人机的起飞和着陆有很大意义，在地面效应范围内旋翼无人机可作超

载起飞,以提高旋翼无人机的载重能力。在旋翼无人机自转垂直降落时地面效应能起减速作用,可稍减小垂直着陆速度。

(2)旋翼无人机地面效应的作用原理

地面效应的作用原理是因为地面或水面阻止了翼尖涡流的下洗,即相对气流的来向(等同于攻角)更接近于理论水平,从而减小了诱导阻力,这对飞行器的飞行品性来说是有利的。

对于旋翼无人机而言,地面效应的作用原理是由于地面的存在显著地影响了旋翼的诱导速度大小及其分布,诱导速度向下垂直于地面的分量在接近地面时受到地面阻挡变为零,因而旋翼处的诱导速度也必定小于无地面影响在自由大气中的情况。

从旋翼无人机空气动力学动量理论角度看,由于地面的阻挡,使得旋翼旋转平面处的等效诱导速度减小,因而产生同样拉力的诱导功率也随之减小。

从旋翼无人机空气动力学叶素理论来解释,可参看图8-23,旋翼无人机在地效内和地效外两种悬停情况的比较。若两者的拉力相等,即对应桨叶剖面的迎角相同,由于地面效应使诱导速度减小,因而剖面升力的后倾角减小。于是桨叶的诱导阻力减小,导致驱动旋翼的需用扭矩及功率下降。

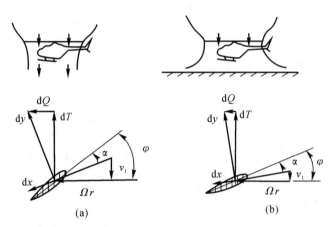

图8-23 旋翼无人机在地效内和地效外两种悬停情况的比较

2.旋翼无人机地面效应性能计算

国外资料给出了以飞行试验为基础的经验公式,根据已知的诱导速度分布,即可算出旋翼无人机在地效范围内桨盘平面的等效诱导速度及诱导功率。该经验公式为

$$\frac{T_h}{T_\infty} = 1.0 + 0.01 x^{(1.0+0.5^x)} \tag{8-48}$$

$$x = 4.0 - \frac{1}{3}\left(\frac{h}{D}\right) \tag{8-49}$$

式中,T_h 为旋翼无人机在地效范围内的旋翼拉力;T_∞ 为无地效时的旋翼拉力;h 为旋翼无人机悬停高度(机轮或滑橇离地高度);D 为旋翼直径。该经验公式适用于 $\frac{h}{D} \leqslant 1.2$。

一般可近似认为旋翼无人机悬停飞行时的重量与旋翼拉力相等,即已知旋翼无人机起飞重量 $G = T_\infty$,由式(8-48)和式(8-49)两式可计算出有地效时旋翼无人机在离地不同距离上悬停的最大载重 $G_h = T_h$。

8.5　电动旋翼无人机飞行性能分析

目前,国内外电动旋翼无人机的设计研究和使用主要集中于微小型机,原因是在相关参数与油动旋翼无人机相当的情况下,采用动力蓄电池技术的电动旋翼无人机,其续航时间和航程仅为油动旋翼无人机的 $1/30\sim1/15$。因此,电动旋翼无人机的续航时间不是以小时计算,而是以分钟计算,这样就大大限制了电动旋翼无人机的应用范围。

8.5.1　电池比能量和比功率的基本概念

1. 电池比能量的定义

比能量是指单位重量或单位体积电池对外输出的能量。

参照油动发动机的耗油率,可定义电池的等效耗油率,其与电池比能量的关系如下:

$$C_{Be} = \frac{1\ 000}{A_E B_E} \qquad (8-50)$$

式中,C_{Be} 为电池等效耗油率,单位为 $kg/(kW \cdot h)$;A_E 为电池比能量的温度特性系数;B_E 为电池常温时的比能量,单位为 $W \cdot h/kg$。

2. 电池比功率的定义

比功率是指单位时间电池的比能量。比功率的大小表征电池能承受的工作电流的大小。电池的比功率直接影响了电动旋翼无人机的机动飞行能力,对应于油动旋翼无人机的发动机功率重量比,在电动机和电子调速器满足电池最大输出功率的前提下,电池的比功率越大,电动旋翼无人机的机动飞行能力越好。

一般油动(航空)发动机的功率重量比可达 $1\sim3\ kW/kg$,而目前动力蓄电池的比功率在 $800\sim5\ 000\ W/kg$ 之间,所以当前的电动旋翼无人机较多地采用了动力蓄电池技术,而燃料电池由于比功率较小,在旋翼无人机上的应用受到了一定的限制。

3. 功率利用系数

旋翼无人机的功率利用系数包括了传动系统的效率、散热系统的效率、尾桨损失(对单旋翼而言)以及其他损失。对于电动旋翼无人机来说,还包含了电动机的效率、电子调速器的效率和电池的转换效率。

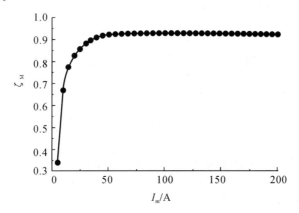

图 8-24　电动机效率随输入电流的变化

电动机的效率 ζ_M 可表示为

$$\zeta_M = \frac{P_{out}}{P_{in}} = \frac{(V_{in} - I_{in}R_0) - (I_{in} - I_0)}{V_{in}I_{in}} \tag{8-51}$$

式中，P_{out} 为电动机输出功率；P_{in} 为电动机输入功率；V_{in} 为电机输入电压；I_{in} 为电机输入电流；R_0 为电机内阻；I_0 为电机无负载电流。

当 V_{in}，R_0 和 I_0 为定值时，输入电流的大小直接影响了电动机的效率，图 8-24 所示为典型的电动机效率随输入电流变化的情况，目前电动机效率可以达到 85% ～ 95%。

4. 旋翼单位需用功率

电动旋翼无人机前飞时，旋翼单位需用功率公式可表示为

$$\overline{N}_r = B_1' \frac{C_{x7}}{C_{y7}}\Omega R + B_2' \frac{P}{V_0\Delta} + B_3'\Delta\widetilde{C}_x V_0^3 = \overline{N}_{pr} + \overline{N}_i' + \overline{N}_{Pa} \tag{8-52}$$

式中，$\overline{N}_{pr} = N_{pr}/G$ 为单位型阻功率；$\overline{N}_i' = N_i/G$ 为单位诱导功率；$\overline{N}_{pa} = N_{pa}/G$ 为单位废阻功率；P 为在某高度飞行时的需用功率；C_{x7}、C_{y7} 分别为桨叶特征剖面处的翼型阻力系数和升力系数；ΩR 为旋翼桨尖速度；V_0 为旋翼无人机前飞速度；$\Delta = \dfrac{\rho}{\rho_0}$ 大气相对密度；$\widetilde{C}_x = \dfrac{\sum C_x S}{G}$ 为全机单位废阻；B_1'，B_2'，B_3' 为计算系数。

$$B_1' = \frac{3k_p}{4 \times 1\,000k_T k}$$

$$B_2' = \frac{J}{2\,450k}$$

$$B_3' = \frac{1.225}{10\,00 \times 2}$$

式中，k 为旋翼桨叶片数；k_p 为翼型阻功率修正系数；k_T 为翼拉力修正系数；J 为翼诱导功率修正系数。

电动旋翼无人机某高度飞行时的需用功率载荷 q_r 为

$$q_r = G/P \tag{8-53}$$

式中，q_r 为需用功率载荷，单位为 N/kW。

8.5.2 电动旋翼无人机飞行性能计算

1. 电动旋翼无人机续航时间和航程计算

与电动飞机类似，电动旋翼无人机续航时间 t 的表达式为

$$t = \frac{A_E B_E G_B}{P_{Br}g} \tag{8-54}$$

式中，G_B 为电池的重量；g 为重力加速度；P_{Br} 为直升机某高度飞行时电池的输出功率，单位为 W。

按照功率平衡关系，电动旋翼无人机的单位需用功率 $\overline{N}_r$ 和电池的输出功率之间的关系为

$$P_{Br} = \frac{1}{\zeta}G\overline{N}_r \tag{8-55}$$

式中，ζ 为功率利用系数；$\overline{N}_r$ 为旋翼无人机单位需用功率，单位为 W/N；G 为旋翼无人机的总重。将式(8 - 55) 代入式(8 - 54)，得

$$t = \frac{A_E B_E \zeta \overline{G}_B}{\overline{N}_r g} \tag{8 - 56}$$

式中，$\overline{G}_B$ 为电池的相对重量，有

$$\overline{G}_B = G_B/G \tag{8 - 57}$$

由式(8 - 53) 与式(8 - 55) 可得

$$q_r = 1\,000\zeta/\overline{N}_r \tag{8 - 58}$$

电动旋翼无人机的续航时间 t、最大续航时间 $t_{\max}$ 和最大航程 $L_{\max}$ 可简化为

$$t = \frac{A_E B_E q_r \overline{G}_B}{1\,000 g} \tag{8 - 59}$$

$$t_{\max} \approx \frac{B_E q_{\max} \overline{G}_B}{1\,000 g} \tag{8 - 60}$$

$$L_{\max} \approx \frac{(B_E q_r V)_{\max} \overline{G}_B}{1\,000 g} \tag{8 - 61}$$

2.电动旋翼无人机垂直爬升速度和悬停升限计算

假设电动机和电子调速器满足功率要求，将电池的可用功率充分地输出到旋翼无人机的传动系统，电动旋翼无人机的理论悬停升限可按以下功率平衡关系确定：

$$P_{Bky} = \frac{1}{\zeta} G \overline{N}_{Hr} = \frac{A_p B_P G_B}{g} \tag{8 - 62}$$

式中，P_{Bky} 为电池某高度的可用功率；$\overline{N}_{Hr}$ 为电动旋翼无人机某高度悬停时的单位需用功率；A_p 为电池比功率的温度特性系数；B_p 为电池常温时的比功率，单位为 W/kg。

垂直爬升速度的计算公式可由下式确定：

$$V_{yV1} = \frac{\zeta(P_{Bky} - P_{Br})}{G} \tag{8 - 63}$$

将式(8 - 55) 和式(8 - 62) 代入式(8 - 65)，得

$$V_{yV1} = \frac{\zeta A_p B_P \overline{G}_B}{g} - \overline{N}_{Hr} \tag{8 - 64}$$

以上计算的垂直爬升速度需要修正，修正公式如下：

$$V_{yV2} = k_{yV} V_{yV1} \tag{8 - 65}$$

$$k_{yV} = 1 + \frac{1}{\left(1 + \dfrac{V_{yV1}}{v_{i0}}\right)} \tag{8 - 66}$$

式中，v_{i0} 为某高度的悬停诱导速度。

通过计算，$V_{yv} = 0.5$ m/s 对应的高度即为直升机的悬停升限。

3.电动旋翼无人机最大爬升速度和最大飞行速度计算

电动旋翼无人机的最大爬升速度 $V_{y\max}$ 和最大飞行速度 $V_{\max}$ 取决于电动系统的特性。参考传统油动直升机，得到电动旋翼无人机两项性能的计算公式为

$$V_{y\max} \approx \frac{\zeta A_p B_P \overline{G}_B}{g} \overline{N}_{\min} \tag{8 - 67}$$

$$V_{\max} \approx \sqrt[3]{\frac{\zeta A_p B_p \overline{G}_B / g - \overline{N}_{pr}}{1000 B'_3 \Delta \widetilde{C}_x}} \qquad (8-68)$$

同理,旋翼无人机的垂直爬升速度 V_{yV}、最大爬升速度 $V_{y\max}$ 可表示为

$$V_{yV} = \zeta \left(\frac{A_P B_P \overline{G}_B}{g} - \frac{1\,000}{q_{Hr}} \right) \qquad (8-69)$$

$$V_{y\max} \approx \zeta \left(\frac{A_P B_P \overline{G}_B}{g} - \frac{1\,000}{q_{r\max}} \right) \qquad (8-70)$$

式中,q_{Hr} 为电动旋翼无人机某高度悬停时的需用功率载荷,单位为 N/kW。

需用功率载荷可按式(8-52)和式(8-58)进行理论计算获得,也可以通过飞行性能试验按式(8-53)得到。

习　　题

1.旋翼无人机发动机类型有哪些?

2.什么是功率型飞行器、需用功率和剩余功率?

3.旋翼无人机垂直上升时旋翼需用功率由哪些部分组成?

4.旋翼无人机实用升限与理论升限有何区别?

5.旋翼无人机前飞时的废阻力有哪些?

6.什么是旋翼无人机性能计算的功率法?

7.概略分析旋翼无人机各项需用功率随平飞速度变化的规律。

8.旋翼无人机平飞速度受到哪些因素的限制?

9.简述旋翼无人机地面效应的定义和作用原理。

10.什么是电池比能量、比功率和功率利用系数?

第四篇　电动垂直起降飞行器篇

第9章　电动垂直起降飞行器基本知识

9.1　电动垂直起降飞行器的基本概念

目前,最能够体现现代航空技术发展的最新成果是电动垂直起降飞行器,它是一种目前正在发展进程中的空中交通工具。长久以来,人们对这种颇具未来感的空中交通工具就充满了期盼和想象,习惯性地把它称为"飞行汽车"。

9.1.1　电动垂直起降飞行器的定义和发展趋势

1.航空技术发展史上的三次大突破

人类对升空飞行的梦想是与生俱来的。为了能自由地翱翔蓝天,从远古和农耕时代开始,奋斗了几千年,直至 1903 年 12 月 17 日 1 才美梦成真。在至今只有百余年的航空技术发展史上,有三个最值得大家铭记在心的重大技术突破时间节点,如图 9-1 所示。

第一个时间节点是 1903 年 12 月 17 日,莱特(Wright)兄弟创造的固定机翼飞机"飞行者"一号滑跑起飞成功,拉开了人类航空业发展的历史大幕。

第二个时间节点是 1939 年春天,美籍俄罗斯人埃格·西科斯基(Igor Sikorsky)设计制造的第一架实用的直升机 VS-300 试飞成功,为人类垂直起降飞行奠定了坚实基础。

第三个时间节点是 2011 年 10 月 21 日,由德国卡尔斯鲁厄大学研究团队研制的世界上第一架电动垂直起降(electric Vertical Take-Off and Landing,eVTOL)飞行器首次载人试飞成功,开创了电动垂直起降飞行器的新时代。

图 9-1　在人类航空技术发展史上发生的最重要的三件大事
(a)1903 年第一架固定翼飞机试飞成功；　(b)1939 年第一架直升机试飞成功；
(c)2011 年第一架电动垂直起降飞行器(eVTOL)载人试飞成功

2.电动垂直起降飞行器的定义

电动垂直起降飞行器是以电能或油电混合系统为动力,无需专用飞行跑道即可实现垂直起落的飞行器,它是在多旋翼无人机基础上发展起来的一种新型空中交通工具。电动垂直起降飞行器英文缩写名称 eVTOL 中的第一个小写字母 e 表示电动,后面 4 个大写字母 VTOL 表示垂直起降。顾名思义,电动垂直起降飞行器的动力系统必须包含电动机和蓄电池。由于它价值定位一开始就是用于空中载人或载货飞行,因此并不具备机动车公路出行功能,很多电动垂直起降飞行器甚至都没有设计机轮而采用滑橇式起落架。

电动垂直起降飞行器强调"电动"的原因是电动机比燃油发动机的热效率高很多,而且成本低,噪声小,使用寿命长,无排放和污染。节能减排是交通领域最新研究和实践的热点问题,航空器领域也不例外,例如应用非常广泛的轻小型多旋翼无人机已基本上全部采用了纯电动系统。

电动垂直起降飞行器与目前常见的燃油直升机相比,具备以下优点:

1)低碳环保:电机零污染,消除了使用燃油发动机时所造成的空气污染问题。

2)低噪声:电机驱动的噪声大大低于燃油发动机。使用燃油发动机的直升机飞行时噪声一般为 85 dB,电动垂直起降飞行器飞行时噪声一般为 60 dB。

3)低成本:电力的运营成本远低于燃油。电动垂直起降飞行器高速巡航情况下百公里耗电可降至 31 度,按照 0.6 元 1 度电计算,百公里成本约 18 元;同级别的燃油直升机百公里油耗在 10～15 L,按照 9 元/L 计算,百公里成本在 100 元上下。

4)稳定性好:电机结构简单,输出功率不受空气中含氧量影响,维护简单。

3.电动垂直起降飞行器理念的提出和发展趋势

目前世界各国的地面交通,尤其是对于大城市来说,道路利用率基本上已经到了一个极限。大城市的路网规划和其他商业用地、住宅用地之争,早就是一个很严重的问题,道路堵车尤其严重,浪费和消耗了大量的社会资源。为了解决这一难题,2014 年美国直升机国际协会

(American Helicopter Association，AHA）和美国航空宇航协会（American Institute of Aeronautics and Astronautics，AIAA）在弗吉尼亚大会上正式提出了电动垂直起降飞行器理念。该理念是要在多旋翼无人机基础上发展一种新型空中交通工具,其核心是垂直起降、无污染、低噪声,因此非电动动力系统莫属。

真正把电动垂直起降飞行器理念带热的则是全球共享出行巨头美国优步（Uber）公司。2016 年 10 月优步公司发布了《快速飞入城市空中交通白皮书》,指出正如摩天大楼可以更有效利用有限的城市土地一样,城市空中交通将利用三维空域缓解地面的交通拥堵;基于电动垂直起降飞行器构成的网络,将能够在郊区和城市之间,并最终在市内实现迅速而可靠的交通。该白皮书具体介绍了城市空中交通应用的前景预测、应用模式和技术规划等。其核心内容是强调城市空中交通工具必须采用电动动力系统,以确保具有垂直起降、无污染、低噪声等性能要求。提出的具体性能要求有:电动垂直起降、100 km 航程、240 km/h 巡航速度、4 座/商载 500 kg 以上,巡航高度 300 m。以这一应用场景及目标性能为指引,优步公司以互联网企业思维和作风,加上强大的号召力和资本能力,迅速掀起了全球范围内面向城市空中交通的电动垂直起降飞行器投资和研发热潮,全球各地许多飞机、汽车制造企业和科技公司都开始紧锣密鼓地开发研制电动垂直起落飞行器。

与此同时,美国垂直飞行协会（Vertical Flight Society，VFS）意识到,随着动力电池、电控、电动机、轻型复合材料、飞控等关键技术的发展,电动垂直起降飞行器将会引发新一轮航空技术革命。2017 年,VFS 编制了业内第一份电动垂直起降飞行器目录并对外发布,同时希望通过相关工作,帮助业内公司、研究人员和政府机构,共同突破包括技术、法规、基础设施、交通管理和安全性等问题在内的诸多商业障碍。

2018 年 11 月,美国航空航天局（NASA）发布了《城市空中交通发展报告》,提出了城市空中交通（Urban Air Mobility，UAM）的概念。该报告由多家研究机构联合撰写,将城市空中交通概念定义为:基于载人飞行器和无人机系统的安全、高效城市交通运营方式,提出了末端配送、空中巴士和空中出租车等典型且最具挑战性的城市空中运输模式和交通工具。2019 年 2 月,美国航空航天局（NASA）将城市空中交通（UAM）这一术语改为先进空中交通（Advanced Air Mobility，AAM）,进一步涵盖了城乡和城际间客货运输。提出城市空中交通系统进一步可在地面基础设施比较薄弱的城市郊区和农村地区拓展应用。强调通过应用前瞻性的飞行器气动布局和动力电池技术提高交通运输能力和效率、兼顾大众服务和个性化需求、符合绿色低碳理念,更加符合人们对现代空中交通的设想和期望。

2019 年,欧洲航空安全局（European Aviation Safety Agency，EASA）针对电动垂直起降飞行器的认证发布了全新的航空管理规定,以期为电动垂直起降飞行器建立更有针对性的全新监管体系。随后,美国航空监管当局也开始加紧推进电动垂直起降飞行器适航取证等层面的法规创新工作,对原有航空法规中关于小型飞机的认证部分进行了修订,允许电动垂直起降飞行器机身、发动机和螺旋桨作为一个整体进行认证,这使得推进系统和机体高度集成的电动垂直起降飞行器设计理念得到了监管层面的支持。

至此,电动垂直起降飞行器产业发展的外部障碍开始逐一被清除,从而促发了全球电动垂直起降飞行器研发项目如雨后春笋般涌现。现在电动垂直起降飞行器技术和先进空中交通（AAM）市场的发展如火如荼,欧洲空客公司、美国波音公司和巴西航空工业公司等老牌飞机制造商正在加大电动垂直起降飞行器等非传统飞行器的研发投入。与此同时,福特、通用、大众、戴姆勒、现代等老牌汽车制造厂商也不甘落后,纷纷大举进军电动垂直起降飞行器市场。除此外,众多新成立的初创公司也都在紧锣密鼓地开发电动垂直起降飞行器,寻找各种渠道募集资金,推出了许多令人震惊的创新设计,并开展了一系列载人试飞,旨在与大型飞机制造商和汽车制造商在这新的领域展开竞争。

9.1.2 电动垂直起降飞行器自动驾驶和运营规划

1. 电动垂直起降飞行器的自动驾驶要求

按照城市空中交通(UAM)的目标,一个城市上空同一时间可能会有成千上万架电动垂直起降飞行器在飞,为了确保飞行安全,所有的电动垂直起降飞行器必须采用先进的无人自动驾驶技术,包括飞行航线间的自主飞行,其飞行主要不是在地面进行远程控制,而是自动驾驶。地面控制站只是作为飞行监督平台,起监测监视作用,有必要时才接入监管。无人自动驾驶的优势是全自主动飞行,既避免了可能发生的人为事故,又降低了飞行成本。

电动垂直起降飞行器全自主飞行能力是指它在没有操控人员的干预下,可以根据自身的状态和感知信息自主执行任务的能力,包括飞行环境感知与规避技术、飞行路径规划技术和飞行控制技术。其中飞行环境感知与规避技术是指无人机自主及时躲避障碍物的智能技术,通常分为三个阶段:感知障碍物阶段、自主绕开阶段和规划路径阶段。目前电动垂直起降飞行器常用的避障设备和技术主要有红外避障、超声波避障、激光避障、毫米波雷达避障、机器视觉避障等,电动垂直起降飞行器能够通过这些传感器感知到其他飞行器或鸟类的运动轨迹。与此同时,电动垂直起降飞行器的传感器和计算平台都需要满足适航的要求,且计算平台还能满足深度学习和自动驾驶需要的性能。

众所周知,航空器要想实现全自主飞行难度极大,从 20 世纪 40 年代第二次世界大战开始使用的无人靶机,到现在满世界每天都有成千上万架无人机(主要是微小型)在天空中飞翔,80多年来,真正能够实现全自主飞行的少之又少。即使这样,人们仍然认为:面向城市空中交通(UAM)应用的电动垂直起降飞行器要坚持全自主飞行原则。原因主要有三点:

1)安全性。航空器的飞行事故是指在任何人登上航空器准备飞行直至所有这类人员下了航空器为止的时间内,所发生的与该航空器的运行有关的人员伤亡、航空器损坏或失踪的事件。影响航空器安全的因素主要包括航空器系统本身、各类人员和外界环境三个方面,而航空器系统本身的安全性是保证航空器安全的基础。统计数据显示:以往大多数航空事故是由于飞行员失误造成的,如图 9-2 所示。

电动垂直起降飞行器全自主飞行系统可以通过为每次飞行创造可预测的、一致的结果来显著减少人为错误,特别是可以消除由飞行员人工驾驶而造成的高达近 50% 的事故。因此,电动垂直起降飞行器采用全自主驾驶将更加安全,这一点至关重要。

2)降低成本。电动垂直起降飞行器全自主飞行可以使航空公司或私人用户节约大笔的培训费、人工费,从而使航空公司能够更有效、更快速地扩大规模,降低成本并降低票价,可以让更多人使用电动垂直起降飞行器作为出行的交通工具。鉴于电动垂直起降飞行器的座位数(载荷能力)基本在 5 座及以下,若规模运营,要求的驾驶员的数量将是海量的。特别是电动垂直起降飞行器要想像私家小汽车那样进入千家万户,成为真正能够解决地面交通拥堵的"飞行小汽车",就必须降低成本,除了购置成本和维护成本外,最重要的还是培训和使用成本。如果电动垂直起降飞行器要求必须经过长期严格培训的专业飞行员才能驾驶,那它肯定无法像私家小汽车那样获得广泛普及应用,因为面对高昂的驾驶员培训、运营经济成本,使电动垂直起降飞行器可触达的用户必然有限,商业价值将受到挑战。因此,从运营成本角度来讲,电动垂直起降飞行器全自主飞行将势在必行,这意味着电动垂直起降飞行器实质上必须是一架能全自主飞行、用于载客运输的无人机。

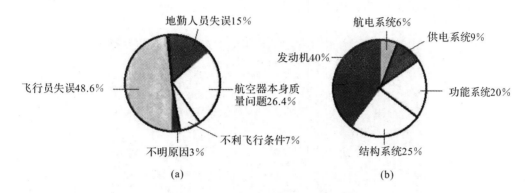

图 9-2　航空器失事原因统计资料

(a)航空器失事原因分布图;　(b)航空器各系统质量事故分布图

3)低噪声。噪声是指凡是妨碍人们正常休息、学习和工作的声音,以及对人们要听的声音产生干扰的声音。长期生活在噪声水平达到 90 分贝以上的环境中,听力会受到严重影响并产生神经衰弱、头疼、高血压等疾病。众所周知,低噪声是电动垂直起降飞行器最重要的品质要求之一。为了对比电动垂直起降飞行器和燃油直升机两者在正常飞行中的噪声水平,美国乔比航空公司(Joby Aviation)用自己研制的 S4 电动垂直起落飞行器与美国罗宾逊公司生产的 R44 燃油直升机(两者的载重量差不多)进行了对比测试,测试结果表明:两者在正常飞行中的噪声水平相差很大。R44 直升机飞行时的最大噪声为 85 dB,而乔比航空公司的 S4 电动垂直起降飞行器飞行时的最大噪声为 60 dB,比 R44 直升机低了 25 dB,这说明电动垂直起降飞行器降噪效果十分明显。

基于安全性、低成本和低噪声三要素,从发展的角度来看,虽然目前有一些正在研制发展的电动垂直起降飞行器设计方案尚未具备全自主飞行能力,只能进行有人驾驶或半自主飞行。但可以预见到:当它研制发展到定型阶段以后,真正大批量推向市场,投入到实际运营阶段时,一定会发展为具有全自主飞行能力的无人驾驶,因为在现代全球市场激烈的生存竞争中,安全性、低成本、低噪声,再加上零污染,这四大要素起关键作用,优胜劣汰原则是无可抗拒的。

2.电动垂直起降飞行器的运营规划

电动垂直起降飞行器行业若想要扩大规模,步入大规模发展就必然需要全新的飞行规则。为此,不久前美国波音飞机公司联合其投资的空中出租车初创公司 Wisk Aero 发布了一项名为《无人驾驶城市空中交通运营概念》的文件。该文件旨在为无人驾驶的载人城市空中交通(UAM)领域的运营提供一个运营规划。旨在将电动垂直起降飞行器纳入美国国家空域系统(United States National Airspace System,NAS),为实现未来几年内社会全阶层高吞吐量的运营目标奠定基础,甚至为全球 UAM 领域提供一份运营蓝图。

(1)管理人员和设备

无人驾驶电动垂直起降飞行器作为城市空中出租车使用时,在其运营流程中,主要管理人员和设备如下：

1)停机坪及其管理人员。停机坪大多建筑在大型建筑物(如高楼大厦)顶上,也有的建在地面上,是供电动垂直起降飞行器起飞、降落,乘客上下,以及为它提供能源补充和维护等服务的固定场所,如图9-3所示。停机坪管理人员负责确保场地的正常使用和安全,并对停留的电动垂直起降飞行器进行统筹管理,组织安排乘客待机及上下飞机等。

图9-3 电动垂直起降飞行器在大厦顶上的停机坪降落待客

2)第三方服务供应商。第三方服务供应商将提供与电动垂直起降飞行器运营相关的信息、通信和其他有关的解决方案,包括数据链、航空数据服务、航迹相关信息及其他服务。

3)电动垂直起降飞行器。无人驾驶的电动垂直起降飞行器配备空中及地面避障系统,具备自动驾驶、自主飞行能力,可以自动执行各项飞行计划,即使在没有地面控制站链接的情况下,也能执行完整的飞行计划。

4)设备管理和使用。空域管理、导航、通信、自动控制系统(Automatic Train Control, ATC)等运营基础设施、日常维护维修设备,以及设备管理使用人员和维护维修人员等。

5)机长。机长是飞行过程监控人员,负责规划和监控电动垂直起降飞行器飞行全过程,并履行机长的法律职责。

(2)旅客乘机流程

旅客乘坐无人驾驶电动垂直起降飞行器的流程为:线上预订机票→进入停机坪完成安检→登机→飞行→下机→离开停机坪。所有飞行有关的流程操作都将根据航运安全标准进行,以确保飞行安全和可扩展的操作,如图9-4所示。

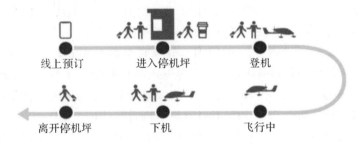

图9-4 旅客乘坐无人驾驶电动垂直起降飞行器的流程

(3)电动垂直起降飞行器运行流程

1)飞行计划阶段。运营公司经理根据需求和容量的平衡考量,制订运行计划。

2)飞行准备阶段。飞行监控人员根据运行计划进行飞行准备工作及各项例行检查。

3)起飞阶段。在自动控制系统(ATC)发出许可起飞信号后,电动垂直起降飞行器自动进入起飞程序,动力系统开足马力,垂直起飞升空。

4)飞行阶段。电动垂直起降飞行器在自动驾驶仪的操控下,按照任务规划路线自主飞往目的地。在飞行过程中,机长或监控人员会对其空域、飞行路径、飞行状况进行监测和检查,一旦飞行状态出现异常时可实时进行人工干涉、排除故障,或启动转场程序,以确保飞行安全。

5)降落阶段。电动垂直起降飞行器飞抵目的地停机坪上空后,机长或监控人员将协调它的降落过程操作,以确保降落过程的顺利和安全。

6)降落后阶段。地面管理人员指引旅客下机及货物卸载,地勤人员检查电动垂直起降飞行器各个系统、为电池充电(或加油)、清洁机舱,为下次飞行做准备。

9.1.3 电动垂直起降飞行器的投资热潮和与飞行汽车的区别

1.电动垂直起降飞行器受到全球投资者的广泛关注

电动垂直起降飞行器研发需要巨大的资金支持。早期电动垂直起降飞行器企业主要通过私人投资、风投或政府项目支持获得资金。2019 年 12 月,中国亿航公司成为第一个在美股上市的电动垂直起降飞行器企业,拉开了电动垂直起降飞行器企业上市融资的序幕。2021 年下半年,随着新冠疫情结束后经济的复苏以及各国政府发布政策支持先进空中交通(AAM)行业,发现机会到来的电动垂直起降飞行器企业急于上市融资。于是,一种美股特有的快速上市途径进入了人们的视野,即通过特殊目的收购公司借壳上市。总部位于美国加利福尼亚州的乔比航空公司与特殊目的收购公司合并上市后,其市值接近 60 亿美元。除此之外,美国阿奇尔(Archer)、英国垂直宇航(Vertical Aerospace)、德国百合花(Lilium)等公司也专注垂直起降电动飞行器开发。

在人类科技发展史上每个周期都有对应的主导产业,这些主导产业则通过科技进步和需求普及驱动该产业的投资周期,造就强大的企业。比如 20 世纪 60 年代的美国汽车产业蓬勃发展,成就了汽车三巨头:通用、福特、克莱斯勒。

现在,垂直起落电动飞行器和先进空中交通(AAM)行业成为新兴的产业领域,让人们看到了新主导产业的萌芽。该产业目前虽然还处于前期的培育期,但在全球范围内飞速发展,不仅吸引了大量巨头、创新企业纷纷入局,还成为全球热门的投资领域。

航空器电动化动力和垂直起落之所以能成为全球投资者最为关注的焦点,一方面,因为它能解决人类社会目前迫在眉睫的城市交通三维空间拓展的需求,主要解决下面问题:

1)解决城市路面交通拥堵日益严重的问题。

2)满足人们出行频次和效率提高的需求。很多城市生活人群每天的出行距离都是 20~30 km,人们对于更高效率的交通工具需求日益强烈。

3)满足人们降低交通成本的需求。目前全球交通市场规模占全球 GDP 的 15%~20%,除了生产汽车的成本外,地面道路、桥梁和隧道等基础建设实际上是非常昂贵的投入,以中国的高速公路建设为例,高速公路 1 公里的造价可高达 1 亿多元人民币,平均造价也要 7 000 万元左右。人类社会对于更低成本交通工具的迫切需求给垂直起落电动飞行器和先进空中交通

(AAM)行业提供了成长土壤。

全球投资者对人类社会未来交通运输发展趋势的整体判断是：除交通运输外，城市空中交通工具在旅游、行业应用、医疗救护、消防灭火、应急救援及公共安全等许多特定场景也将发挥积极作用，航空器的数量将会大于地面汽车的数量，主要根据是考虑到以下几点因素，这也是垂直起落电动飞行器的优势所在。

1) 能源效率更高。垂直起落电动飞行器的三维自由度远远大于其他二维交通工具（地面车辆、水上船舶、地铁等），不必受制于道路、河流走向和湖泊面积等的限制，不用拐弯走远道，直线飞行是它的一个核心优势。

2) 交通事故更少。垂直起落电动飞行器的控制复杂程度在于启动层面的可靠性和安全性，虽然起飞和降落的过程中气流会发生变化，但是这个复杂性存在于单体载具和环境之间。相对来说，电动垂直起降飞行器多机交互复杂性要比地面交通车辆更低、可预测性更强。

3) 航线更加丰富。空中航线的空间和"带宽"大于地面道路，因此对单个垂直起落电动飞行器来说，它的航线更加丰富，它与其他飞行器之间的不确定性交互会更少，事故也会更少。

4) 成本更低。地面行驶的汽车与路面之间有很大的摩擦力，而航空器需要应对的空气阻力比汽车小很多，因此，航空器整体的能量效率要比汽车高。未来，随着垂直起落电动飞行器大批量生产，其整体成本造价将会低于汽车的成本，达到普通消费者可以承受的价格。

5) 噪声水平大幅降低。电动垂直起降飞行器利用垂直起降等优势，可从城市内设在大楼屋顶的起降场垂直起飞（或降落），在空中飞行，避开地面交通拥堵，直达目的地。因此，垂直起降和低噪声这两项就是应用刚需，其中对低噪声的要求尤其严格。

6) 改善人们的生活环境。将来如果整个城市空中交通繁荣发展起来了，广大消费者就不一定非要生活在城市里，生活在城市郊区或乡村中不仅可以远离城市的喧嚣，提高居住生活质量，而且不会对上班、上学、购物和医疗等造成任何不良影响，因为有了垂直起落电动飞行器，人们可以在 20 分钟内从居住的郊区飞到城市中心的任何地方，消除了人们对地面交通经常堵塞的担心。

7) 应用普及率飙升。不久的将来（估计 20～30 年之内），随着垂直起降电动飞行器应用的普及，它就会如现在的私家车一样，成为家庭或个人必备的交通工具，甚至一个人可能不止有一架电动垂直起降飞行器，类似现在有的用户有多部手机一样。从保有量来看，在 20～30 年时间跨度上，可以确信电动垂直起降飞行器的数量和品类都会比肩今天地面交通的私家车。

航空领域，包括航空器科研、生产制造和民航运输等，已经是一个非常成熟的行业，例如波音 747 民航客机自 1970 年就开始服役，至今五十多年过去了，旅客乘坐的体验几十年来都没有什么本质上的差别。今天电动垂直起降飞行器之所以重要，是因为这样一个新的航空技术发展路线，正在演化一批新的创新能量。它正在原有的体系之外，形成一个新的发展空间，在这个快速流动的新空间内，它可能打破原有格局、产生改变，给人们带来新的需求和希望。

现在，在全球范围内整个风险投资开始关注电动垂直起降飞行器，资本市场已经开始大规模投入资源和布局，风险投资下注的数量开始提高，不论是数量还是额度，都有数倍的增长。这对行业起到特别正向的促进作用，有助于支持电动垂直起降飞行器团队进行更多的创新发展。2018 年 12 月，摩根士丹利发布第一份行业研究报告。该报告称，电动垂直起降飞行器的市场可达万亿美元。2020 年 1 月，美国乔比航空公司及其他另外两家公司上市，短短一个多月内三家电动垂直起降飞行器制造商连续上市，说明行业发展达到一个阶段性高峰。

从产业整体发展上看,虽然电动垂直起降飞行器产业整体仍然还处在培育期,各种类型的设计方案非常多。但是在科技发展、环保追求、服务方式和经济效益等综合要求下,它作为无人机、出租车和私家车跨界融合而成的一种新型交通工具,已经受到世界各国科技研发公司和全球投资者的广泛关注,图 9-5 表示从 2009 年至 2020 年期间电动垂直起降飞行器产品销售发展情况。目前,全球风险投资正在押注电动垂直起降飞行器,每年投资情况详见图 9-6。例如,2020 年,超过 11 亿美元的 13 笔风险投资投给了电动垂直起降飞行器制造商,其中乔比航空公司和百合花公司获得的资金占总投资额的 85%。

图 9-5　2009 年至 2020 年期间电动垂直起降飞行器产品销售情况

随着航空电机、电池、电传飞控、复合材料结构等关键技术的快速发展,电动垂直起降飞行器了进入快速发展阶段。无论技术创新,还是全球资本市场的支持,以及日常生活需求等各方面因素,已经促使垂直起落电动飞行器的发展进程走到了一个全面铺开的临界点。据美国垂直飞行协会(VFS)发布的电动垂直起降飞行器目录显示,至 2022 年初全球正在开发的直起落电动飞行器设计方案总数已超过 600 个(见图 9-7),分别来自 48 个国家的 350 多个企业。

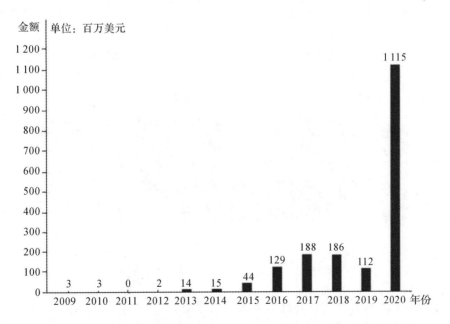

图 9-6　2009 年至 2020 年期间每年电动垂直起降飞行器获得风险投资情况

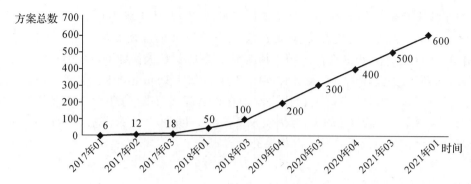

图 9-7　2017 年至 2022 年期间每年电动垂直起降飞行器设计方案汇总

综上所述,电动垂直起降飞行器以电能作为推进系统的全部或部分能源,具有垂直起落、低噪声、低成本和三维立体交通等优势,必将开启航空领域的新一轮创新与变革热潮,推动航空技术和绿色航空创新发展,将对世界航空业产生革命性影响,其成熟技术和广泛应用将成为人类社会进入三维立体无人驾驶新时代的主要标志。

2.电动垂直起降飞行器与飞行汽车的区别

19 世纪 80 年代人类发明第一辆汽车。约 20 年后,美国莱特兄弟发明了第一架飞机。随后,人们产生了将汽车和飞机概念结合起来的想法。

(1)飞行汽车的基本概念

陆空两用飞行汽车,简称飞行汽车,是一种既能在地面道路上像汽车一样行驶,又能在空中像飞机一样飞行的陆空两用交通工具。1917 年,飞机设计师和飞机制造企业家格林·寇蒂斯研制了世界上第一个陆空两用飞行汽车,并申请了专利。该装备采用分体式设计,机翼与车体可以分开,在空中飞行时机翼和车体结合在一起,在地面道路行驶时,机翼和车体分开,只使用车体部分。

一百多年来,人们已经设计出 3 000 多种陆空两用飞行汽车方案,绝大部分方案采用了固定翼布局设计,其中的几十个设计方案有原型机。但是,这些飞行汽车的设计方案大多数都未获得人们的认可和推广应用,被束之高阁,只有个别设计方案获得美国联邦航空管理局(FAA)特种轻型飞机(LSA)的适航证书,可投入实际使用。典型的实际案例有吉利旗下的TF-1,如图 9-8 所示,它采用固定机翼方式,起飞时需要在公路上滑跑一段距离才能起飞。

(a)　　　　　　　　　　(b)

图 9-8　吉利旗下 Terrafugia(太力)公司研制的 TF-1 陆空两用飞行汽车
(a)TF-1 展开机翼变成固定翼飞机;　(b)TF-1 收起机翼变成小汽车

还有的飞行汽车像传统的直升机那样,称为垂直起降陆空两用飞行汽车,可以摆脱专用飞行跑道或机动车公路的束缚,在建筑物楼顶或者任何稍微开阔的平地上起降,典型的有荷兰

Pal-v 公司的 Liberty,如图 9-9 所示。

图 9-9　荷兰 Pal-v 公司陆空两用垂直起降飞行汽车 Liberty

实际上,陆空两用飞行汽车遇到的最大问题并不是技术上的,而是法律上的。世界各国的交通法规都不允许包括飞行汽车在内的载人飞行器直接在公共道路上起降。公路不是跑道,仅允许救护和警用直升机紧急迫降。因此,陆空两用飞行汽车即使具备垂直起降能力,也不能在堵车时直接在公路上起飞飞走,而必须从专用起降场(停机坪)或机场起飞,这一规定使飞行汽车的应用场景大打折扣。

(2)电动垂直起降飞行器与飞行汽车的主要区别

电动垂直起降飞行器的概念与飞行汽车有很大不同,它属于一种航空器,与在陆地(公路)上行驶的汽车没任何关系,在基础技术、应用场景、发展历程、市场预期、资本关注度等各个方面与陆空两用飞行汽车有本质区别。美国联邦航空管理局(FAA)、欧洲航空安全局(EASA)和中国民用航空局等机构颁发的规章都从未使用陆空两用飞行汽车来指代电动垂直起降飞行器。

在电动垂直起降飞行器发展初期,广大公众并不了解它的概念。大众媒体和电动垂直起降飞行器行业厂商出于营销和易传播等原因,为了吸引关注,习惯性使用飞行汽车来指代电动垂直起降飞行器,从而引起误导。

归结起来,电动垂直起降飞行器作为一种新型的航空器,它与传统的固定翼无人机及无人直升机最大区别在于,它有三项最基本的总体结构要求。

1)电动垂直起降飞行器必须有空气螺旋桨(旋翼)或喷气发动机,以实现垂直起降。

2)电动垂直起降飞行器动力装置应全部或部分采用电动系统(纯电动或混合动力)。

3)为了提高它的飞行性能,需要以固定翼无人机气动布局为基础,增加旋翼系统或喷气发动机,构成新的复合形式的气动布局(对非复合形式的气动布局不需要考虑)。

以上三项要求的内容是进行电动垂直起降飞行器气动布局时必须优先考虑的重要因素。至于类似汽车的地面行驶功能,则完全没有必要考虑。

9.2　电动垂直起降飞行器的升力装置

电动垂直起降飞行器要想实现垂直起降和空中悬停,必须要安装有能够产生克服重力的升力装置。适用于电动垂直起降飞行器的升力装置主要有三类:开放旋翼、涵道风扇和电动喷气发动机。

9.2.1 开放旋翼的定义和工作原理

1. 开放旋翼的定义

安装在电动垂直起降飞行器上的空气螺旋桨,除了按其使用的飞行平台习惯上分为两大类:安装在固定翼无人机上称为螺旋桨,安装在无人直升机和多旋翼无人机上称为旋翼以外,人们还按其外面有没有安装一个圆桶(涵道)分为两类:安装了圆桶(涵道)的称为涵道风扇(或涵道螺旋桨)系统;没有安装圆桶(涵道)的称为开放旋翼(或开放螺旋桨)系统。

常规的无人直升机大多采用开放旋翼系统,机体头上顶着一个或两个直径很大的旋翼;电动垂直起降飞行器有两种气动布局形式,一种是多旋翼气动布局,另一种是复合气动布局,其中复合气动布局是在固定翼无人机上增加安装多台开放旋翼或涵道风扇。无论是哪一种气动布局,电动垂直起降飞行器采用的开放旋翼的直径都比无人直升机的开放旋翼直径小,目的是优化结构,减小噪声。开放旋翼系统结构简单实用,悬停升力效率高,不仅适用于无人直升机和多旋翼无人机,也为大多数电动垂直起降飞行器所采用。

空气螺旋桨(旋翼)分为定距螺旋桨和变距螺旋桨两大类。定距螺旋桨的桨叶安装角(桨距)是固定的。优点是构造简单,重量轻;缺点是只在选定的速度范围内效率较高,在其他状态下效率较低。变距螺旋桨的桨叶安装角(桨距)可变,高速时用高距,低速时用低距。螺旋桨变距机构由液压或电力驱动,可使空气螺旋桨始终处于最佳工作状态。

2. 开放旋翼的工作原理和特点

截取开放旋翼一小段桨叶来看,恰像一小段机翼,其相对气流速度由前进速度和旋转速度合成,如图 9-10 所示,桨叶上的气动力在垂直于地面方向的分力称之为升力,在平行于地面方向的分力称之为拉力。在旋翼旋转面内的分量形成阻止螺旋桨旋转的力矩,由发动机的力矩来平衡。桨叶剖面弦(相当于翼弦)与旋转平面夹角称桨叶安装角。螺旋桨旋转一圈,以桨叶安装角为导引向前推进的距离称为桨距。实际上桨叶上每一剖面的前进速度(角速度)都是相同的,但圆周速度则与该剖面距转轴的距离(半径)成正比,所以各剖面相对气流与旋转平面的夹角随着离转轴的距离增大而逐步减小,为了使桨叶每个剖面与相对气流都保持在有利的迎角范围内,各剖面的安装角也随着与转轴的距离增大而减小。这就是每个桨叶都有扭转的原因。

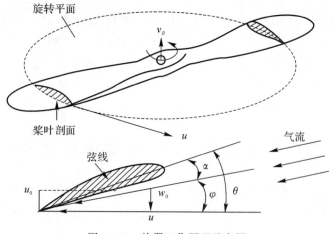

图 9-10　旋翼工作原理示意图

影响开放旋翼工作效率的因素有很多,其中主要有以下几类。

1)旋翼直径。旋翼旋转时,叶尖所画圆圈的直径叫作旋翼直径。直径是影响旋翼性能重要参数之一,一般情况下,旋翼直径增大拉力随之增大,效率随之提高。所以在结构允许的情况下尽量选直径较大的旋翼。此外还要考虑桨尖气流速度不应过大,否则可能出现激波,导致效率陡然降低。

2)旋翼桨叶翼型。旋翼桨叶的剖面形状称为翼型,它是旋翼能够产生拉力的关键因素。当旋翼旋转平面与地面平行进行转动时,每片桨叶都会产生升力,所有桨叶产生的升力合成为一个向上的总升力,该总升力克服了无人机本身重量,从而能够使电动垂直起降飞行器升空飞行。

3)旋翼旋转速度。旋翼转速以每分钟转的圈数为单位,而角速度以每秒钟一个弧长为单位。提高旋翼转速要受到叶尖速度的限制,以避免叶尖出现过大的空气压缩效应。通常旋翼叶尖速度为 $\Omega R = 180 \sim 220$ m/s(Ω 转速,R 半径),大约相当于叶尖马赫数 Ma 为 $0.55 \sim 0.6$。

(4)旋翼实度。旋翼实度是指其所有桨叶实际面积之和与整个桨盘面积的比值(常用希腊字母 σ 表示),通过桨叶剖面弦长和叶片数量可以增加旋翼的实度,高实度会带来高扭矩和高功率的需求。

一个旋翼的桨叶片数通常有 2、3、4、5、6、7、8、9 片桨叶,一般桨叶数目越多吸收转换的功率越大,但最好不要超过 5 片,因为工作实践中发现:具有 5 片桨叶的旋翼工作效率最高,超过 5 片桨叶后旋翼工作效率反而下降。高桨盘载荷和同时低叶尖马赫数通常需要旋翼高桨距设置和高旋翼实度,典型的代表就是电动垂直起降飞行器 Joby S4 旋翼的实度[见图 9-11(d)]比传统直升机上通常使用的旋翼实度[见图 9-11(a)(b)(c)]要高很多。

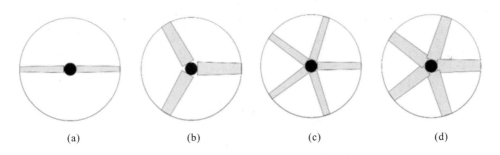

(a)　　　　　　　　(b)　　　　　　　　(c)　　　　　　　　(d)

图 9-11　常见旋翼实度对比示意图

(a)实度 1σ(弦长=c,桨叶数=2)；　(b)实度 3σ(弦长=2c,桨叶数=3)；
(c)实度 3σ(弦长=1.2c,桨叶数=5)；　(d)实 51σ(弦长=2c,桨叶数=5)

5)旋翼桨叶的平面形状。桨叶平面形状对旋翼性能的影响很大(参见本书 6.1.2)。

6)旋翼桨叶桨尖扭转。旋翼用作电动垂直起降飞行器进行垂直起降和空中悬停飞行时主要的升力部件,其气动性能的优劣直接决定了该飞行器的飞行性能。受材料、加工工艺等技术条件的限制,早期的有人驾驶直升机旋翼桨叶主要采用矩形桨叶、小线性负扭转等设计方案。现在,随着复合材料、加工工艺等技术的进步,早先的难题获得了不同程度的解决,许多新型气动外形桨叶得到了应用。除了采用先进的桨尖平面形状外,为了有效地提升电动垂直起降飞行器性能,其使用的旋翼桨叶已经从早期的简单外形发展到具有特殊平面形状、非线性负扭转和桨尖扭转等多种外形设计,其中旋翼桨叶进行桨尖扭转的旋翼气动外形设计已成为电动垂直起降飞行器获得成功的关键技术之一,如图 9-12 所示。

(a)   (b)

图 9-12 旋翼桨叶桨尖向上和向下扭转对比图

(a)螺旋桨桨尖向下翻一个角度; (b)螺旋桨桨尖向上翻一个角度

实验结果数据表明:旋翼桨叶桨尖向上或向下翻一个角度都能提高其气动效率,使电动垂直起降飞行器具有更好的悬停性能,同时能显著降低噪声。至于是向上翻好,还是向下翻好,以及翻多大角度(扭转角)才最佳,对于不同实度的旋翼不一样,需要通过风洞实验或采用计算流体动力学(Computational Fluid Dynamics,CFD)通过理论计算获得最佳结果。

9.2.2 涵道风扇的结构、工作原理和自适应涵道风扇

涵道风扇是指旋翼被一个封闭的合适大小的环形涵道包围着的推进装置,它是涵道无人机动力能量转换系统的主要部件之一。随着无人机技术的快速发展,涵道风扇的应用越来越广泛,涵道风扇气动性能的研究受到各国科研人员的重视。与开放旋翼相比,涵道对桨叶起到一定的保护作用,具有安全性高、结构更加紧凑、气动效率高及噪声低等特点。

1. 涵道风扇的结构和工作原理

如果在空气螺旋桨外面加一个圆桶形外壳(罩子)将空气螺旋桨保护起来,就构成了一种新的空气螺旋桨结构体,称为涵道风扇(Ducted Fan),共轴双螺旋桨涵道风扇结构示意图,如图 9-13 所示。

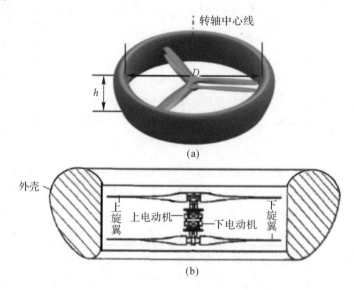

图 9-13 共轴双螺旋桨涵道风扇结构示意图

(a)涵道风扇外部结构图:D 为直径,h 为高度; (b)共轴双螺纹秘桨涵道风扇内部结构剖面示意图

　　虽然开放螺旋桨结构简单实用,应用广泛,但是,由于空气螺旋桨旋转运动时主要存在的阻力有空气摩擦阻力、压差阻力、诱导阻力和干扰阻力等,桨叶因高速圆周运动使叶尖处速度最高,诱导阻力比较大,不仅对外界气流产生冲击造成噪声大,而且效率低。另外,由于开放螺旋桨是悬臂梁结构杆件,在气动力作用下叶尖处容易变形导致气动环境进一步恶化,受到音障限制,因此使用开放旋翼的无人直升机的前飞速度慢,难以超过 $200\sim300$ km/h。

　　为了克服开放螺旋桨的这些固有缺陷,涵道风扇应运而生。涵道风扇系统的结构特点是把旋翼(空气螺旋桨)包在一个由复合材料制成的直径比较小的圆桶(涵道)内部,当旋翼旋转时形成所谓涵道气流。涵道风扇的工作原理与开放旋翼相同,它们的区别在于两者的工作环境有较大差别。涵道风扇无人机在前飞时,涵道处于前方来流和风扇吸流的复杂气流中,其升力、阻力和俯仰力矩对整机的配平乃至稳定控制具有决定性影响。由于涵道风扇内旋翼的桨叶桨尖处空气流动受涵道限制,因而冲击噪声减小,诱导阻力减少,气动效率能提高 $10\%\sim15\%$。在同样功率消耗下,涵道风扇比同样直径的开放旋翼产生的升力更大。

　　在相同的旋翼转速下,涵道风扇的滑流区气流速度要小于开放旋翼,导致涵道风扇系统的旋翼拉力小于开放旋翼拉力,但是涵道壁会产生附加拉力,使得涵道风扇系统的整体拉力要大于开放旋翼的拉力。另外,涵道风扇的扭矩略小于开放旋翼的扭矩,这主要是由于涵道的存在改变了滑流状态,使得涵道风扇系统的整体拉力大为提高,而扭矩却略微减小。

　　涵道产生气动效率增益的原理主要有两点:首先,涵道必须足够高,通常涵道的高度 h 应大于 $0.4D$(直径),并且有一个完整的圆润饱满的边缘。涵道的存在使得旋翼的滑流场发生改变,降低了空气滑流速度,改善了旋翼桨尖区域的绕流特性,减小了桨尖损失,从而在一定程度上提高了旋翼的气动效率;其次,旋翼吸流在涵道唇口处产生绕流,形成低压区,使涵道壁产生附加拉力,其最大值可达总拉力的 60% 左右。与此同时,由于涵道的环绕作用,其结构紧凑、气动噪声低、不易受外界因素干扰、使用安全性好。涵道风扇的缺点是:为了提高气动效率要求桨叶的叶尖和管道间的间隙非常小,通常要求旋翼桨尖和内壁的距离控制在桨盘直径的千分之五之内。一般来说,涵道三维形状设计相当复杂,设计和制造一个优秀的涵道是一项非常复杂的工作,因为设计不当的涵道除了会增加额外的重量,还会引起振动加大,甚至发生颤振,以及产生了更多的噪声。另外,当把涵道风扇实际应用到航空器上作为动力装置使用时,对航空器整体结构系统有更高的功率要求,原因是在开放旋翼的基础上增加了一定的结构,也就增加了空气阻力和系统的重量。

　　涵道风扇内的旋翼数量有两种类型,一种是单个旋翼,另一种是共轴双旋翼,后者有两个直径和结构相同的旋翼绕同一理论轴线一正一反旋转,起到相互抵消反扭矩的作用。对于共轴双旋翼的涵道风扇,根据涵道内包含旋翼的数量(1个或2个)分为两类:

　　1)全涵道风扇。不论涵道内的旋翼是 1 个还是 2 个,如果所有的螺旋桨(旋翼)完全包含在涵道内,则称之为"全涵道风扇",如图 9-13 所示。

　　2)半涵道风扇。对于共轴双旋翼涵道风扇,如果只有 1 个旋翼包含在涵道内,另一个完全暴露在涵道外,则称之为"半涵道风扇",如图 9-14 所示,如果包含在涵道内的是上旋翼,则称为"上半涵道风扇"。反之,如果包含在涵道内的是下旋翼,则称为"下半涵道风扇"。

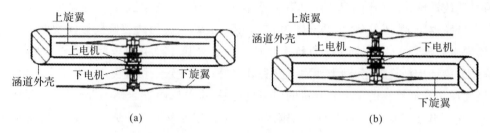

图 9-14　半涵道风扇结构示意图

(a)上半涵道风扇(涵道覆盖上螺旋桨)；　(b)下半涵道风扇(涵道覆盖下螺旋桨)

2. 自适应涵道风扇的结构和工作原理

自适应涵道风扇(Adaptive Ducted Fan,ADF)是一种进气口可随飞行状态的变化而自动改变其大小的涵道风扇。由于安装了涵道风扇作为升力系统的电动垂直起降飞行器,在垂直起降和空中悬停飞行过程中功率消耗大,因此所需的空气流量也需要增大。一般普通涵道风扇进气口大小是固定不变的,显然无法满足这一要求。为了解决这一难题,人们提出了自适应涵道风扇设计方案,如图 9-15 所示。

自适应涵道风扇在进气口打开状态时,可以在管道中产生更大的空气量,提高气动效率,降低损耗,在垂直起降落和悬停飞行时增加推力,达到提高起飞重量的目的。而在进气口收回状态时,具有更优的空气动力学效应,减少风阻,适应于电动垂直起降飞行器前飞和巡航飞行状态。

自适应涵道风扇与固定口径的普通涵道风扇相比较,优势明显。

1)自适应涵道风扇提高了电动垂直起降飞行器悬停时的气动效率(大约 60%)。

2)减小了涵道风扇的体积(大约 1/4)。

3)减小了涵道风扇的重量(大约 1/4)。

4)降低了巡航飞行时涵道风扇的空气阻力(大约 20%)。

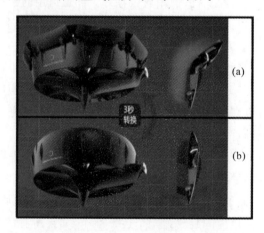

图 9-15　自适应涵道风扇结构和工作原理示意图

(a)进气口张大,进气量增大；　(b)进气口缩小,进气量减少

图 9-16 表示开放旋翼、常规涵道风扇和自适应涵道风扇三种不同推进系统,应用到电动垂直起降飞行器上以相同前飞速度进行巡航飞行时,所需螺旋桨直径大小的对比情况。从图

上可以看出:开放旋翼所需的直径最大,常规涵道风扇次之,自适应涵道风扇最小。这就意味着自适应涵道风扇在尺寸、重量和生产成本上都有比较大的优势。

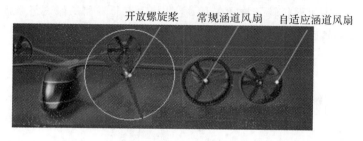

开放螺旋桨　常规涵道风扇　自适应涵道风扇

图 9 - 16　不同类型推进系统直径尺寸对比示意图

9.2.3　电动涵道喷气发动机的结构和工作原理

1.电动涵道喷气发动机的结构

电动涵道喷气发动机是新一代先进的航空发动机装置,属于一种全新概念的喷气发动机类型,其核心技术基础是采用涵道电动矢量推力技术(Ducted Electric Vectored Thrust,DEVT),用电动机驱动管道内涡轮转子(叶轮)高速旋转,对进入管道内的空气流进行加速加压,最后从尾喷管高速喷出,产生向前的推力。

电动涵道喷气发动机的结构与传统的为 95% 商用航空器提供动力的燃油喷气发动机完全不同,它只有涡轮转子(叶轮)和拉瓦尔喷气管道,没有燃烧室,仅依赖于由零排放电动机驱动的单级涡轮转子/定子系统产生向后的推力,充分发挥分布式电力推进(DEP)系统的优势,提高了系统冗余度和安全性,具有无污染、零排放、低噪声等许多优点。电动涵道喷气发动机的总体结构及其安装在复合电动垂直起降飞行器上的正视图如图 9 - 17 所示。

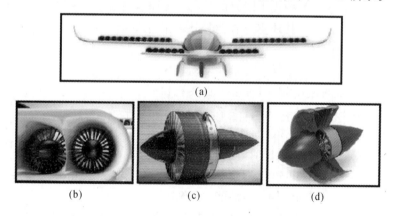

(a)

(b)　　　　　(c)　　　　　(d)

图 9 - 17　安装在复合电动垂直起降飞行器上的电动涵道喷气发动机
(a)采用电动喷气发动机的复合电动垂直起降飞行器正视图;
(b)电动喷气发动机正视图;　(c)电动喷气发动机侧视图;　(d)电动喷气发动机剖视图

2.电动涵道喷气发动机的工作原理

为了说明电动涵道喷气发动机的工作原理,现以德国百合花电动飞机公司的复合电动垂直起降飞行器的设计方案为例。该复合电动垂直起降飞行器在每个固定机翼的襟翼上都安装有三个电动涵道喷气发动机,襟翼可以各自独立倾转,允许安装其上的电动涵道倾转,从而改变它们产生的推力方向。当襟翼处于垂直状态时,复合电动垂直起降飞行器通过它襟翼上安装的电动涵道喷气发动机涡轮转子推力矢量,提供其垂直起降和悬停飞行所需的升力;当复合电动垂直起降飞行器转换为向前飞行模式时,该电动涵道喷气发动机涡轮转子推力矢量转向90°,指向后方,提供前飞所需的推力,如图 9-18 所示。

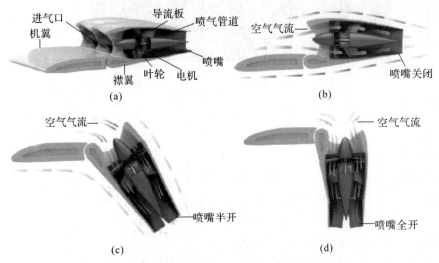

图 9-18 电动涵道喷气发动机的结构和倾转工作状态
(a)电动涵道喷气发动机在机翼上的安装位置; (b)前飞时气流流过发动机管道;
(c)过渡阶段气流流过发动机管道; (d)垂直起落和悬停时气流流过发动机管道

与开放旋翼及涵道风扇推进器相比,电动涵道喷气发动机优点非常明显:结构简单、机械部件少、重量轻、制造成本和维护成本低、故障率低、安全性好、巡航飞行状态效率高、噪声低、占用空间小和可扩展性好等。其缺点是在悬停飞行状态下会导致 50% 的功耗损失,悬停升力效率比较差。

为了改善悬停升力效率,电动涵道喷气发动机采取的技术措施是安装可调控喷嘴,即可以依据飞行状态改变喷气管道截面形状。在巡航飞行(平飞)状态,电动涵道喷气发动机的喷气管道截面面积最小;当需要退出平飞状态,进入过渡飞行阶段时,随着电动涵道喷气发动机向下倾转,逐渐打开喷嘴,即逐渐扩大喷气管道截面面积;最后进入垂直起降和悬停飞行状态时,

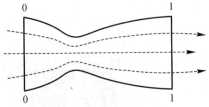

图 9-19 拉瓦尔管示意图

喷嘴完全打开,喷气管道截面面积最大。对于流速小于声速的亚音速气流,当流过收敛型管道时,随着管道截面积的减小,流速升高,同时伴随压力、温度降低。当流过扩散型管道时,随着管道截面积增大,流速降低,同时伴随压力、温度升高。收敛-扩散型管道,即前端为收敛型管道,后端连接着扩散型管道,这种管道称为拉瓦尔管,如图 9-19 所示。

拉瓦尔管在正常工作状态下,亚声速气流在收缩段加速,至喉道(即管中横截面最小处)达到最大流速,进入扩张段继续加速,直到管道出口为止。就功能而言,拉瓦尔喷管实际上起到了一个"流速增大器"的作用,在航空器上有非常广泛的应用。

9.2.4　环形螺旋桨的结构和噪声水平

1. 环形螺旋桨的结构

扭曲环形螺旋桨看起来形状非常奇特,但它却是航空领域的革命性技术进步,把它安装在航空器上替代以往安装的开放旋翼或涵道风扇,在空中飞行时大大降低了噪音,比以往安静得多,而且气动效率也有很大的提高,经济效益可提高 20%。

航空器使用传统的螺旋桨(开放旋翼或涵道风扇)遇到的一个关键问题是它们飞行时会发出令人讨厌的噪声,因为大部分噪音与婴儿哭声的频率范围相同,人们对频率从 100 Hz 到 5 kHz 之间的声音最为敏感。为了解决传统螺旋桨噪声扰民问题,麻省理工学院林肯实验室(MIT's Lincoln Laboratory)的一个研究团队发现:可以用扭曲环形螺旋桨来降低传统螺旋桨的噪声。经过几次尝试,该团队确实发现了一种环形螺旋桨设计,如图 9-20 所示。

图 9-20　环形螺旋桨设计方案

2. 环形螺旋桨的噪声水平

环形螺旋桨不仅在给定推力水平下降低了总体噪声水平,而且特别是在 1~5 kHz 范围内降低了噪声,如图 9-21 所示。

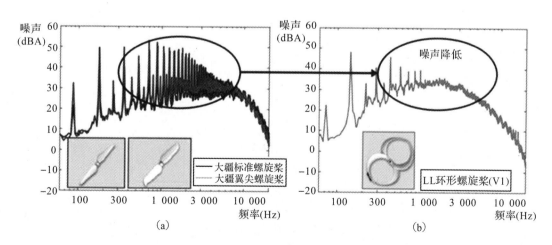

图 9-21　环形螺旋桨与大疆无人机螺旋桨噪声水平的对比
(a)大疆两种螺旋桨的噪声水平;　(b)环形螺旋桨的噪声水平

虽然运行环形螺旋桨的无人机发出的声音水平,与普通无人机的噪声水平大致相当,但是噪声传播距离大约只有普通无人机噪声传播距离的一半。原因是环形螺旋桨产生的涡流分布在整个桨叶形状上,而不仅仅是在桨尖部分,这使得它在大气中能有效地、更快地消散。由于漩涡不会传播太远,人们不太可能听到它。更重要的是,它们的环形形状不仅增加了结构的稳定性,还减少了桨叶切割、剪切或碰到物体的概率。环形螺旋桨缺点是桨叶的形状相当复杂,所以它们比使用廉价而简单的注塑成型的标准桨叶更难制造,需要 3D 打印出来。

习　　题

1.简述在人类航空技术发展史上发生的最重要的三件大事。

2.电动垂直起降飞行器与目前常见的燃油直升机相比,具有哪些优点?

3.垂直起降电动飞行器的优势有哪些?

4.电动垂直起降飞行器与飞行汽车的主要区别有哪些?

5.简述开放旋翼的定义和工作原理。

6.简述涵道风扇的结构和工作原理。

7.简述自适应涵道风扇的工作原理。

8.简述电动涵道喷气发动机的结构和工作原理。

9.画出拉瓦尔管示意图。

10.简述环形螺旋桨的结构特点和噪声水平。

第 10 章　电动垂直起降飞行器气动布局

10.1　电动垂直起降飞行器气动布局的基本概念

电动垂直起降飞行器的气动布局是指决定它空气动力学性能的部件布置方案。虽然影响电动垂直起降飞行器气动性能的因素有很多,但作为产生空气动力的主要部件,如旋翼、固定机翼、尾翼等的特性和相互间的位置关系是最关键的,除此以外,电池技术对电动垂直起降飞行器的气动布局也有很大的影响。

10.1.1　电池技术对电动垂直起降飞行器气动布局的影响

电动垂直起降飞行器作为航空科技领域的一个全新概念,目前面临着系统复杂、涉及面广、关键技术多、难度大等一系列问题。要想取得全面突破,在加强相关基础研究工作的同时,对关键技术应进行专项研究和攻关,其中包括:高能量密度电池技术、氢燃料电池技术和动力系统综合优化技术等。这三项技术要求的内容,在进行电动垂直起降飞行器气动布局时,属于优先考虑的重要因素之列。

1.高能量密度电池技术难点

当人们按照电动垂直起降飞行器定义的基本要求,将电动系统作为主要的动力装置应用于其上时,会遇到一个非常棘手、而非电动机本身的问题,这就是为电动机提供能源的电池能量密度太低,比航空燃油的能量密度低十余倍。结果造成纯电动型的电动垂直起降飞行器在试飞和实际使用中,通常表现出重载动力不足、飞行时间短等缺点。

现以锂电池能量密度举例:大多数锂电池能量密度在 170 Wh/kg 左右,少数比较先进的锂电池能量密度能超过该数值,例如比亚迪三元锂电池能量密度为 219 Wh/kg,宁德时代麒麟电池目前能量密度 255 Wh/kg。

对于电池能量密度对于电动垂直起降飞行器续航能力的影响,根据清华大学郝瀚副教授团队测算:

(1)当电池能量密度为 200 Wh/kg 时,电动垂直起降飞行器续航距离 100 km 所需电池容量为 70 kWh;续航距离 200 km 所需电池容量为 537 kWh。按照每度电 5 kg 的质量计算,电动垂直起降飞行器续航距离 200 km 需要质量为 2.5 t 的电池,大大超出其载重能力,完全是不现实的事情。

(2)当电池能量密度提升至 400 Wh/kg 时,电动垂直起降飞行器续航距离 100 km 所需电池容量为 44 kWh;续航距离 200 km 所需电池容量下降到 94 kWh(下降了 80% 以上)。因此,电池能量密度如果提升至 400 Wh/kg,电动垂直起降飞行器续航距离可达到 300 km;能量密度如果提升至 600 Wh/kg,电动垂直起降飞行器续航距离可达到 400 km。

但现实是:在当前锂离子电池化学体系下很难使能量密度超过 255 Wh/kg,就更不用说实现超过 400 Wh/kg 的能量密度了。

2.氢燃料电池方案的可行性

相对于锂电方案,虽然氢燃料电池存在能量密度高、电池寿命长等优势,但在动态响应性及功率密度上存在一定不足(航空器通常要求 1 500 W/kg 的功率密度,而氢燃料电池系统仅仅只能达到 600 W/kg),因此长期来看,氢燃料搭配一部分锂电池储能是更优方案,锂电池可用于启动和提供快速变化的功率输出,氢燃料电池可用于巡航飞行中的能量输出。

3.动力系统综合优化技术

根据电动垂直起降飞行器的定义,其动力系统并不是简单地将传统的燃油动力装置(航空发动机)换成电动装置。实际上,电动垂直起降飞行器的设计与传统燃油(航空发动机)飞行器的设计思路完全不同。由于电动垂直起降飞行器可以根据需要将大功率电机分解为多个小功率电机,这样做的好处是传统的集中动力形式变成按需配置的分布式动力形式,便于实现总体、气动、动力等最佳优化组合,从而获得总体的最佳收益。

分布式电推进(Distributed Electric Propulsion,DEP)的一个重要优点可将动力分散到电动垂直起降飞行器的各个主要结构上,并可改变机体周围的流场,提高气动性能,降低噪声水平。可以说,分布式电推进技术的出现,拓展了电动垂直起降飞行器气动设计的自由度,可大幅提高它的综合性能,但与此同时将带来多学科优化设计和计算分析的复杂性等难题。

需要指出的是,现有大部分电动垂直起降飞行器的气动布局基本上是对传统布局的改型或改进,较少依据纯电推进的特点进行多学科综合优化设计得到,因此并没有充分发挥分布式电推进的优点,这是需要引起人们重视和加以改进的地方。

10.1.2 电动垂直起降飞行器的座舱设计

1.航空器的类型

随着电动垂直起降飞行器概念的提出,目前世界上有三种不同类型的航空器:

1)有人驾驶航空器。航空器上有人,要有人(飞行员)驾驶,如固定翼飞机和直升机。

2)无人驾驶航空器。航空器上无人,没有飞行员和乘客,如固定翼无人机和旋翼无人机。

3)电动垂直起降飞行器。航空器上有人(乘客),但航空器上没有飞行员,无人驾驶,全自主飞行。

机上有人还是无人,对航空器的气动布局、总体结构设计和要求有很大的差别,因为在进行航空器气动布局和总体结构设计时,如果航空器上有人首先要考虑的是航空器上人员的安全,安全第一,毋庸置疑。虽然电动垂直起降飞行器与无人机一样,机上都不需要飞行员进行驾驶,但是它与无人机不同的是:电动垂直起降飞行器上有人(乘客),因而既要确保电动垂直起降飞行器飞行安全,又要满足乘客乘坐方便舒适的要求,即电动垂直起降飞行器的总体结构设计要在具有自主飞行能力的无人机基础上增加乘客座舱。

2.乘客座舱的作用

电动垂直起降飞行器的乘客座舱是航空器上乘客乘坐的场所。座舱除具有保护人体免受飞行过程中异常环境因素危害的作用外,在提供一定舒适条件方面也具有重要作用。乘客座舱作为电动垂直起降飞行器气动布局和总体结构设计中一个重要的组成部分,对其飞行安全和性能的发挥有着至关重要的作用。尤其是座舱内部装饰与乘客直接接触,会对乘客的视觉、心理和意识活动会产生一定的影响。

乘客座舱的整体布局直接决定了电动垂直起降飞行器的整体装饰效果和视觉感官,其中座舱设施的造型是整体座舱装饰设计的重要组成部分,包括座舱的天花板、玻璃窗户大小和透明度、行李箱隔板、座椅和安全带、舱门位置和开门转向等是座舱整体效果的具体体现。在进行电动垂直起降飞行器的乘客座舱设计时,不仅要注重座舱内部各系统功能的实用性,还要关注内部装饰的视觉感官性,良好的视觉感受可以使乘客在飞行过程中有一种宾至如归的亲切感。

3.乘客座舱设计与人体测量的关系

人体测量学以对人类大量个体各部位的测量、记录和描述为基础,研究人类个体发育、体质特征,进而通过测量所得到的各种数据资料,对个人与个人之间、群体与群体之间进行对比研究。在航空器气动布局和总体结构设计中,主要是综合考虑人体的形态结构、生理和身体素质之间的关系,将人体测量学的数据运用到乘客座舱设计中,包括座舱重心位置,座椅大小和距离位置安排等。

10.1.3 电动垂直起降飞行器研制流程和气动布局的定义

目前,电动垂直起降飞行器的设计空间相当广阔,各国设计师们已经尝试了或正在尝试着许多不同的旋翼配置(气动布局)方案,至今已出现了 600 多个采用不同气动布局的设计方案,以满足电动垂直起降飞行器必须达到的各种技术和应用要求。因此,对电动垂直起降飞行器的气动布局深入进行分析研究,将有助于该行业从业人员比较深入地了解每种气动布局的优缺点,以及选择固定机翼和旋翼最佳复合配置的方法。

1.电动垂直起降飞行器研制流程

研制一种新型号的电动垂直起降飞行器,从设计方案的提出到试制、生产并投入市场使用,需要进行大量的科学研究、工程设计、分析计算、试验验证、工艺试制、飞控调试、软件开发、测试和试飞等工作。为了比较清晰地描述这个复杂过程,通常把电动垂直起降飞行器研制过程称为该项目的生命周期,以便于进行项目管理。

项目生命周期确定了项目的开端和结束,项目阶段的前后顺序是由项目生命周期确定的,在项目实施过程中,通常要求现阶段的工作成果经过验收合格后,才能开始下阶段工作。在实际工作中,站在不同的角度上来看,可将新型号电动垂直起降飞行器项目生命周期分为两个阶段,前一阶段为设计研制阶段,后一阶段为生产使用阶段,如图 10-1 所示。

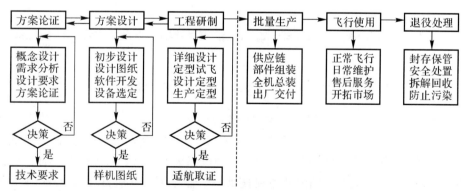

图 10-1 电动垂直起降飞行器生命周期示意图

电动垂直起降飞行器项目设计是指设计人员应用气动、结构、动力、材料、工艺、电子和计算机软硬件等学科知识,通过分析、综合和创造思维将设计要求转化为一组能完整描述电动垂直起降飞行器的参数(文档、图纸和软件)的活动过程,包括概念设计,初步设计和详细设计三部分。

电动垂直起降飞行器项目设计是一门应用科学,是各项先进的科学技术综合应用的结果,其内容涉及空气动力学、飞行动力学、结构动力学、气动弹性力学、动力系统、自动控制技术、计算机技术、自控软硬件以及制造工艺等多种学科和专业技术领域。由于在设计研制阶段要全面确定整个电动垂直起降飞行器新型号项目的产品策略、外观、结构、性能和功能等,从而确定整个生产系统的布局,因而,其项目设计的意义重大,具有"牵一发而动全局"的重要作用。在电动垂直起降飞行器新型号项目设计研制阶段,首要的工作任务是设计确定其气动布局,它是整个项目设计研制工作能否成功的基础之一。

2. 电动垂直起降飞行器气动布局的定义

电动垂直起降飞行器的空气动力布局,简称气动布局是其主要空气动力部件的气动外形及相对位置的设计和安排,即电动垂直起降飞行器外部总体形态布局与位置安排。其工作内容和要求与无人机的气动布局情况相似,例如固定翼无人机气动布局是指它的各翼面,如主翼、尾翼等是如何放置的;旋翼无人机气动布局是指它的旋翼系统(如单旋翼+尾桨或多个旋翼)是如何放置的;复合式无人机气动布局是指它的固定机翼与旋翼系统是如何组合安置在一起的。电动垂直起降飞行器气动布局与它的动态特性密切相关,在气动参数变化范围内,电动垂直起降飞行器升力旋翼位置参数对其前飞和垂直飞行性能影响都很大,例如减小多旋翼之间纵向距离有利于提高飞行性能,但可能会影响到它的稳定性和操控性。

电动垂直起降飞行器的气动布局不仅同它的外形构造、动态特性及所受到的空气动力密切相关,而且关系到它的飞行特征、飞行性能、稳定性、机动性和安全性。至于电动垂直起降飞行器的动力系统、机载设备及任务载荷等放置在哪里的问题,则笼统地称为电动垂直起降飞行器的总体布局。虽然总体布局对电动垂直起降飞行器的飞行性能也会有一定的影响,但是起决定作用的主要是它的气动布局,因为只有气动布局才能够最直接地决定电动垂直起降飞行器的基础形态。掌握了气动布局的种类,人们就能够将电动垂直起降飞行器进行简要归类梳理。由于电动垂直起降飞行器在空气动力和自动驾驶方面与无人机产品更为接近,因此成熟的无人机技术可以为其提供更多的参考。

10.2 电动垂直起降飞行器气动布局的分类和特点

10.2.1 电动垂直起降飞行器气动布局的分类及其不同构型

1. 电动垂直起降飞行器气动布局的分类

常见的无人机气动布局主要有 4 种类型:固定翼无人机、无人直升机、多旋翼无人机和复合无人机。以往,大中型固定翼无人机和无人直升机都很少采用电动机作为其动力系统,原因是电池能量密度太低,比航空燃油的能量密度低约 1/10。由于蓄电池重量太重,所以在人类100 多年的航空发展史上,除了个别科研实验外,一直都没有在大中型固定翼飞机(有人驾驶或无人驾驶)及大中型直升机(有人驾驶或无人驾驶)上广泛使用电动机作为动力系统,几乎全部都是使用燃油航空发动机作为动力装置。电动垂直起降飞行器气动布局的类型如图 10 - 2 所示。

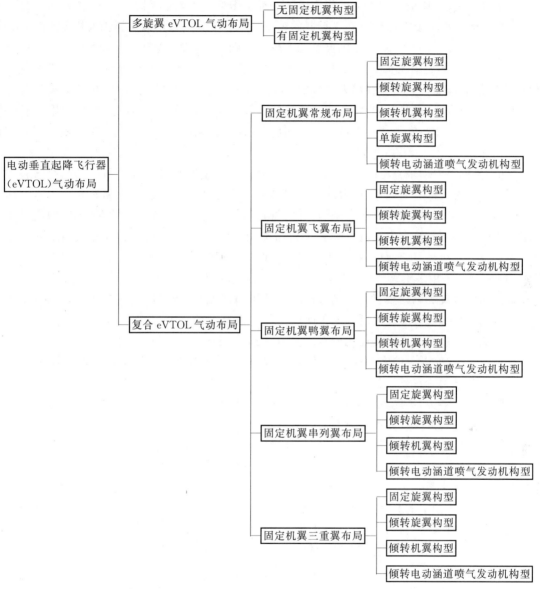

图 10 - 2　电动垂直起降飞行器气动布局的类型

现在为什么电动机可以成功地用在多旋翼无人机和复合无人机上呢？主要是利用了电动机功率具有与尺寸无关的特性，即一个大功率电机系统分解为多个小功率电机后，整个系统的功率密度、效率和重量基本保持不变。这样就可以采取多个小电机驱动多个小螺旋桨的办法，使加起来的总功率达到系统功率要求。由此可见，在进行电动垂直起降飞行器气动布局时，需要借鉴和参考多旋翼无人机和复合无人机两种类型。

1）多旋翼无人机与多旋翼电动起降飞行器的关系。多旋翼无人机是由多个旋翼（至少 4 个）在空中旋转获得升力的无人机。其特点是在整个飞行过程中，全机重量自始至终都主要由旋翼系统承担,具有垂直起降、空中悬停,以及结构简单、性价比高等优势。缺点是载重小、航程近、航时短等。多旋翼电动起降飞行器实质上是在电动多旋翼无人机的基础上,增加安装适合人员乘坐的座舱、座椅和相关设备所构成的一种全新的载人航空器。

2)复合无人机与复合电动起降飞行器的关系。复合无人机采用固定翼无人机与旋翼无人机相结合的复合式气动布局,即在固定翼无人机的基础上,安装上能够产生抵消全机重量的升力旋翼系统。目的是兼具固定翼无人机航时长、速度快、航程远的特点及旋翼无人机垂直起降、空中悬停的功能。它与多旋翼无人机的主要区别在于:在整个飞行过程中,全机重量分阶段由旋翼系统和固定机翼分别承担,或共同承担。复合电动起降飞行器实质上是在电动复合无人机的基础上,增加安装适合人员乘坐的座舱、座椅和相关设备所构成的一种全新的载人航空器。

目前,全世界电动垂直起降飞行器600多个设计方案中所包含的气动布局虽然有很多种类,五花八门,而且都有它们各自的优缺点,但是它们都是从固定翼无人机和旋翼无人机这两种最基本的气动布局衍生或组合出来的,可以将它们的气动布局归结为两大类:多旋翼电动垂直起降飞行器类型和复合电动垂直起降飞行器类型(见图10-2),其中后者是在固定翼无人机上加装升力系统后复合而成,具有明显的杂交优势。据统计资料显示,目前600多个设计方案中,大约30%采用多旋翼气动布局,70%采用复合气动布局。

绝大多数多旋翼电动垂直起降飞行器的气动布局都没有固定机翼,只是有少数加装了固定机翼。由于后者没有安装可用来提供向前飞行所需推力的推力螺旋桨,又没有采用倾转旋翼或倾转机翼等技术手段提供前飞所需的推力,因此固定机翼不能承载复合电动垂直起降飞行器的高效飞行模式,不能在巡航飞行阶段独自承担电动垂直起降飞行器的全部重量,只是在前飞过程中为升力旋翼系统分担一些(少量)机体重量。因此,其气动布局实质还是多旋翼电动垂直起降飞行器类,不能视为复合电动垂直起降飞行器类。

2.电动垂直起降飞行器气动布局的不同构型

除了少数使用倾转电动涵道喷气发动机的复合电动垂直起降飞行器以外,在大多数复合电动垂直起降飞行器上安装的是旋翼系统,按其结构划分有开放旋翼和涵道风扇两种;按其工作内容划分有两大类:升力旋翼和推力(或拉力)旋翼,其中升力旋翼是指旋翼平面可以是水平的,工作时能产生向上的升力,以承担复合电动垂直起降飞行器的重量,保持其在空中悬停或向上飞行姿态;推力(或拉力)旋翼是指旋翼平面可以是竖直的,工作时能产生向前的推力(或拉力),以克服复合电动垂直起降飞行器向前飞行时的气动阻力,保持其在空中向前飞行姿态,进行巡航飞行。

众所周知,固定翼无人机只有推力旋翼(空气螺旋桨安装在机体后面)或拉力旋翼(空气螺旋桨安装在机体前面),没有升力旋翼系统,飞行时所需的升力全部由固定机翼产生,因此它必须采取地面滑跑或外力助推的方法才能起飞;旋翼无人机包括多旋翼无人机和无人直升机两大类,都只有升力旋翼系统,没有推力(或拉力)旋翼(螺旋桨),也没有固定机翼,飞行时所需向上的升力和向前(向后、向左、向右)的推力都是由同一个升力旋翼系统提供。区分多旋翼无人机和无人直升机的方法是:总共只有1个或2个旋翼的无人机称为无人直升机;总共有4个或4个以上旋翼的无人机称为多旋翼无人机。

在图10-2中"固定旋翼构型"是指升力旋翼系统安装在机身或机翼上的位置和指向是固定的;"倾转旋翼构型"是指升力旋翼系统相对于机翼平面是可以倾转(转动)的;"倾转机翼构

型"是指升力旋翼固定安装在机翼上,可随着机翼一起倾转(转动);"单旋翼构型"是指只安装了一个升力旋翼(开放旋翼)系统;"倾转电动涵道喷气发动机构型"是指安装在机翼上的电动涵道喷气发动机相对于机翼平面是可以倾转(转动)的。

常见的几种电动垂直起降飞行器气动布局示意图如图 10-3 所示。其中除了图 10-3 (a)为多旋翼气动布局以外,其他的都属于复合电动垂直起降飞行器的气动布局。图 10-3 (b)为复合电动垂直起降飞行器常规气动布局的固定旋翼构型,图 10-3 (c)和 10-3 (d)都采用常规气动布局的倾转旋翼构型,但是它们采用的旋翼系统类型不一样,图 10-3 (c)中采用的是开放旋翼系统,图 10-3 (d)中采用的是涵道风扇系统。图 10-3 (e)表示串列翼气动布局的倾转电动涵道喷气发动机构型,其电动涵道喷气发动机采用涵道电动矢量推力(DEVT)技术,安装在固定机翼上电动涵道喷气发动机是可以倾转的。

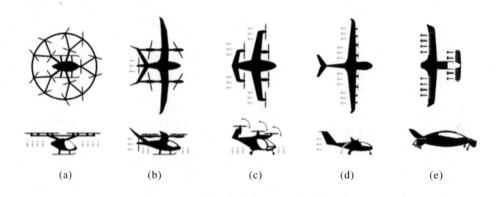

图 10-3　电动垂直起降飞行器气动布局示意图
(a)多旋翼;　(b)固定旋翼;　(c)倾转旋翼;　(d)倾转旋翼(涵道风扇);　(e)倾转电动涵道喷气发动机

有一点需要说明的是:在有些文献中,把倾转旋翼(螺旋桨)和倾转机翼的电动垂直起降飞行器划归为同一个类型,取名为"矢量推力"类。

10.2.2　电动垂直起降飞行器气动布局的特点和悬停性能对比

电动垂直起降飞行器以其低碳环保、噪声低、自动化等级高、运行成本低、高安全性和高可靠性被看作是最具发展前景的航空器产品。

1. 电动垂直起降飞行器气动布局的特点

在进行电动垂直起降飞行器的设计过程中要解决的首要问题是如何进行气动布局,即如何通过先进的气动布局设计方案来获得它所需要的升力、减小阻力、提高飞行速度和操控稳定性等。这就要从理论上和在实践中研究电动垂直起降飞行器在飞行中与空气之间进行相对运动时,空气动力(飞行作用力)产生的机理及其规律,以及参考现有各种类型无人机的气动布局,并在其基础上进行策划、创新和再布局。

一方面,与固定翼无人机和无人直升机相比较,电动垂直起降飞行器除了在起降与巡航飞行状态之间的转换阶段有比较复杂气动特性外,由于电动垂直起降飞行器普遍采用分布式动力(DEP)系统,因此动力系统对它的气流分布和气动力的影响更加复杂。另外,电动垂直起降飞行器作为一种新型的航空器,大多气动布局和总体构型新颖,且各种构型之间的差异较大,因此对以往设计制造有人驾驶固定翼飞机和直升机的经验数据依赖程度比较低。

另一方面,根据电动垂直起降飞行器本身的结构特点,现有的大部分无人机的空气动力学理论可应用到电动垂直起降飞行器上。不过由于大多数无人机尺寸小,也没有在机内安装人员(乘客)座椅和其他保障人员飞行安全的设施,安全风险系数小,一旦发生飞行意外,除了无人机无法回收外,不存在人员安全的风险。而作为载客运输用的电动垂直起降飞行器就不一样了,其飞行安全是重中之重,保证机上人员的飞行安全是最重要、最基本的要求。所以电动垂直起降飞行器不能完全照抄无人机的气动布局方案,而应当重视和解决它自身特有的空气动力学问题,特别是在飞行过程中会遇到一些新问题,因此其气动布局设计首先要在众多的相互矛盾的需求之间进行较好的折中。表 10-1 给出了两种不同类型电动垂直起降飞行器气动布局特点的比较,包含了布局安排、飞行原理、能量效率、结构特点和性能特点等方面的对比。

表 10-1 电动垂直起降飞行器两种类型气动布局特点比较表

项　目	多旋翼电动垂直起降飞行器	复合电动垂直起降飞行器
布局安排	具有多个旋翼(至少 4 个),旋翼数量多,直径小,相互气动干扰大,气动效率低	固定翼无人机加上升力旋翼系统,融合了两种不同类型无人机优点,旋翼系统负责垂直起落,固定翼无人机负责提高飞行速度
飞行原理	升力由多个旋翼共同产生。飞行航向和姿态操纵采用定矩变速调节各个旋翼升力的大小,协同动作、共同完成	垂直起落和空中悬停过程由旋翼产生升力和大部分控制力完成;平飞过程由固定机翼产生的升力和推力旋翼产生的向前推力,与固定机翼气动舵面产生的控制力协同完成
能量效率	因为旋翼数量多,所以只能采用小尺寸桨叶,总体能量效率低	能量效率比固定翼无人机低,比多旋翼无人机和无人直升机高
结构特点	旋翼尺寸小,活动零部件少,机械可靠性高,成本低、价格便宜、占地面积小,使用方便	结构复杂,活动零部件多,成本高,故障率和维护费用高。飞行状态转换过程气动环境复杂,不易控制
性能特点	能效较低,载重小,飞行速度慢,航程短	既能垂直起降、空中悬停,又具有固定翼无人机所具备的飞行速度快、航程远等优点

除了表 10-1 列出的一些特点以外,大多数电动垂直起降飞行器都会遇到小雷诺数空气动力学问题,这是其重要的空气动力特点之一,过去这方面的研究比较少,现在进行电动垂直起降飞行器气动布局设计时,它是一个绕不过去的坎,必须引起足够的重视并认真地解决。

2.电动垂直起降飞行器不同构型的悬停性能对比

电动垂直起降飞行器与无人直升机在结构和飞行原理方面既有一些相同之处,也有许多不同的地方,各有各的特点。

根据现在正在研制的电动垂直起降飞行器试飞测试的结果表明:无人直升机的悬停升力效率最高。因为悬停升力效率与桨盘载荷(旋翼拉力与桨盘面积的比值)相关,桨盘载荷越小,悬停升力效率越高,如图 10-4 所示。电动垂直起降飞行器中固定旋翼和倾转旋翼这两种构型悬停升力效率最高,但比无人直升机低不少;倾转机翼构型的悬停升力效率排第二,倾转涵道风扇的悬停升力效率排第三,倾转电动涵道喷气发动机的悬停升力效率最低,排在最后。

　　虽然无人直升机的悬停升力效率最高,但是它与电动垂直起降飞行器相比较,缺点是速度慢、振动大、噪声高、使用成本高等。这是不是意味着将来无人直升机会被电动垂直起降飞行器所完全取代呢？答案是：不会。因为无人直升机优异的悬停升力效率是其他航空器所无法企及的,使其能够胜任包括电动垂直起降飞行器在内的许多其他类型飞行器无法完成的任务。只不过,无人直升机今后的发展方向需要在降低振动和噪声水平,降低使用和维护成本等方面加以改进。

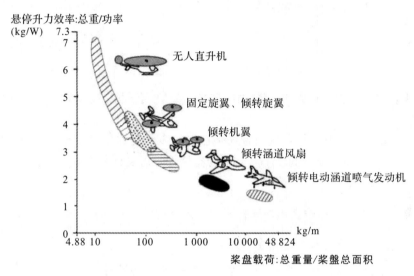

图 10 - 4　电动垂直起降飞行器不同气动布局构型的悬停效率对比图

习　　题

1. 高能量密度电池技术难点有哪些？
2. 简述氢燃料电池方案的可行性。
3. 什么是分布式电推进(DEP)系统？
4. 随着电动垂直起降飞行器概念的提出,目前世界上有哪三种不同类型的航空器？
5. 简述电动垂直起降飞行器乘客座舱的作用。
6. 电动垂直起降飞行器气动布局有几种类型？
7. 简述电动垂直起降飞行器气动布局的特点。
8. 对电动垂直起降飞行器气动布局不同构型的悬停性能进行简单比较。

第11章 多旋翼电动垂直起降飞行器气动布局

11.1 多旋翼电动垂直起降飞行器气动布局分析

多旋翼电动垂直起降飞行器气动布局是指它的多个旋翼相对于机体的位置安排,外形构造和整体气动布局,布局安排的结果与它的动态特性及所受到的空气动力密切相关,即关系到它的飞行特征及性能。

11.1.1 多旋翼电动垂直起降飞行器的总体结构和气动布局

1. 多旋翼电动垂直起降飞行器总体结构

多旋翼电动起降飞行器实质上是在电动多旋翼无人机的基础上,增加安装了适合人员乘坐的座舱、座椅和相关设备所构成的一种全新的载人航空器。多旋翼电动垂直起降飞行器的总体结构由多个旋翼、机体、座舱、起落架装置和动力装置(电动机)五个主要部分组成,如图11-1所示。

图 11-1 多旋翼电动垂直起降飞行器的总体结构图

1)旋翼。机翼的主要功用是产生升力,以支持多旋翼电动垂直起降飞行器在空中飞行,同时也起到稳定和操控作用。

2)机体。机体的主要功用是将多旋翼电动垂直起降飞行器所有部件连接组合成一个整体。

3)座舱。座舱的主要功用是供乘员乘坐、装载货物和各种设备。

4)起落架。起落架是指多旋翼电动垂直起降飞行器在地面停放和起飞着陆时用于支撑其重力,承受相应载荷的装置。

5)电动机。电动机是多旋翼电动垂直起降飞行器的动力装置。

6)电池。电池是为电动机提供能源的储能设备。

多旋翼电动垂直起降飞行器采用旋翼旋转变速或桨叶变总距(无周期变距)的方式改变各个旋翼升力的大小,因而取消了传统无人直升机操纵系统中必不可少的自动倾斜器,从而大大简化了总体结构,提高了机械可靠性,降低了成本。

2.多旋翼电动垂直起降飞行器气动布局

多旋翼电动垂直起降飞行器的气动布局多种多样,主要是受其旋翼数量和位置所决定的,通常有以下几种类型,如图 11-2 及图 6-25 所示。按旋翼轴数分为 3 轴、4 轴、6 轴、8 轴、16 轴18 轴等,其中 4、6 轴较为常见。

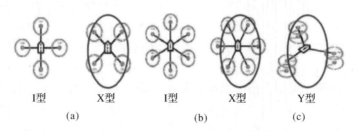

图 11-2　多旋翼电动垂直起降飞行器的气动布局
(a)四旋翼；　(b)六旋翼；　(c)三轴六旋翼

气动布局根据最前与最后两个旋翼轴的连线与机体前进方向是否在同一直线上,可划分为"I"型(或称为"＋"型)和"X"型两种。如果连线与前进方向是在同一直线上,多旋翼电动垂直起降飞行器呈"I"型,否则呈"X"型。由于"X"型结构的实用载荷前方的视野比"I"型的更加开阔,所以在实际应用中,多旋翼电动垂直起降飞行器大多采用"X"型外形结构,即"X"型布局占主流。除了这两种类型以外,还有其他类型的结构外形,包括"V"型、"Y"型和"IY"型等。

多旋翼电动垂直起降飞行器通过多个旋翼共同产生向上的升力,克服自身重力实现在高度方向的移动,并通过改变电机旋转速度实现在水平方向的各向移动。其飞行原理允许它实现悬停和低速飞行。为了在不增大体积的情况下使多旋翼电动垂直起降飞行器的总功率更大,最简单的办法是把两台电动机上下叠放,上下两台电动机分别驱动两个大小相同、转向相反的旋翼转动,使它们产生的反扭矩相互抵消,如图 11-3 所示,其气动布局包括 Y 型共轴双桨三轴六旋翼,"V"型共轴双桨四轴八旋翼等类型。这种气动布局虽然能节省空间,但由于上下叠放的两个旋翼之间存在着较大的空气动力干扰,会导致有用功率下降20%。

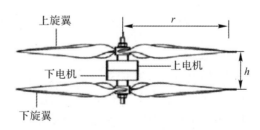

图 11-3　共轴双旋翼示意图

11.1.2　多旋翼电动垂直起降飞行器的飞行操纵原理和方式

1.多旋翼电动垂直起降飞行器的飞行操纵原理

多旋翼电动垂直起降飞行器飞行操纵方式与传统的无人直升机不一样,它没有自动倾斜器。下面以四旋翼电动垂直起降飞行器为例,说明它的飞行操纵原理。为了消除因旋翼旋转引起的反扭矩作用,四个旋翼中,相邻的两个旋翼旋转方向是相反的,如图 11-4 所示,图中三角形箭头表示机头朝向,旋翼 M1、M3 的旋转方向为逆时针,旋翼 M2、M4 的旋转方向为顺时针。四旋翼电动垂直起降飞行器在空中飞行时,旋翼 M2、M4 所产生的逆时针反扭矩和旋翼M1、M3 产生的顺时针反扭矩相抵消,使机体保持稳定,不会发生反向自转。

四旋翼电动垂直起降飞行器是通过协调改变各旋翼升力的大小来实现飞行姿态控制的,需要对旋翼旋转转速或总距进行精准的同步调制,它是一个不稳定系统,也是欠驱动系统。欠驱动系统是指系统的独立控制变量个数小于系统自由度个数的一类非线性系统,在节约能量、降低造价、减轻重量、增强系统灵活度等方面都比完整驱动系统优越。欠驱动系统结构简单,便于进行整体的动力学分析和试验,同时由于系统的高度非线性、多目标控制要求及控制量受限等原因,欠驱动系统又足够复杂。

由于四旋翼电动垂直起降飞行器的旋翼桨叶只能产生向上的升力,不能产生向下的推力,所以它不稳定,很难控制好,一旦飞行器翻过来之后基本没办法控制回来,就会引发坠机。历史的经验证明:四旋翼飞行器的非线性、欠驱动系统结构让人手来控制,难度实在太高,只有用自动控制器来控制飞行姿态才能解决问题。

四旋翼电动垂直起降飞行器在空中飞行时有 6 个自由度,它们分别是沿 3 个坐标轴作平移和旋转动作,其飞行姿态操纵,以及前后左右或是转弯飞行是靠四个螺旋桨的转速控制来实现的,当旋翼总距角保持不变的情况下,旋翼转速越高拉力(升力)越大,如图 11-5 所示,所有旋翼产生向上升力的合力为 H,其中水平分力为 L,垂直分力为 T,合力 H 与水平面之间角度为 α。通过改变各个旋翼转速,即改变其拉力(升力)的大小,就能改变合力 H 的大小及角度 α 的大小,实现飞行姿态和飞行方向的操纵。

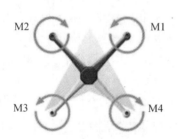

图 11-4　四旋翼电动垂直起降
飞行器结构示意图

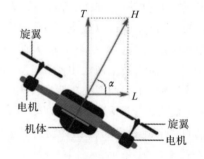

图 11-5　四旋翼电动垂直起降飞行器
旋翼合力示意图

2.多旋翼电动垂直起降飞行器的飞行操纵方式

1)垂直升降。当四旋翼电动垂直起降飞行器需要升高高度时,四个旋翼同时加速旋转,升力加大,它就会上升。当需要降低高度时,四个螺旋桨同时降低转速,它就会下降。当四旋翼产生的升力等于机体的自重时,四旋翼电动垂直起降飞行器便保持悬停状态。

2)原地旋转。当要四旋翼电动垂直起降飞行器需要原地旋转时,可以利用旋翼反扭矩作用力,M2、M4 两个顺时针旋转的电机转速增加,M1、M3 号两个逆时针旋转的电机转速降低,由于反扭矩影响,它就会产生逆时针方向的旋转。

3)水平运动。当四旋翼电动垂直起降飞行器需要向前飞行时,M3、M4 旋翼提高转速,同时 M1、M2 旋翼降低转速,由于机体后部的升力大于前部的升力,其飞行姿态会向前倾斜着向前飞。如果需要向后飞行,反过来即可:M3、M4 旋翼降低转速,M1、M2 旋翼提高转速,机体向后倾斜,从而向后飞行。

4)左右运动。当 M1、M4 旋翼加速,M2、M3 旋翼减速时,机体向左倾斜,从而向左飞行;当 M2、M3 旋翼加速,M1、M4 旋翼减速时,机体向右倾斜,从而向右飞行。

11.2 多旋翼电动垂直起降飞行器气动布局的案例

电动垂直起降飞行器的概念是从多旋翼无人机载客试飞实践开始的,经过十多年的发展,已彰显出蓬勃生机及巨大的市场前景,是自直升机垂直起降时代以来航空业最重大的技术创新,将对世界航空业产生革命性的深远影响。

1.德国初创公司 Volocopter 的设计方案

多旋翼是最早进入人们视野,最早获得大家认可的电动垂直起降飞行器机种。世界上第一架载人试飞成功的电动垂直起降飞行器就是一架德国的多旋翼无人机,共有 18 个开放旋翼。2011 年 10 月 21 日,原型机载人首飞成功后,该原型机研发团队成员随后成立了初创公司 Volocopter,对产品进行改进设计,并投入正式生产,如图 11-6 所示。

图 11-6 德国初创公司 Volocopter 的多旋翼电动垂直起降飞行器

现在,德国 Volocopter 公司宣布已获得欧洲航空安全局(European Union Aviation Safety Agency,EASA)的制造商许可证,有望提供首个商业空中出租车服务。除此外,美国联邦航空管理局(FAA)于 2020 年 12 月 22 日宣布,已接受了该公司的适航审批申请。一旦 FAA 完成这项工作,德国 Volocopter 公司将能够在美国提供飞行出租车服务。

2.中国亿航智能技术有限公司的设计方案

中国亿航智能技术有限公司(简称:亿航智能)成立于 2014 年,总部位于中国广州,是一家集研发、生产、销售、服务为一体的智能飞行器高科技创新企业。

该公司研发的亿航 216 是一款双座版的多旋翼电动垂直起降飞行器,采用全备份动力冗余安全性设计以及 8 轴 16 桨分布式电力推进系统,是一款安全、环保、智能的低空载人自动驾驶飞行器,能够为未来的智慧交通提供低空中短途交通运输解决方案,如图 11-7 所示。相较于传统的有人驾驶飞行器,亿航多旋翼电动垂直起降飞行器秉承了三大设计理念:全备份安全设计、自动驾驶、智能指挥调度中心集群管理。2022 年 2 月,中国民用航空局正式发布了《亿航 EH216-S 型无人驾驶航空器系统专用条件》,为亿航多旋翼电动垂直起降飞行器的合规性和安全性提供依据,具体涵盖飞行性能、结构、设计与构造、动力装置、系统和设备、数据链路以及地面控制站等方面。

图 11-7　中国亿航智能的多旋翼电动垂直起降飞行器实现多机载客首飞

3.欧洲空客公司的设计方案

空中客车公司,简称空客公司,是欧洲一家民航飞机制造公司,由德国、法国、西班牙与英国联合创立,于 1970 年在法国图卢兹成立。2019 年 3 月 11 日,该公司研制的"城市空中客车"(City Airbus)电动垂直起降飞行器验证机,在德国因戈尔施塔特市公开亮相,并在该市进行了可行性测试,完成了首次悬停飞行。

城市空中客车多旋翼电动垂直起降飞行器气动布局为 4 轴 8 桨分布式电力推进系统模式,采用 4 个下半涵道风扇,布局在驾驶舱顶部的两侧。每个下半涵道风扇由一对同轴反向旋转的旋翼组成,其中每个下螺旋桨外面安装了一个涵道;上旋翼为开放旋翼,外面没有安装涵道,其安装位置经过优化设计,以提高巡航飞行性能。

该多旋翼电动垂直起降飞行器外形尺寸:长 8 m,宽 8 m,高 3 m,螺旋桨直径 2.8 m,最大起飞质量 2.2 t,乘客人数 4 人,飞行速度 120 km/h,续航时间 15 min,动力系统为纯电动,优点是节能减排,无污染,噪声低,如图 11-8 所示。缺点是续航时间短,航程受限。

图 11-8　欧洲空客公司的多旋翼电动垂直起降飞行器"城市空中客车"

4.美国骏马集团的设计方案

美国骏马集团(Workhorse)位于美国俄亥俄州,主要业务包括无人机和卡车生产制造。该公司既能从卡车业务中获得自动驾驶技术,又能从无人机业务中获得油电混合动力技术,然后将这两种关键技术同时应用于"确信飞行(SureFly)"多旋翼电动垂直起降飞行器。

2017 年 6 月,"确信飞行"多旋翼电动垂直起降飞行器在法国举行的巴黎航展上正式亮相。2018 年 4 月,在美国俄亥俄州辛辛那提市伦肯机场成功完成首次飞行,并于同年 8 月开展了多次飞行测试(图 11-9)。2018 年 11 月,美国陆军与骏马集团签订合作研究与开发协议(CRADA),旨在探索该轻型飞行器的潜在作战能力。2019 年底,"确信飞行"多旋翼电动垂直起降飞行器获得美国联邦航空管理局颁发的型式认证。

图 11-9　美国骏马集团推出一款多旋翼电动垂直起降飞行器"确信飞行"

5. 美国上升飞机公司的设计方案

美国上升(LIFT)飞机公司 2021 年 6 月 21 日宣布与美国 Qarbon 航宇公司建立合作伙伴关系,共同开发制造该公司取名为"六面体(Hexa)"的多旋翼电动垂直起降飞行器。

该机采用多旋翼电动垂直起降飞行器气动布局,机体上方配备有 18 个开放旋翼。全机空重 190 kg,由纯电动推进系统提供动力。机体下方安装了浮筒起落架,浮力可以支持其在水面漂浮,是一款单座、两栖的多旋翼电动垂直起降飞行器,如图 11-10 所示。由于"六面体(Hexa)"多旋翼电动垂直起降飞行器满足美国联邦航空管理局(FAA)的 103 部超轻机水上型的重量相关规定,因此该机理论上可以按照 103 部超轻机进行飞行,即无须进行适航审定,飞行员无须飞行执照和体检,但不能飞越人群密集地区。该机通过招标程序,成功入选为美国空军"敏捷至上"试飞机型项目。

图 11-10　美国 LIFT 公司的单座多旋翼电动垂直起降飞行器 Hexa

2022 年 6 月,"六面体(Hexa)"多旋翼电动垂直起降飞行器成功通过了在美国俄亥俄州的希利亚德市举行的"紧急救援应用场景"实际飞行测试,测试的内容包括快速响应、低空空域管理、先进空中交通(AAM)系统整合等内容。

6. 中国小鹏汇天公司的设计方案

小鹏汇天公司是中国的一家科技初创企业,公司全名为"广东汇天航空航天科技有限公司",对外简称为"小鹏汇天",于 2020 年 9 月正式成立,总部位于中国广东省广州大学城。2021 年 10 月,小鹏汇天公司完成超五亿美元 A 轮融资,公开资料显示,这是迄今为止亚洲低空载人飞行器领域企业获得的最大单笔融资。

2022 年 10 月 10 日下午,中国小鹏汇天公司的双座电动垂直起降飞行器 X2 在迪拜完成了海外公开首飞,如图 11 - 11 所示。这是继迪拜民航局为 X2 颁发特许飞行许可后,首次在当地进行公开飞行展示。多旋翼电动垂直起降飞行器 X2 整机采用全碳纤维结构,纯电动动力系统,乘客两人,起飞后续航时间约为 35 min,空机重 560 kg,最大起飞质量为 760 kg,最大设计飞行高度为 1 000 m,最大设计飞行速度为 130 km/h。

图 11 - 11　中国小鹏汇天公司的双座式旋翼电动垂直起降飞行器 X2

7. 美国阿拉卡技术公司的设计方案

美国阿拉卡技术(Alaka'i Technologies)公司成立于 2006 年,总部位于美国马萨诸塞州。2019 年 5 月,推出了世界上第一个使用氢燃料电池的多旋翼电动垂直起降飞行器,取名斯楷(Skai)。氢燃料电池是一种零排放、可靠、安全和环境清洁的能源,能量转换效率高;主要缺点是系统比较复杂,成本高,仅限于一些特殊用途方面。

斯楷(Skai)多旋翼电动垂直起降飞行器机体上方安装有 6 个开放旋翼,最大续航时间为 4 h,最大航程 600 km,最多可乘坐五名乘客,如图 11 - 12 所示。机体顶部上方安装了迫降用降落伞装置,以防万一遇到极端情况时能进行整机伞降,确保乘客生命安全。

图 11 - 12　美国阿拉卡技术公司的多旋翼电动垂直起降飞行器 Skai

8. 以色列飞机公司的设计方案

以色列飞机公司(Air)是一家科技初创企业,于 2018 年在以色列成立,总部位于以色列特拉维夫,其第一架电动垂直起降飞行器采用多旋翼气动布局,取名"一号(One)"。2021 年 6 月完成了全尺寸验证机首次悬停试飞。2022 年 5 月该公司在美国进行了巡回展,展品为橙红色动感涂装的双座样机。现在,该机正在进行各项试飞测试工作,如图 11 - 13 所示。

图 11-13　以色列飞机公司的多旋翼电动垂直起降飞行器"一号(One)"

以色列飞机公司的"一号(One)"为双座多旋翼电动垂直起降飞行器,具有一个大展弦比、安装角设计得很大的固定机翼和一个 4 轴 8 桨的旋翼系统;没有平尾,两个垂尾可以保证航向稳定性,垂尾略内倾,与后部机身气流流场匹配设计。全机没有舵面,所有方向的控制均由旋翼系统来实现,机身上表面曲线非常流畅。当它进行巡航飞行时,固定机翼、旋翼都产生升力,同时旋翼还产生推力分量。多旋翼气动布局为前低后高,巡航时旋翼的气流尽量避开了主机翼,降低阻力。飞行器下部截面类似乘波构型,下端面下垂延伸,保证两个前起落架及其支架的刚度需求,机身与 4 个轮式起落架、固定机翼翼面或支架连接处均有减阻减重设计,综合考虑了气动与工业造型需求。

虽然以色列飞机公司的"一号(One)"外表看起来像一架常规气动布局的复合电动垂直起降飞行器,因为它安装了固定机翼,但实际上它不是,而是一架多旋翼气动布局的电动垂直起降飞行器。从外表上看,它机身上面确实安装了倾斜的固定机翼,不过由于它既没有安装可用来提供向前飞行所需推力的推力旋翼,又没有采用倾转旋翼或倾转机翼等技术手段提供前飞所需的推力,它只能如其他多旋翼电动垂直起降飞行器一样向前倾斜着机体往前飞。换言之,它倾斜安装的固定机翼不能承载复合电动垂直起降飞行器的高效飞行模式,只是在前飞过程中由于机体向前倾斜,使得原先处于倾斜状态的固定机翼摆平了,在迎面气流的作用下会提供一些向上的升力,为多旋翼系统和纯电动力系统分担一些负担。从气动布局分类来看,它属于多旋翼电动垂直起降飞行器的范畴。其最大飞行速度为 250 km/h,巡航速度约为 160 km/h,最大有效载荷为 250 km,最大航程约 177 km,续航时间约 1 h。

习　　题

1.多旋翼电动垂直起降飞行器总体结构包含哪几部分?

2.多旋翼电动垂直起降飞行器气动布局有哪些类型?

3.简述多旋翼电动垂直起降飞行器的飞行操纵原理。

4.画出四旋翼电动垂直起降飞行器旋翼合力示意图。

5.简述多旋翼电动垂直起降飞行器的飞行操纵方式。

6.简述德国初创公司的多旋翼电动垂直起降飞行器设计方案。

7.简述中国亿航智能技术有限公司的多旋翼电动垂直起降飞行器设计方案。

8.简述欧洲空客公司的多旋翼电动垂直起降飞行器设计方案。

9.简述中国小鹏汇天公司的多旋翼电动垂直起降飞行器设计方案。

10.简述以色列飞机公司的多旋翼电动垂直起降飞行器设计方案。

第 12 章　复合无人机与复合电动垂直起降飞行器气动布局

12.1　复合无人机气动布局与飞行过程分析

固定翼无人机具备飞行速度快、飞行高度高、飞行时间长、经济性好(省油或省电)等优点；旋翼无人机具备垂直起降、悬停、低空树梢高度飞行等特点。复合无人机气动布局上既有固定机翼，又有旋翼，目的是将这两种无人机的优势结合在一起，以实现节能减排，提高飞行性能，增大应用范围和降低使用成本等。

12.1.1　复合无人机气动布局的定义和类型

1. 复合无人机气动布局的定义

什么是复合？复合就是混合，是把两种或多种不同的东西混合在一起产生出一种新的东西，例如复合材料就是由两种或两种以上性质不同的物质混合而成的一种多相固体材料，它既保持了原组分材料的主要特点，又具备了原组分材料所没有的新性能。在生物学上，复合称之为杂交，例如杂交水稻、杂交玉米等。

常规旋翼无人机，例如无人直升机和多旋翼无人机可在原地垂直起降，可做低空高机动飞行，应用范围广，但由于受前行桨叶波阻和后行桨叶失速的限制，飞不快，巡航速度很难超过300 km/h。相比之下，固定翼无人机既省油又飞得快，但不能垂直起降，起降受跑道限制，使用不方便。如何将这两种气动布局无人机的优点结合起来？于是航空工程师在实际工作中采用复合的办法，将固定翼无人机与旋翼无人机两者混合起来，形成一种新型无人机：复合无人机(Composite UAV)。复合无人机气动布局的定义是指在固定翼无人机气动布局的基础上，加上多个旋翼后而得到的一种全新的气动布局。

要想得到品质优异的复合无人机气动布局，除了需要对空气螺旋桨有比较清晰的了解以外，还需要对其进行复合的基础，即对固定翼无人机的总体结构和气动特性的概况有比较完整深入的了解。

2. 固定翼无人机气动布局的类型

对固定翼无人机的空气动力展开分析可以发现，整个固定翼无人机受到的空气动力就是各部件受到的空气动力之和，其升力主要由机翼提供，所有外部件都会产生阻力。固定翼无人机总体空气动力形态布局与位置安排称作气动布局，即固定翼无人机气动布局是指它的各翼面，如主翼、尾翼等是如何放置安装在机体上而成为一个整体的。气动布局同无人机外形构造与它的动态特性及所受到的空气动力密切相关，关系到无人机的飞行特征及飞行性能。

— 228 —

无人机气动布局的概念与总体结构布局的概念是不一样的。无人机气动布局与它所受到的空气动力密切相关,主要关系到无人机的飞行特征及动态特性,特别是对无人机飞行中平衡、稳定性、操纵性和机动性起关键作用。简单地说,固定翼无人机气动布局就是指其主要产生和承受空气动力的各翼面,如主翼、尾翼等是如何放置的,至于固定翼无人机的动力装置及外挂的任务载荷等放在哪里的问题,则笼统地称为固定翼无人机的总体结构布局。

固定翼无人机的任务需求(用户需求)不同,其总体设计任务和飞行性能要求也就不一样,这必然导致气动布局形态各异,别具特色,如图 12-1 所示。现代固定翼无人机的气动布局有很多种,其中最常见用作复合无人机基础的气动布局有 5 种:传统的常规布局[见图 12-1(a)]、飞翼布局[见图 12-1(b)]、鸭翼布局[见图 12-1(c)],串列翼布局[见图 12-1(d)]和三翼面气动布局[见图 12-1(e)],这些气动布局都有各自的特殊性及优缺点,特色各异,选择气动布局形式是一个综合考虑、仔细分析和折中处理的过程。

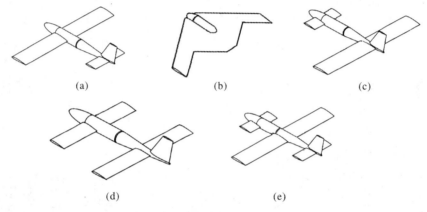

图 12-1 常见固定翼无人机气动布局类型示意图

(a)常规气动布局; (b)飞翼气动布局; (c)鸭翼气动布局; (d)串列翼气动布局; (e)三翼面气动布局

1)常规气动布局。自从 1903 年莱特兄弟发明第一架固定翼飞机以来,飞机设计师们通常将固定翼飞机的水平尾翼和垂直尾翼都放在机翼后面的飞机尾部。这种气动布局一直沿用到现在,是现代固定翼飞机(包括有人驾驶和无人驾驶)在内的最经常采用的气动布局,因此称之为"常规布局",如图 12-2 所示。这种气动布局技术最成熟,理论研究已经非常完善,生产技术也成熟而稳定,同其他类型气动布局相比各项性能比较均衡。只是由于均衡所以也没有特别出色的地方。

图 12-2 常规气动布局的固定翼无人机

2)飞翼气动布局。飞翼气动布局只有机翼,没有水平尾翼和垂直尾翼,就像一片飘在天空中的树叶,如图12-3所示。所以其雷达反射波很弱,而且空气动力效率高、升阻比大、隐身性能好、重量轻、结构简单、成本低,但机动性差、操纵效能低。

飞翼气动布局无人机的副翼由上下两片合成,两片副翼可以分别向上或向下偏转,也可以两片合起来同时向上或向下偏转。当无人机需要转向时,一侧的副翼就张开,增加这一侧机翼的阻力,飞机就得到了偏转的力;如果飞机两侧副翼面张开相等角度,两侧机翼都增加阻力,就起到减速板的作用;如果副翼面上下两片结合起来一齐偏转,机翼一侧的副翼向上,另一侧的副翼向下,则起副翼作用,使飞机倾斜;如果左右两侧的副翼同时向上或向下偏转,则这对副翼就能发挥升降舵的作用。这种多功能舵面主要用来保持或改变飞机的航向,所以称为"阻力方向舵"。

飞翼气动布局无平尾、无垂尾也称为无尾布局,其优点是飞机结构重量显著减少,减小飞机的气动阻力,同常规布局相比,其型阻可减小60%以上,改善了维修性和具有了更低的全寿命周期成本。无垂尾固定翼无人机是航向静不稳定的,通常采用推力矢量技术加以解决。

3)鸭翼气动布局。鸭翼气动布局是将常规布局位于机翼后方的水平尾翼移到主翼之前,也就是说鸭式气动布局是没有水平尾翼的。其好处是可以用较小的翼面来达到同样的操纵效能,而且前翼和机翼可以同时产生升力,而不像水平尾翼那样,平衡俯仰力矩多数情况下会产生负升力。在大迎角状态下,鸭翼只需要减少产生升力即可产生低头力矩,从而有效保证大迎角下抑制过度抬头的可控性,如图12-4所示。

图12-3 飞翼气动布局的固定翼无人机
(美国 X-47B 无人机)

图12-4 鸭翼气动布局的固定翼无人机

在同等条件下鸭式气动布局的无人机比传统常规气动布局的无人机具有更好的机动性。当无人机需做大强度的机动如上仰、小半径盘旋等动作时,鸭式无人机的前翼和主翼上都会产生强大的涡流,两股涡流之间的相互偶合和增强,产生比常规布局更强的升力;鸭式无人机因有前翼而不易失速,有利于保证飞行安全。鸭式气动布局的缺点是:起飞着陆性能不好;鸭翼在大迎角时诱导阻力较大,其失速也早于机翼。

4)串列翼气动布局。串列翼气动布局包含前后两个固定机翼,它与鸭翼主要区别是前面的机翼是固定不动的,而且面积也比较大,不能算作鸭翼。

无人机采用串列翼气动布局时,在合理布置两个固定机翼相对于重心上下位置的情况下,前后机翼的上下反角差,既能有效改善前翼翼尖涡对后翼气动性能的不利诱导效应,又可以改善双翼面布局的整体气动特性,使得无人机的升阻比超过常规单翼面布局,提高无人机空气动力学效率,如图12-5所示。

串列翼气动布局最大的优点是机翼翼展小,刚度好、诱导阻力小,机翼结构也因为升力的均摊和机翼整体结构高度和宽度的增加而更便于设计。缺点是前后两个机翼之间会出现相互干扰,如前机翼的下洗流作用会对后机翼的气动特性产生影响,后机翼同样会对前机翼的气动特性产生影响。前后两个机翼之间的相互干扰作用因两翼之间的水平距离、垂直距离及两翼之间的翼差角度的不同而不同。

5)三翼面气动布局。三翼面气动布局是在传统常规布局的基础上增加一个水平前翼而构成,即前翼+机翼+平尾,如图 12-6 所示。不同于鸭式布局的是,其前翼是不可转动的,只能产生涡流的作用,不能算作鸭翼。三翼面气动布局综合了常规式和鸭式两种气动布局的优点,不仅能够得到更好的气动特性,而且还可进一步提高其飞行性能。在相同的外形尺寸下,三翼面布局无人机的起飞质量大大增加,其起飞质量可增加 50%。除此外,其优势还在于操纵效率高,配平阻力小,迎角特性佳,可以提高飞行可靠安全性,以及大大改善无人机的起降性能。缺点在于增加的前翼会使零升阻力和重量增加;在高速和小迎角时的阻力比常规气动布局大,稳定性变化幅度较大。

图 12-5　串列翼气动布局的固定翼无人机

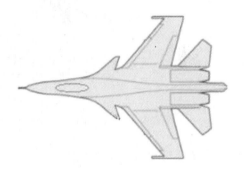

图 12-6　三翼面气动布局的固定翼无人机

12.1.2　复合无人机的总体结构和飞行过程分析

1. 复合无人机的总体结构

复合无人机是在固定翼无人机基础上加上升力旋翼(空气螺旋桨)而构成的复合结构体。它能够以旋翼无人机模式进行垂直起飞或降落,同时又能以固定翼无人机模式进行较高飞行速度的巡航飞行。

固定翼无人机作为复合的基础,有 5 种气动布局形态:传统的常规气动布局,飞翼气动布局,鸭翼气动布局,串列翼气动布局和三翼面气动布局。在这 5 种气动布局形态的基础上增加的升力旋翼(空气螺旋桨)系统又有多种不同的结构搭配型式,其中比较常见的有 5 种:固定旋翼构型,倾转旋翼构型,顷转机翼构型,单旋翼构型和倾转电动涵道喷气发动机构型。采用的升力旋翼(空气螺旋桨)也有多种类型,如开放螺旋桨(旋翼),涵道风扇,开放螺旋桨加涵道风扇,以及倾转电动涵道喷气发动机。采用的涵道风扇同样也有多种结构,包括全涵道、半涵道和自适应涵道风扇等几种形式,其中半涵道还可分为上半涵道和下半涵道两种不同类型。如此之多的气动布局形态排列组合起来所形成结果,再加上无人机动力装置还可分为燃油类、电动类、氢气燃料类和油电混合类等多种类型。如此庞大的组合基本因素组合起来的结果,必然会形成一个庞大的复合无人机家族,其总体结构的各种类型必然会如春天里一个巨大花园里的鲜花一样,百花盛开、争奇斗艳、万紫千红。

现以传统常规固定翼无人机上加上多个固定旋翼所构成的"常规气动布局固定旋翼构型的复合无人机"为例,来说明复合无人机的飞行原理,如图 12-7 所示。本例固定旋翼复合无人机总体结构由机翼、机身、尾翼、起落装置、动力装置,推力螺旋桨和升力螺旋桨七个主要部分组成,其中螺旋桨(旋翼)安装在机体上位置是固定不变的。将其与固定翼无人机三视图相比较,就会发现除了增加了 4 个升力螺旋桨(包括其驱动电机在内)以外,其余主要组成部分是相同的。换言之,所谓复合无人机就是固定翼无人机加上升力螺旋桨系统或倾转电动涵道喷气发动机系统。

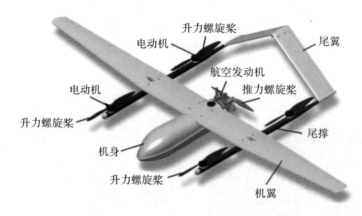

图 12-7　固定旋翼复合无人机总体结构图

升力螺旋桨和推力螺旋桨都是空气螺旋桨(开放螺旋桨或涵道风扇),它们在工作原理、整体结构和气动特性等方面都是相同的。它们之间唯一的区别是其旋转工作时旋转平面与地平面之间的相对角度不同。升力螺旋桨的作用主要是为无人机提供向上的升力,以克服无人机向下的重量(重力),使无人机能够向上飞行或空中悬停,其旋转平面基本上是水平的。推力螺旋桨(安装在无人机尾部)或拉力螺旋桨(安装在无人机前部)的作用主要是为无人机提供向前的推力(或拉力),以克服无人机向前飞行的空气阻力,使无人机能够向前飞行,其旋转平面基本上是垂直的。由此可见,只要通过某种方式或机械装置改变空气螺旋桨的旋转平面与地平面之间的夹角(平行或垂直),就能实现它们之间的角色互换,即让同一个空气螺旋桨既能在无人机垂直起降和悬停飞行时扮演升力螺旋桨的角色,又能在无人机向前飞行时担任推力(或拉力)螺旋桨的角色。基于这样的构思,就有了倾转旋翼(螺旋桨)和倾转机翼两种不同构型的设计方案。

实际上,在人类航空技术发展史上,这两种不同构型的复合设计方案早就有了,并成功应用到了有人驾驶固定翼飞机和直升机上。其中倾转旋翼构型的设计方案如美国 V-22,它是由美国贝尔直升机公司(Bell Helicopter)和波音公司联合设计制造的一款倾转旋翼有人驾驶飞机。它的机翼固定不动,在起降和悬停飞行时安装在机翼两端上的两个旋翼及其发动机同时向上倾转,使旋翼旋转平面与地面平行,变成升力螺旋桨;随着飞机进入平飞状态,安装在机翼两端上的两个旋翼及其发动机又逐步向下倾转,恢复原位,使旋翼旋转平面与地面垂直,变成拉力螺旋桨。V-22 具备直升机的垂直升降能力及固定翼螺旋桨飞机较高速、航程较远及耗油量较低的优点。图 12-8 表示 V-22 从垂直起飞到水平飞行的转换是自动完成的,它执行飞行任务时有超过 70% 时间以固定翼飞机模式飞行,最大速度可达 650 km/h。

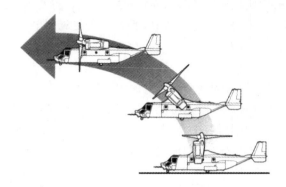

图 12-8　V-22 从垂直起飞到水平飞行的转换示意图

　　与倾转旋翼构型设计方案不同,倾转机翼构型的设计方案是螺旋桨安装在机翼上,当旋翼需要倾转时,是整个机翼带着螺旋桨一起倾转。

　　在 V-22 问世之前,美国就已经研制出了有人驾驶的倾转机翼运输机 XC-142。该型运输机于 1964 年 9 月首飞,采用 4 台 T64-GE-1 型发动机,机组人员为 2 名,最大起飞质量为 20 t。它不仅主翼能够进行旋转,其水平尾翼同样能够进行旋转切换,而且在机尾部位也安装有一具旋翼,以保证机身的整体平衡。图 12-9 表示垂直腾空而起的 XC-142 运输机。

图 12-9　从地面上腾空而起的 XC-142 运输机

　　2. 复合无人机飞行过程分析

　　复合无人机的飞行过程可以分为 6 个阶段:垂直起飞阶段、上升过渡阶段、巡航飞行阶段、下降过渡阶段、缓速下降阶段和地效悬停着陆阶段,如图 12-10 所示。

　　复合无人机各飞行阶段的划分:

　　1)垂直起飞阶段。启动全部升力旋翼的电动机,以提供向上拉力(合力)进行垂直起飞,此时推力螺旋桨不工作,具有多旋翼无人机飞行的主要特性。

　　2)上升过渡阶段。依靠升力旋翼系统产生的升力稳定悬停在特定高度位置上,同时启动推力螺旋桨系统,产生向前的推力。过渡阶段飞行特性较为复杂,刚开始前飞时由升力螺旋桨系统和固定机翼共同提供所需的升力。随着前飞速度的增加,升力螺旋桨系统逐步降低转速,减少升力负担比例,使升力负担逐步转移到固定机翼上。当前飞速度达到了固定机翼可以承担前飞所需的全部升力,即升力与重力平衡时,所有升力旋翼的电动机关机,停止工作。复合无人机进入前飞或巡航飞行状态。

3)巡航飞行阶段。在巡航飞行阶段,复合无人机就像固定翼无人机一样,由固定机翼提供全部分升力,进行水平飞行,具有固定翼无人机的主要特性。

4)下降过渡阶段。下降过渡阶段是将上升过渡阶段的操作程序反过来。复合无人机逐渐降低前飞速度,同时开启升力旋翼系统所有电动机,以提供向上的升力。随着前飞速度的降低,固定机翼的升力下降,升力螺旋桨增加转速,增大升力负担比例,使升力负担逐步转移到所有升力螺旋桨上。

5)缓速下降阶段。该阶段过程与垂直起飞阶段相反,推力螺旋桨关机,由升力螺旋桨提供全部向上的升力,是典型的多旋翼无人机垂直下降方式。

6)地效悬停着陆阶段。地面效应是一种使飞行器诱导阻力减小,获得比巡航飞行更高升阻比的流体力学效应。当复合无人机下降到距离地面很近(1～2 m)悬停时,出现地面效应现象,升力会陡然增加。复合无人机利用地面效应,着地前短暂悬停后再降落到地面,可提高着陆安全性。

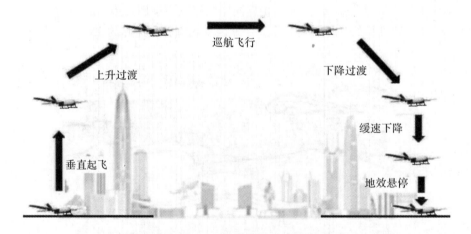

图 12-10　复合无人机飞行过程示意图

从复合无人机飞行分阶段过程可以看出,它与多旋翼无人机的主要区别是:复合无人机在巡航飞行阶段其重量全部由固定机翼承担,并因此而获得了固定翼无人机优异的巡航飞行性能;多旋翼无人机则是整个飞行过程其重量全部或大部分都要由旋翼系统承担,因此它不具备固定翼无人机才有的优异巡航飞行性能。

12.1.3　复合无人机气动布局的特点和不同构型对比

1.复合无人机气动布局的特点

为了设计出一种既具有固定翼无人机优良飞行特性,又能垂直起降的无人机,人们在进行了一系列理论研究分析后,开始通过实践采取混合的方式,融合固定翼无人机和旋翼无人机这两种不同类型无人机的优点,使"混合后代"既具有无人直升机的飞行性能特点,又具有固定翼无人机的飞行性能特点。当旋翼轴处于垂直位置时,它类似于无人直升机,具有垂直起降、空中悬停、原地回转、侧飞、后飞和低空树梢高度飞行等优点,此时它的单位功率起降重量接近典型无人直升机。当它的旋翼轴处于水平位置时,它就相当于固定翼无人机,能做高速远程巡航飞行,具有续航时间长、飞行速度快、飞行效率高等优点。

当然,任何事物都不是完美无缺的,都要一分为二。虽然复合无人机兼具了旋翼无人机和固定翼无人机的众多优点,但是其复杂度大于它们二者之和。安装在固定翼无人机上的升力旋翼系统对复合无人机的性能影响主要有以下几方面:

1)复合无人机载重能力取决于升力旋翼系统所产生的升力大小。

2)升力旋翼系统的可靠性决定了复合无人机起飞和着陆阶段的安全性。

3)在巡航飞行阶段,升力旋翼系统部件会增加飞行阻力。

4)复合无人机与固定翼无人机相比,具有速度低、耗油量较高、航程较短等缺点。

5)复合无人机与旋翼无人机相比,其垂直起降、空中悬停的性能,以及稳定性和安全性往往会略逊一筹,特别是由于受到固定机翼系统结构尺寸的限制,使升力螺旋桨的(旋翼)直径比较小,影响其效率。

6)固定机翼会导致复合无人机迎风面积增加,造成升力螺旋桨(旋翼)操控时会产生较大的阻尼,导致结构重量增加。

7)在巡航飞行阶段,固定升力螺旋桨(旋翼)系统的"死重"会降低复合翼无人机的飞行速度、续航能力和载重能力。

8)复合无人机各主要部件相互之间存在着很强的非性气动干扰,涉及旋翼-机翼、旋翼-机身、旋翼-尾翼、旋翼-动力装置等多个方面,对飞行稳定性和安全性有较大的影响,在设计研制过程中需要采取措施减小这类干扰。

9)倾转旋翼无人机为了实现不同飞行阶段的功能,必须控制旋翼轴的倾转,当它处于过渡飞行阶段时,具有明显的张力矢量控制特性,各个通道之间存在强耦合,使其飞行控制技术成了一个关键难点

综上所述,虽然复合无人机在垂直起降和悬停飞行性能方面不如无人直升机,在巡航飞行速度方面又不如固定翼无人机,但不管怎么说,这两种不同类型无人机的混合优势还是存在的,使无人机获得了很多突破性进展,如可提供比无人直升机更高的飞行效率、更低的噪声水平,更快的巡航飞行速度,更远的飞行距离和更长的滞空时间,又克服了固定翼无人机不能垂直起降和悬停飞行,必须要有机场跑道进行一定距离滑跑才能起降的缺点等。

现在复合无人机的发展速度之快是人们无法想象的,其应用已深入到人们生活和工作的各个领域,特别是为了解决现代大城市地面交通拥堵情况越来越严重的问题,近年来人们越来越重视复合无人机的研制和发展,其中包括复合电动垂直起降飞行器概念的提出和开发实践,从而大大拓展了复合无人机的应用前景,促使复合无人机越来越智能,优势越来越明显,发展速度越来越快,应用范围越来越广。

2. 倾转旋翼与倾转机翼两种构型的比较

倾转旋翼与倾转机翼是复合无人机气动布局采用最多的两种构型。复合无人机不论是采用倾转旋翼构型,还是采用倾转机翼构型都能达到同样的复合目的,那么这两种不同构型的复合无人机在结构性能方面各有什么特点呢?

归结起来,倾转机翼构型相比于倾转旋翼构型具有以下的优势和劣势:

(1)优势

1)进行垂直升降、空中悬停飞行时,旋翼下洗气流不会被处于水平状态的机翼所拦截,相比于倾转旋翼构型,可减少升力损失。

2)倾转机翼复合无人机的过渡阶段飞行过程要比倾转旋翼复合无人机进行的快。

3)倾转机翼只需一套倾转机构即可完成全部旋翼的颁转,而倾转旋翼的每个旋翼都需要一套单独的倾转机构,因此机翼倾转机构复杂程度低。

(2)劣势

1)由于倾转机翼复合无人机机翼面积大,其悬停飞行时对气流的敏感性高。

2)倾转机翼上安装有多个旋翼,倾转时需要承载更大的倾转机构才能完成。

3)倾转机翼构型的悬停升力效率比倾转旋翼构型低,因此其单位功率有效载重小。

4)倾转机翼构型的噪声比倾转旋翼构型的大。

12.2 复合电动垂直起降飞行器气动布局分析和案例

12.2.1 复合电动垂直起降飞行器常规气动布局分析

为了得到一种既能飞得快、飞得高、载重大、节能省电的电动垂直起降飞行器,人们绞尽脑汁,想出了一个又一个的"点子",设计出许多不同的复合方案,即在各种不同气动布局固定翼无人机的基础上,增加多个空气螺旋桨(旋翼),设计出了各种结构不同类型的复合电动垂直起降飞行器。

1.复合电动垂直起降飞行器常规气动布局的定义

复合电动垂直起降飞行器常规气动布局的定义是:在常规气动布局固定翼无人机基础上,增加安装多个由电动机驱动的升力旋翼系统及适合人员乘坐的座舱、座椅和相关设备。

在目前正在研发的600多种电动垂直起降飞行器设计方案中,大多数设计方案(约占60%)采用常规气动布局。主要原因是:在航空器发展史上,固定翼飞机和无人机的常规气动布局是一种久经历史考验的布局,经历过几代人充分研究和大量实践,给现在研究电动垂直起降飞行器常规气动布局打下了坚实基础。有大量研究和讨论关于固定翼飞机和无人机的空气动力、操纵品质、结构设计和负载特性的论文和书籍。因此,在研制常规气动布局的电动垂直起降飞行器过程中,可以借鉴的历史实践经验和理论著作比较多,未知因素比较少,这是设计电动垂直起降飞行器过程中非常难得的一个有利条件,值得好好珍惜和利用。

复合电动垂直起降飞行器采用常规气动布局时,需要考虑升力旋翼系统尾流对固定机翼气动特性的影响及其驱动电机对周围气流的加速作用。常规气动布局的复合电动垂直起降飞行器有4种构型:固定旋翼、倾转旋翼、倾转机翼和单旋翼。其中,固定旋翼构型由于采用了两种相互独立的旋翼系统:升力旋翼系统和推力旋翼系统,向上的升力与向前的推力基本解耦,因此在转换阶段有较好的稳定性和操纵性。倾转旋翼构型包括倾转旋翼和倾转机翼两种构型,需要考虑机翼与旋翼之间、旋翼与旋翼之间互相影响的因素更多,非线性更强,因此配平的难度更大,图12-11是常规气动布局固定旋翼与倾转机翼两种构型空气动力对比示意图。单旋翼构型与直升机相比,既没有解决单点失效相关的安全性问题,也没有解决旋翼带来的噪声问题,因此在行业中颇为受冷,仅 Jaunt Air Mobility 的 Journey 较为知名。

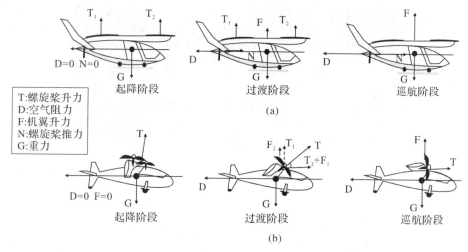

图 12-11　常规气动布局两种不同构型电动垂直起降飞行器对比示意图
(a)常规气动布局固定旋翼构型复合 eVTOL 各飞行阶段空气动力示意图;
(b)常规气动布局倾转机翼构型复合 eVTOL 各飞行阶段空气动力示意图

综合起来看,复合电动垂直起降飞行器采用常规气动布局与其他非常规气动布局的复合电动垂直起降飞行器相比,具有较高的气动效率,良好的稳定性和操纵性,可以提高其安全性和可靠性。缺点是其重心布置的灵活性较低,会限制乘客和货物在复合电动垂直起降飞行器机身内的移动,以及设计布置机载设备(如动力装置和储能装置)的自由度较低。

2.复合电动垂直起降飞行器常规气动布局的案例

(1)美国乔比航空公司的复合电动垂直起降飞行器设计方案

乔比航空公司研发的电动垂直起降飞行器产品取名为 S4,是电动垂直起降飞行器领域中最领先的机型之一,其研发历经 10 年有余,经过多次重大迭代更新,可谓十年磨一剑,真正契合并解决了城市空中出行领域的核心关切问题,将可能成为 UAM 第一个真正商业落地运营的电动垂直起降飞行器。凭借不俗的技术实力和扎实的产品开发策略,乔比航空公司目前已成为全世界第一家估值超过 10 亿美元的电动飞机"独角兽"企业。

2018 年 2 月 1 日,乔比航空公司的电动垂直起降飞行器 S4 进行了第一次试飞测试,飞行了 15 分钟。该机采用常规气动布局倾转旋翼构型方案,不过它的固定机翼有一个与其他大多数后掠翼设计方案不同的显著特点是采用前掠翼设计方案,这种机翼构形被设计用于解决电动垂直起降飞行器的推力中心与重心之间的不重合而产生的小扭矩问题,如图 12-12 所示。

乔比航空公司的电动垂直起降飞行器 S4 有 6 个可倾转的高强度电动螺旋桨,用于提供向上的升力,可以使 S4 像多旋翼无人机一样进行垂直起降和空中悬停飞行。这 6 个可倾转的螺旋桨中有 4 个安装在固定机翼上,其中 2 个位于机翼中部,倾转时发动机舱固定不动,螺旋桨由一个连杆机构带动进行转动,还有 2 个位于机翼两端,倾转时螺旋桨及其整个发动机舱一起转动。另外 2 个可倾转的螺旋桨安装在机身后面的 V 形尾翼顶端,倾转时螺旋桨及其整个发动机舱一起转动。每个螺旋桨桨距都是可变的,直径达 2.9 m,拥有 5 片桨叶,每片桨叶的桨尖形状均向内翻一个角度,构成反面翼尖。研究显示,反面翼尖使 S4 具有更好的悬停性能,在巡航阶段也具有更高的效率,同时能显著降低噪声。每个螺旋桨由两个电机驱动,每个电机的额定功率为 70 kW,采用两个电机驱动的原因是可以为每个螺旋桨工作提供一层冗余。

图 12 - 12 乔比航空公司的复合电动垂直起降飞行器 S4

乔比航空公司电动垂直起降飞行器 S4 机长 6.4 m,翼展 11.6 m,最大起飞重量 2 171 kg,乘员 5 人(4 名乘客和 1 名驾驶员),S4 的动力装置为分布式电力推进(DEP)系统,由锂镍钴锰氧化物电池驱动,动力系统占整机质量的 19%,负载占整机质量 21%,其他所有的部件质量为 25%,电池占整机质量 35%,即电池组的质量达到 760 kg。目前,乔比航空公司电池组的能量密度为 235 Wh/kg,这是该公司取得的一个非同寻常的巨大成就。

乔比航空公司 S4 的机身采用复合材料,有一个可供乘客观赏壮观景色的大窗户。前三点轮式可伸缩起落架,能够在仪表或可视飞行规则下全天候飞行,最大航程为 278 km,巡航速度 242 km/h。起飞和降落时比直升机安静 100 倍,从而使 S4 成为目前已知的唯一满足城市空中交通噪声低于 88 dB 限制标准的电动垂直起降飞行器。乔比航空公司计划在电动垂直起降飞行器 S4 实现大规模生产时,最终实现没有驾驶员的乘坐服务,即全自主飞行。

(2)美国波音客机公司的复合电动垂直起降飞行器产品方案

美国波音客机公司成立于 1916 年 7 月 1 日,总部设在美国华盛顿州的西雅图,是世界上最大的客机制造商之一。"极光"(Aurora)公司是其旗下子公司,成功开发了一种新型号复合电动垂直起降飞行器,取名为"PAV",如图 12 - 13 所示。

图 12 - 13 波音公司的"极光"复合电动垂直起降飞行器(eVTOL)

波音旗下极光公司的"PAV"复合电动垂直起降飞行器采用常规气动布局固定旋翼构型,使用固定安装在机身两边支架上的 8 个升力螺旋桨(旋翼)进行起飞和着陆;使用单台固定安装在机身后部的推进螺旋桨(旋翼)进行向前飞行和巡航飞行。动力装置采用纯电动方式,所有旋翼都由电动机驱动,以减少污染排放和降低噪声,达到清洁安静飞行的目的。机体长度约8.53 m,固定机翼翼展 9.14 m,载客数为 2 人(双座),其先进的机架(airframe)整合了推进系统和机翼系统,可实现高效的悬停及前向飞行。

波音"PAV"原型机旨在实现完全自动自主飞行,涵盖了从起飞到降落的所有操作,其续航里程数约为 80 km,在 2019 年 1 月 23 日在美国弗吉尼亚州完成了它的第一次成功飞行(试飞),试飞过程包含起飞、空中停留、降落,全程不到 1 min,未来将继续进行测试,以完成未来自主飞行运输或载客。

(3)美国维斯克公司的复合电动垂直起降飞行器设计方案

美国维斯克(Wisk)公司的起源可以追溯到"小鹰航空公司(Kittyhawk Aero)",它是一家电动垂直起降飞行器 初创公司,成立于 2010 年。2019 年 12 月 2 日,美国波音客机公司和小鹰航空公司成立了合资企业,专注研制复合电动垂直起降飞行器产品,取名"维斯克公司(Wisk)"。从该公司提出的第一个复合电动垂直起降飞行器产品方案开始,历经 10 年,总共研制了 6 个具有不同气动布局构型的电动垂直起降飞行器设计方案。近期发布的第六代电动垂直起降飞行器产品方案,如图 12-14 所示。

图 12-14　维斯克公司第六代复合电动垂直起降飞行器

维斯克公司的第六代复合电动垂直起降飞行器,采用常规气动布局倾转旋翼构型,在固定机翼前后两边各安装了 6 个升力螺旋桨(旋翼),共计 12 个,其中位于机翼后面的 6 个螺旋桨是固定安装在支架上的,机翼前面的 6 个螺旋桨是可向前倾转的。当电动垂直起降飞行器进行起飞、着陆和悬停飞行时,所有 12 个螺旋桨的旋转平面与地面平行,共同产生向上的拉力,用于克服重力向上飞行或空中悬停。当电动垂直起降飞行器进行前飞时,安装在机翼后面的6 个螺旋桨停止工作;安装在机翼前面的 6 个螺旋桨连同其驱动电动机一起向前倾转至旋转平面与地面垂直,产生向前的拉力,拉动电动垂直起降飞行器向前飞行。每个螺旋桨(旋翼)都由独立的电动机驱动,属于纯电动分布式电力推进(DEP)方式,不仅可以减少污染排放和降低噪声,而且能保证飞行过程中,万一某个螺旋桨发生故障停止工作时,其他多个螺旋桨仍能正常工作,以保证复合电动垂直起降飞行器仍然可以安全着陆。

维斯克公司的第六代电动垂直起降飞行器为全自主飞行复合电动垂直起降飞行器,可搭载 4 名乘客,机上没有驾驶员。机体长度 8.53 m,固定机翼翼展 15.3 m,尾翼为常规型式尾翼,起落架为滑橇式。巡航飞行速度 222 km/h,最大航程 144 km,最大续航时间 29 min,巡航飞行高度 762~1 220 m,最大飞行高度 3 000 m。

为了确保机上人员安全,机上配备了三台独立的飞行控制计算机。飞行中每台计算机都能独立进行其飞行状态和空中位置的计算与控制,如果其中一台计算机出现问题,其余两台计算机仍然可以相互提供冗余备份及提供可靠的导航控制。除此之外,为了确保机上人员的绝对人身安全,机上还配备了机降用的降落伞,以防万一。

(4)美国贝塔技术公司的复合电动垂直起降飞行器设计方案

美国贝塔技术(Beta Technologies)公司是一家航空初创企业,于2017年成立,总部设在美国佛蒙特州南伯灵顿市。专注于开发电动垂直起降飞行器和相关充电系统。其设计制造的复合电动垂直起降飞行器取名为"阿里亚(Alia)",是一架商用复合电动垂直起降飞行器,如图12-15所示。

图12-15 贝塔技术公司的复合电动垂直起降飞行器 Alia

贝塔技术公司的电动垂直起降飞行器阿里亚(Alia)采用常规气动布局固定旋翼构型,纯电动动力装置,翼展12 m,有4个升力螺旋桨,1个推力螺旋桨安装在机身后部。载重680 kg,乘员6人。最大飞行速度270 km/h,最大航程463 km。

2021年5月贝塔技术公司完成3.68亿美元的A轮融资。本轮融资由富达管理研究公司领投,亚马逊旗下Climate Pledge Fund跟投。同时,该公司正在推进其电动垂直起降飞行器的联邦航空管理局(FAA)认证。

(5)JDC科技有限公司的复合电动垂直起降飞行器设计方案

JDC科技有限公司(JDC Technology Inc)是一家航空初创企业,于2020年8月成立,总部设在美国加利福尼亚州洛杉矶市,专注于开发电动垂直起降飞行器和相关的油电混合动力系统。

2022年初,JDC科技公司在加利福尼亚州硅谷召开产品发布会,发布其下研发的复合电动垂直起降飞行器设计方案,正式推出一款具有环保、低能耗、低噪声、低成本、低运营等优势的复合电动垂直起降飞行器设计方案,目标是改变人们的出行方式,最终成为一种经济高效、省时、方便的空中交通运输工具和医疗救护飞行器,如图12-16所示。

(a)　　　　　　　　　(b)

图12-16 JDC复合电动垂直起降飞行器 A 型和 B 型

(a)JDC电动垂直起降飞行器 A 型:空中的士; (b)JDC电动垂直起降飞行器 B 型:空中医疗救护机

JDC 复合电动垂直起降飞行器采用常规气动布局固定旋翼构型,机身两侧分别安装有 4 台涵道风扇作为升力螺旋桨(旋翼),共计 8 台,负责提供电动垂直起降飞行器空中悬停或上升下降时所需的升力。涵道风扇采用共轴双旋翼结构形式,上下两个旋翼分别由各自独立的电动机驱动。滴水流线型机身后部安装有一个水平放置的推力螺旋桨,由航空燃油发动机驱动,起推进器作用,负责提供飞行器向前飞行所需的推力。尾翼为倒 V 式布局,优点是只用一个尾翼就兼有垂尾和平尾两种功能,能同时起纵向(俯仰)和航向稳定作用。常规气动布局采取固定旋翼构型与倾转旋翼(或倾转机翼)构型相比较,有许多优点。

JDC 复合电动垂直起降飞行器总体设计参数:机身长度 8 m,机身高度 1.8 m,机身宽度 1.8 m,机身外形设计为流线型水滴形状,双垂尾高 1 m,最大航程为 500 km,巡航速度 200 km/h;实用升限 3 000 m,载重 600 kg(可搭载 5 名乘客)。

JDC 复合电动垂直起降飞行器总体结构有 A 型和 B 型两种型号:A 型是针对城市空中交通运输和旅游观光市场需求而设计的;B 型主要应用于医疗救护,利用空中飞行和垂直起降的优势,可解决因城市地面交通拥堵耽误危重伤病人抢救时间的难题。A 型和 B 型两种型号总体结构的主要区别是:A 型供旅客上下的舱门位于机身的左侧,舱门打开时向上翻起图 12－16(a),方便乘客上下飞机;B 型作为医疗救护飞机,为了能让上面躺着伤病员的担架顺利进出机舱,舱门位于机身的前面,即将整个机头作为舱门,可向右方转动打开,以腾出足够空间供担架进出机舱图 12－16(b)。

(6)美国贝尔直升机公司的复合电动垂直起降飞行器设计方案

美国贝尔直升机公司成立于 1935 年 7 月 10 日,总部位于美国得克萨斯州沃思堡市,是一家美国直升机制造商,在高速垂直起降飞行器技术方面具有悠久的传统,例如 X－14、X－22、XV－3 和 XV－15 等。该公司为 NASA、美国陆军和空军开发了各种不同的产品,其中包括贝尔和波音公司一起负责设计的 V－22 鱼鹰倾转旋翼直升机。

在 2018 年的国际消费类电子产品展览会(the Consumer Electronics Show,CES)上,贝尔直升机公司公布了其电动垂直起降飞行器计划。2019 年 1 月,贝尔直升机公司在 CES 上展示了其复合电动垂直起降飞行器设计方案的同尺寸样机,取名为 Nexus 6HX。该机采用常规气动布局倾转旋翼构型方案,固定机翼两端各安装一台倾转涵道风扇,加上机身两侧前后安装的 4 台倾转涵道风扇,总共有 6 台倾转涵道风扇,负责提供电动垂直起降飞行器空中悬停或上升下降时所需的升力及前飞时所需的拉力。涵道风扇由各自独立的电动机驱动,由一个油电混合动力系统为这 6 个倾转涵道风扇供电。据该公司称,与类似的开放螺旋桨设计方案相比,涵道风扇能提供更好的动力性能和更安静的噪声水平。该机可以容纳 4 个乘客和 1 个飞行员,起飞全重是 2 954 kg。

贝尔直升机公司在 2021 年 1 月 7 日开幕的 CES 展会上,亮相了一款新的 电动垂直起降飞行器的全尺寸模型,取名为 Nexus 4EX。依然采用常规气动布局倾转旋翼构型,有四个涵道风扇,动力装置采用纯电动系统,如图 12－17 所示。该机起飞全重是 3 175 kg,可搭载四到五名乘客,巡航速度 240 km/h,最大航程 95 km。

对比贝尔直升机公司的两个电动垂直起降飞行器型号设计方案,4EX 比 6HX 减少涵道风扇数量的主要原因是为了提高巡航效率,涵道风扇越少,阻力越小。两个电动垂直起降飞行器型号的风扇尺寸相似,直径都是大约 2.5 m,但各自针对应用场景会有所优化。此外,纯电动的 4EX 的固定机翼翼展比混合动力的 6HX 固定机翼翼展更长一些,目的为了提高巡航效率。对比测试数据表明:采用目前的桨叶,4EX 四个涵道风扇在 400 ft 外的噪声水平比同级别的直升机低了 7 dB,尚未达到该公司降噪 15 dB 的要求,因此将为此进行更深一步的优化设计。

图 12-17　贝尔直升机公司的两款复合电动垂直起降飞行器产品

(a)贝尔直升机公司垂直起降飞行器 Nexus 6HX;　(b)贝尔直升机公司垂直起降飞行器 Nexus 4EX

(7)美国德事隆公司的复合电动垂直起降飞行器设计方案

美国德事隆公司(Textron. lnc.)在 1923 年成立之初是一家小型的新英格兰企业,如今已经发展成为营业额达 134 亿美元的航空工业公司,总部位于美国罗得岛州,在 25 个国家拥有 35 000 名雇员。纵观历史,德事隆公司一直是技术创新和多元产业的领先者。2021 年 3 月,德事隆公司成立了电动航空部门,开始着手研制复合电动垂直起降飞行器设计方案。

德事隆公司的复合电动垂直起降飞行器设计方案采用常规气动布局倾转旋翼构型,总体结构为双尾撑结构,采用上单翼、倒 V 尾,共有 6 个开放螺旋桨,其中 4 个可倾转螺旋桨采用可变距的 4 叶桨,有两个安装在翼尖小翼上,随同翼尖小翼一起倾转;两个安装在两个尾撑杆前端,随同电动机一起倾转;另外还有两个安装在尾撑杆上,为固定升力螺旋桨,不能倾转,只用于垂直起降和悬停飞行。为降低复杂度和减小巡航阻力,两个固定升力螺旋桨采用的是 2 叶桨,后方的两叶桨尺寸比前方的桨叶尺寸略大。为了降低螺旋桨的噪声,需要降低其转速,旋翼的直径都非常大,约为 3.8 m,需要做减振设计。起飞时,所有螺旋桨位置都高于一个人头顶,以保证地面人员的安全,如图 12-18 所示。乘员舱相对于机翼的位置比较靠前,后部的 2 个固定升力螺旋桨工作的时候,几乎不会受到机身的气流阻滞影响,但这个也导致全机的重心控制相对麻烦一点。机翼平面形状几乎就是平直的结构,没有鸥翼设计,属于成本最低、传力简洁的形式。该机起飞质量为 3 632 kg,乘员数量为 4 人(1 飞行员+3 乘客),巡航飞行速度 222 km/h,最大航程 185 km。

图 12-18　德事隆公司的复合电动垂直起降飞行器设计方案

(a)德事隆公司 eVTOL 巡航飞行状态;　(b)德事隆公司 eVTOL 垂直起降飞行状态

(8)韩国现代汽车公司的复合电动垂直起降飞行器设计方案

韩国现代汽车公司成立于 1967 年,公司总部位于韩国首尔,是世界上著名汽车制造公司之一。2021 年 11 月,现代汽车公司宣布成立一个城市空中交通(UAM)部门,取名为 Supernal,其使命是为所有人提供负担得起的先进空中交通设施。

在 2022 年的国际消费类电子产品展览会(CES)上,现代汽车公司公布了其首个电动垂直起降飞行器产品设计方案:S－A1,公布了融合了 UAM 的空地一体化城市智慧交通规划设想,如图 12－19 所示,并宣布与优步公司结为合作伙伴,成为优步公司城市空中交通项目的第 8 家厂商伙伴,也是第一家汽车领域厂商伙伴。

现代汽车公司电动垂直起降飞行器产品设计方案 S－A1 采用常规气动布局倾转旋翼构型方案,分布式电动推进技术,共有 12 个开放螺旋桨提供升力,其中 4 个是可倾转,作为巡航飞行动力,另外 8 个螺旋桨分为 4 组固定式开放旋翼,每组都是上下共轴式双旋翼,仅提供起降升力。该设计方案从一开始就会考虑自主飞控,但初期将需要一名飞行员。动力系统采用纯电动,乘员 5 座,设计巡航速度最高可达 290 km/h,飞行高度为 300～600 m,最大航程 100 km。为保障飞行安全,该机将安装整机降落伞。

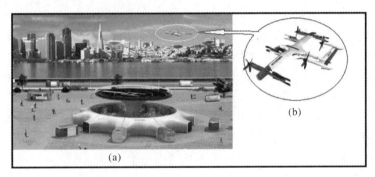

图 12－19　现代汽车公司的电动垂直起降飞行器及空地一体化城市交通整体解决方案
(a)建筑在城市道路旁边的 eVTOL 停机坪;　(b)飞行在城市上空 S－A1 eVTOL

为了解决城市地面交通拥堵的难题,现代汽车公司除了提出电动垂直起降飞行器产品设计方案外,还提出了空地一体化城市交通整体解决方案,通过消除城市边界,创建一个多元化的社区来振兴城市。利用三维空间和新型电动垂直起降飞行器机动性,普及空中交通,将人们从网格化的地面交通网中解放出来,大大减少交通出行所需的时间;推行环保的城市出行方式,可个性化满足各种生活方式;将人与人联系起来并创建新的创新社区的枢纽,通过消除城市边界,给人们时间以实现其目标并创建一个多元化的社区来振兴城市。

(9)美国捷特航空旅游公司的复合电动垂直起降飞行器设计方案

美国捷特航空旅游公司(Jaunt Air Mobility Journey)致力于开发融合创新技术和管理策略的先进航空器,以提供最高水平的运营效率,安全性和社区认可度。该公司通过设计和开发用于城市空中交通的解决方案,成为电动垂直起降飞行器的先驱者之一。

捷特航空旅游公司是优步公司提升的六家电动垂直起降飞行器网络合作伙伴之一。为满足优步公司对电动垂直起降飞行器的噪声和性能要求而设计的捷特航空旅游电动垂直起降飞行器,最初是由美国卡特航空公司(Carter Aviation)设计的,取名为"通用(Jaire)"电动垂直起降飞行器,后来被捷特航空旅游公司收购。利用卡特航空公司的减速转子复合技术,捷特航空旅游公司的"通用(Jaire)"复合电动垂直起降飞行器在水平飞行时,也能由类似于无人直升机直径很大的旋翼系统提供足够的升力,并在提高效率和安全性的同时大大降低噪声水平。在优步公司的合作伙伴中,通用(Jaire)电动垂直起降飞行器是独一无二的,因为它只有一个能够提供足够升力的开放螺旋桨(旋翼),如图 12-20 所示。

图 12-20　捷特航空旅游公司的复合电动垂直起降飞行器 Jaire

捷特航空旅游公司的复合电动垂直起降飞行器产品的技术细节:采用常规气动布局单旋翼构型,升力螺旋桨为一个直径很大的开放螺旋桨(旋翼),安装在机身顶部的支撑塔上,用来提供该机垂直起降和空中悬停所需的升力。在机身两侧的固定机翼上,各安装了两个拉力螺旋桨,总共有 4 个拉力螺旋桨用来拉动复合电动垂直起降飞行器在空中向前飞行。当前飞速度达到一定的速度时,固定机翼会产生足以抵消全机重量的升力,顶部的升力螺旋桨(旋翼)就会完全卸载,以实现低阻力、高效率的飞行。由于机身两侧的机翼上各有两个拉力螺旋桨,调节它们之间拉力的大小形成拉力差,即可平衡升力螺旋桨(旋翼)的反扭矩,因此它不需要安装尾桨。动力装置为油电混合动力系统,乘客 5 人,最大飞行速度 184 km/h。

(10)中国吉利科技集团有限公司的复合电动垂直起降飞行器设计方案

中国吉利控股集团有限公司是一家民营轿车生产经营企业,于 2003 年 03 月 24 日成立,总部位于中国浙江省杭州市。2017 年吉利控股集团收购了美国太力(Terrafugia)飞行汽车公司后,开发了一款电动飞行汽车,名为 TF-1。飞行汽车设计具有较大难度,因为要同时满足地面行驶和空中飞行这两个存在很大内在矛盾的使用要求。

2018 年,吉利控股集团有限公司更名为吉利科技集团有限公司,开始研制电动垂直起降飞行器,取名为 TF-2A。2020 年 6 月 22 日,吉利科技集团旗下子公司太力飞车首次公布了TF-2A 原型机外形,如图 12-21 所示,并表示 TF-2A 全尺寸原型机即将问世。

吉利科技集团有限公司的复合电动垂直起降飞行器 TF-2A 采用常规气动布局固定旋翼构型方案,气动外形为上单海鸥机翼和 H 型尾翼的组合,机翼两侧的撑杆分布有 8 个升力螺旋桨,机身后端安装了 1 个推力螺旋桨,无须地面跑道即可垂直起降。动力装置为纯电动系统,起落装置为三点轮式起落架,在紧急迫降时,该型飞行器能有更多的迫降点选择。TF-2A 最大起飞质量 1.2 t,最大商载 200 kg,可搭载 2 名乘客,最大航程 100 km,巡航速度 180 km/h,实用升限 3 000 m。

(11)美国底特律飞机公司的复合电动垂直起降飞行器设计方案

美国底特律飞机公司(Detroit Aircraft Corp,DAC)成立于 2011 年,主要业务是设计制造用于军事和商业用途的小型飞机。自 2013 年以来,该公司已建造了 70 多架小型飞机。2015年,底特律飞机公司成立了子公司航空技术探索公司(AirSpaceX),专注于可用于货运和客运大型电动旋翼飞行器的研制。2018 年 1 月,在底特律举办的北美国际汽车展(NAIAS)上,展示了其电动垂直起降飞行器模型 Mobi–One,如图 12–22 所示。该机采用常规气动布局倾转机翼构型,用于搭载乘客和货物,具有全自主飞行能力。其宗旨是:以负担得起的价格为大众旅行提供清洁,安静和便利的按需空中交通服务;目标是到 2026 年在美国 50 个最大城市部署 2 500 架电动垂直起降飞行器 Mobi–One,以解决这些大城市地面交通严重拥堵的问题。

图 12–21　吉利科技集团有限公司的复合电动垂直起降飞行器 TF–2A

图 12–22　底特律飞机公司的复合电动垂直起降飞行器设计方案 Mobi–One

　　Mobi–One 由 AirSpaceX 母公司底特律飞机公司设计和制造,针对点到点通勤市场,作为依靠"精益汽车设计和质量产技术"是可承受的生产。该机使用了 6 个安装在机翼上的电动机及安装其上的 6 个开放螺旋桨(旋翼),两个螺旋桨分别位于 12 m 翼展机翼的两端。每一个机翼还有两个螺旋桨靠近内侧垂直堆叠在机翼下方和上方。可运载 4 名乘客或超过 200 kg 的有效载荷,最高速度将达 402 km/h,续航里程为 104 km。除了自主飞行航空电子设备之外,它还具有高速互联网接入、避免碰撞和安全信息的宽带连接。

　　12)瑞士杜福尔公司的复合电动垂直起降飞行器产品

　　瑞士杜福尔航空航天技术(Dufour Aerospace)公司于 2017 年成立,总部设在瑞士苏黎世,拥有 30 多年商业直升机运营经验。该公司研制的复合电动垂直起降飞行器采用常规气动布局倾转机翼构型,取名为"航空 2(Aero2)",其研制目的最初打算作为技术示范机使用。后来,随着 Aero2 在飞行测试过程中的优越表现日渐明显,促使该公司决定正式生产和销售这款创新复合电动垂直起降飞行器,如图 12–23 所示。

(a)

(b)

图 12 - 23　瑞士杜福尔航空航天技术公司的复合电动垂直起降飞行器图片
(a)瑞士杜福尔航空航天技术公司的复合 Aero2 侧面图片；
(b)瑞士杜福尔航空航天技术公司的复合 Aero2 起飞图片

　　瑞士杜福尔航空航天技术公司的复合电动垂直起降飞行器 Aero2 倾转机翼上安装有 4 个螺旋桨,当它进行垂直起飞或降落时,机翼平面垂直于地面,4 个螺旋桨产生向上的升力,支撑全机重量;当它进入过渡飞行阶段时,4 个螺旋桨随机翼逐渐向水平方向倾转而产生向前飞行所需的拉力分量,拉动复合电动垂直起降飞行器向前飞行;随着前飞速度的逐渐增加,机翼产生的升力越来越大,直至大到可以支撑全机重量时,4 个螺旋桨产生的拉力全部用来克服前飞时的空气阻力。全机总体结构设计十分优秀,即使在非常缓慢地向前飞行时,也能保持有出色的稳定性和控制力,能够抵抗较大的阵风吹袭。

　　瑞士杜福尔航空航天技术公司 Aero2 倾转机翼复合电动垂直起降飞行器整体尺寸比较小,使其能够在狭窄的空间里起飞和降落,需要使用的地面空间范围几乎与传统的垂直起降无人机一样小。它的最大起飞质量为 150 kg,最大负载 40 kg(乘员 1 人),巡航速度为 170 km/h,使用油电混合动力系统时最长飞行时间为 3 h,使用纯电动系统时最长飞行时间为 1 h。

　　(13)美国弓箭手电动飞机公司的复合电动垂直起降飞行器设计方案

　　美国弓箭手电动飞机公司(Archer)是一家 2020 年初成立的初创公司,总部位于美国圣何塞,短短一年多时间迅速崛起,组建了由航空业资深人员牵头的技术团队。该公司不仅是快速招募了大量优秀人员,而且能够将他们组织起来,在很短时间内完成原型机设计开发和制造,说明这家公司有很强的执行力,一跃成为电动垂直起降飞行器龙头企业,并通过 SPAC 借壳方式,于 2020 年 9 月 17 日在纽交所挂牌上市,股票代码 ACHR,成为继中国亿航公司、美国乔比航空公司、德国百合花公司之后第四家上市的电动垂直起降飞行器企业。

　　弓箭手电动飞机公司的双座电动垂直起降飞行器原型机,取名"创客(Maker)",采用常规气动布局倾转旋翼构型,使用安装在机翼两边支架上的 12 个升力螺旋桨(旋翼)进行起飞和着陆;在 12 个螺旋桨(旋翼)中,安装在机翼后边支架上的 6 个是不能倾转的固定旋翼;安装在机翼前边支架上 6 个是可倾转旋翼,前飞时 6 个可倾转旋翼向前倾转,为前飞和巡航飞行提供拉力,如图 12 - 24 所示。

图 12 - 24　美国弓箭手电动飞机公司的双座电动垂直起降飞行器原型机

该机采用 12 个升力螺旋桨的保守设计可以增加冗余度,降低了单个升力螺旋桨失效时对功率损失的影响(每个螺旋桨损失 16% 的功率,相比乔比航空公司方案每个螺旋桨损失 33% 的功率)。此外,弓箭手电动飞机公司设计方案的螺旋桨尺寸较小,因此对倾转机构的压力也相应小一些。不足之处是,由于倾转螺旋桨数量较多,系统复杂性也随之增加。

在双座电动垂直起降飞行器原型机的基础上,该公司正在设计的是将申请 FAA 适航审定的五座型号,其气动布局和构型与"创客(Maker)"相同,也是常规气动布局倾转旋翼构型,纯电动,五座(4 名乘员＋1 名飞行员),航程 100 km,最大巡航速度 240 km/h,在机翼两侧每边安装 6 个、总共 12 个可倾转翼提供垂直起降所需的动力,设计 600 m 外的噪声为 45 分贝(大大低于城市背景噪声)。美国联邦航空管理局(FAA)已批准该公司正在研制的五座电动垂直起降飞行器 飞行器的 G－1 适航审定基础性文件,这是该机进行 FAA 23 部适航审定的第一个重要文件。在监督开发的过程中,监管机构也可对 Archer 的设计能力充满信心。

12. 2. 2　复合电动垂直起降飞行器飞翼气动布局分析

1. 复合电动垂直起降飞行器飞翼气动布局的定义

复合电动垂直起降飞行器飞翼气动布局的定义是:在飞翼气动布局固定翼无人机基础上,增加安装多个由电动机驱动的升力旋翼系统及适合人员乘坐的座舱、座椅和相关设备。飞翼气动布局没有传统常规气动布局无人机的桶状机身,而是采用翼身融合(Blended Wing Body,BWB)的设计方案,从而难以分辨出机身与机翼的分界面,整个机体如同一个巨大的机翼。所有的机载设备完全浸没在巨大的机翼内,因此其外形可依气动性能最优的条件进行设计,整个机体都设计成为一个升力面;同时去除了平尾、垂尾等外形突起部件,从而有效降低了浸润面积,有助于减少阻力,提高升阻比。与传统常规气动布局相比较,飞翼气动布局在气动效率和隐身性能上有着无可比拟的优势,能满足超长航时、超高空、低可探测性等苛刻的性能要求。其缺点主要是操控难度大,飞行器偏转或纵向摆动时难以及时纠正。

复合电动垂直起降飞行器采用飞翼气动布局时,首先要解决其复杂的设计匹配问题:既要考虑复合电动垂直起降飞行器在飞行中如何实现足够纵向稳定性的机翼配置问题,又要仔细安排好复合电动垂直起降飞行器围绕纵轴从垂直起降飞行状态向水平飞行的基本要求。为了充分发挥飞翼气动布局的优势,需要对其翼型进行高效设计,包括机体的内翼区、中间区和翼尖区的翼型优化设计。

1)采用飞翼气动布局时,机体各区域的翼型设计要求不尽相同。其中机体内翼区的翼型需要抬头力矩以帮助机体达到纵向力矩配平,以及良好的隐身特性;机体中间区翼型要求具有良好的巡航升阻特性、阻力发散特性和一定的抬头力矩,以配合实现纵向力矩配平;机体翼尖区则面临气动减阻和隐身特性的设计要求。

2)由于抬头力矩约束和隐身设计要求,构成飞翼气动布局机体的翼型均呈现明显的前缘正加载和后缘反加载的外形特征。对翼型这两种加载特征进行合理配置,可以在保持纵向力矩配平的同时,实现飞翼气动布局的空气动力和隐身特性的共赢。

飞翼气动布局的翼型设计是综合了气动、隐身、控制等复杂多学科设计的问题,特别是飞翼结构对机体重心位置的要求比其他类型气动布局更严格,而且这些设计要求很难同时完全得到满足,给优化设计带来巨大的困难,造成了常用的经典常规翼型设计方法在飞翼气动布局上应用效果不理想,因而采用飞翼气动布局的设计方案也比较少。

2.复合电动垂直起降飞行器飞翼气动布局的案例

意大利阿古斯塔·韦斯特兰公司(Agusta Westland)是世界著名的直升机研制生产厂商,总部位于意大利,目前为世界第二大直升机制造商,是世界直升机工业中最具实力的公司之一。阿古斯塔·韦斯特兰公司开发研制的复合电动垂直起降飞行器取名"零点项目(Project Zero)",采用飞翼气动布局倾转旋翼(涵道风扇)构型方案。该机作为一个电动垂直起降和高速巡航飞行的技术验证机项目,2011年6月,首次进行了系留飞行试验;2013年6月,在巴黎航展上正式展出了该验证机。

阿古斯塔·韦斯特兰公司开发研制的复合电动垂直起降飞行器"零点项目(Project Zero)"翼身融合(BWB)总体结构如图12-25所示,机翼中央为了安置涵道风扇面导致的特殊机翼外形,进行了详细的气动设计,使得平飞时气动性能依然优良。涵道风扇的后方依然设置了升降副翼,以提高控制能力;机体后部有一个很小的V形尾翼,以及在机翼翼尖部分增加了一对翼尖小翼,以保证飞行器平飞时的稳定可控。

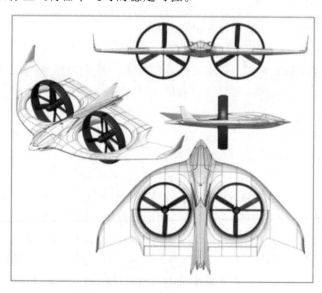

图12-25 阿古斯塔·韦斯特兰公司的复合电动垂直起降飞行器三视图

在前飞和巡航飞行时,由机翼提供了大部分升力,融合在机翼中的机身及涵道周围的护罩也发挥了提供部分升力的作用。机翼副翼在前飞和巡航飞行中提供俯仰和滚转控制,而翼尖小翼和短 V 形尾翼提供横向/方向稳定。

该复合电动垂直起降飞行器的机翼分为内机翼和外机翼两部分,其中外机翼是可拆卸下来的。当需要承担短程飞行任务时,可将外机翼拆卸下来,内机翼固定不动,整个飞行器就变成了一架双旋翼横列式倾转旋翼构型的直升机,以提高悬停升力效率。类似倾转旋翼直升机的情况,如美国 V-22,在起降和悬停飞行时安装在机翼内的两个涵道风扇向上倾转,旋转平面与地面平行,产生向上的升力;随着飞行器进入平飞状态,安装在机翼内的两个涵道风扇又逐步向下倾转,最后旋转平面与地面垂直,产生向前的拉力(见图 12-26)。前飞和巡航飞行过程中所需的升力,主要由内机翼及融合在机翼中的机身提供。

图 12-26　阿古斯塔·韦斯特兰公司的复合电动垂直起降飞行器巡航飞行时英姿

12.2.3　复合电动垂直起降飞行器鸭翼气动布局分析

复合电动垂直起降飞行器鸭翼气动布局的定义是:在鸭翼气动布局固定翼无人机基础上,增加安装多个由电动机驱动的升力旋翼系统及适合人员乘坐的座舱、座椅和相关设备。美国莱特兄弟创造的世界上第一架飞机"飞行者号"采用的就是鸭翼气动布局,控制纵向爬升和下降的小翼在前,而提供升力的主翼在后,和常规气动布局相比正好相反。位于机身前面那个小翅膀,称为鸭翼,主要作用是提升飞行机动性能。

鸭翼是一种位于机身前面可以活动的小翼,用来控制飞机的飞行姿态及提高飞机的机动性能。有人把安装在机头位置、不可活动的一段机翼也归类于"鸭翼",这种分类方法不太合适,只能算是一种"假鸭翼",因为它起不到真正鸭翼的作用,而是如边条翼一样,只能拉出涡流,不能控制飞行姿态,飞行姿态的控制还得靠主翼后部的襟翼活动。通常把这种"假鸭翼",即机身前后各有一个固定机翼的气动布局称之为串列翼,其主要功能是提升飞行器的飞行稳定性,并且可以产生更大的升力。

(1)鸭翼气动布局的优点

1)鸭气动布局因有前翼而不易失速,有利于保证飞行安全。

2)在同等条件下鸭翼气动布局的飞机比常规气动布局的飞机具有更好的机动性。鸭式气动布局的前翼和主翼上都会产生强大的涡流,两股涡流之间的相互偶合和增强,产生比常规制动布局更强的升力。

3)鸭翼差动配以方向舵操纵可实现直接侧力控制,鸭翼加机翼后缘襟翼操纵可实现直接升力控制和阻力调节。

4)鸭翼气动布局的低空驾驭性较好,有利于突风缓和系统的应用。

(2)鸭翼气动布局的缺点

1)一旦鸭翼受损,缺少鸭翼提供的升力,机动性变差,容易引起失速坠毁。

2)鸭翼纵向稳定性差,在大迎角时诱导阻力较大,其失速也早于常规机翼。

3)鸭翼气动布局的空气动力设计很复杂,对飞控软件设计、电传操控和航电等都有极高的要求。

12.2.4 复合电动垂直起降飞行器串列翼气动布局分析

1.复合电动垂直起降飞行器串列翼气动布局的定义

复合电动垂直起降飞行器串列翼气动布局的定义是:在串列翼气动布局固定翼无人机基础上,增加安装多个由电动机驱动的升力旋翼系统及适合人员乘坐的座舱、座椅和相关设备。串列翼气动布局有两个机翼,一前一后地串列在一起。在上下方向两个机翼也错开一点,通常是前机翼下置,后机翼上置,这样前翼的下洗气流不至于对后翼造成不利影响。但如果设计得当的话,也可以有意识地利用前机翼的下洗气流为后机翼上表面的气流加速,以增强后机翼的升力,这样的话,前机翼就要上置,而后机翼要下置。串列翼气动布局与上下平行安装的双机翼相比,串列翼的两个机翼大小、形状都比较自由,前后间距也比较自由,既可以拉开间距,以减小前后两个机翼之间的不利气动干扰,也可以拉近间距,有意识地利用前翼尾流来使后翼产生增升效应。

串列翼气动布局与鸭翼气动布局相比,两者最大的差别不仅是串列翼的机翼平面面积比鸭翼的平面面积大,而且两者的用途完全不一样,串列翼的前翼主要用来产生升力,鸭翼主要用于产生配平和俯仰控制力矩。因此,把串列翼的前翼视为"大鸭翼"的看法不太合适。

飞行器的重心位置在很大程度上决定着它的飞行状态,包括飞行平衡、稳定性和操纵性,在飞行过程中的必须小心控制其重心和升力中心之间的相对位置。串列翼气动布局前飞时串列翼气动布局的两个机翼,一前一后所产生的升力,就像抬轿子一样,而重心居于两者之间,很容易在产生升力的同时维持飞机的平衡,避免了配平阻力,如图 12 - 27 所示。

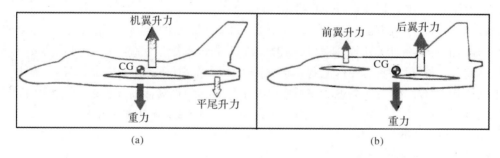

图 12 - 27   串列翼气动布局与常规气动布局重力平衡对比示意图
(a)常规气动布局重力平衡示意图;   (b)串列翼气动布局重力平衡示意图

相比之下,常规气动布局的单翼机对于全机重心位置的控制要求要严格得多。对于复合电动垂直起降飞行器设计方案,采用串列翼气动布局在机身设计和升力旋翼系统布置方面提供了最大的自由度,其重心位置可以根据设计师的喜好进行配置,以控制前、后两个机翼之间的升力分布,并定义稳定性特征,以及使用多个电动机推进装置,以实现分布式电推进(DEP)

飞行冗余、主动控制和降低噪声。

综观航空器整个发展历程,串列翼气动布局与常规气动布局相比,采用串列翼气动布局的航空器要比采用常规气动布局的航空器少得多,研究和制造的大多数飞行器都还是实验型飞行器,然而,串列翼气动布局在稳定性和操控性等方面所显示出来具有竞争力的空气动力学性,表明它是一种相对尚未得到充分研究,具有广阔发展前景的气动布局。

2.复合电动垂直起降飞行器串列翼气动布局的案例

(1)德国百合花电动飞机公司的复合电动垂直起降飞行器设计方案

德国百合花(Lilium)电动飞机公司由慕尼黑工业大学的 Daniel Wiegand 同学及他的三位同学小伙伴于 2015 年创立,总部设在德国慕尼黑。该公司的复合电动垂直起降飞行器机型设计最早是 Daniel Wiegand 同学在 2013 年 11 月提出概念设计,于 2017 年正式立项进行研制生产。2019 年 10 月,该公司完成了其五座原型机的第一阶段测试,并开始了七座型的研制。预计到 2025 年,该公司将"按期"在全球多个地点开展客运业务。

德国百合花电动飞机公司的复合电动垂直起降飞行器采用串列翼气动布局倾转电动涵道喷气发动机构型方案,与目前其他已知的电动垂直起降飞行器有很大区别,如图 12 - 28 所示。它有一对平行的串联固定机翼,位于机身前面的前机翼,每边有两个襟翼,共计 4 个襟翼;位于机身后面的后机翼,每边有 4 个襟翼,共计 8 个襟翼。在每个襟翼中都安装 3 个可倾转的电动涵道喷气发动机,合计起来,在前后两个固定机翼上总共安装了 36 个电动涵道喷气发动机,由 320 千瓦可充电电池供电。固定机翼上的每个襟翼都可以相互独立地倾转,垂直起飞时电动涵道喷气发动机喷口向下,产生向上的反推力(升力);水平飞行时电动涵道喷气发动机喷口向上倾转至喷口向后,产生向前的推力。前飞时,由电动涵道喷气发动机尾流引起的机翼上表面空气流动,可以确保气流在该机进行飞行姿态转换过程中始终附着在机翼表面,不仅可以减少低速飞行时的能量需求,而且可以提高飞行控制力。该机没有垂直尾翼,通过差动推力提供航向稳定性和控制。由于没有其他电动垂直起降飞行器必备的空气螺旋桨(主要噪声源),它飞行时发出的噪声要比其他类型的电动垂直起降飞行器小得多。

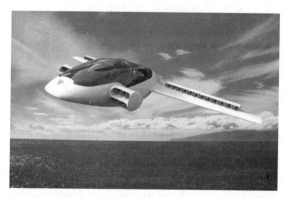

图 12 - 28　德国百合花(Lilium)电动飞机公司的复合电动垂直起降飞行器

德国百合花电动飞机公司复合电动垂直起降飞行器的五座原型机采用轮式起落架,最大起飞质量 1.5 t,可乘坐 5 人,巡航速度 300 km/h,最大航程 300 km,最大续航时间 1 h。采用分布式电力推进 (DEP) 系统,通过动力冗余为乘客提供安全。它没有尾翼、没有方向舵、没有变速箱等机械部件,全机运动部件只有 36 台倾转电动涵道喷气发动机,因此其安全冗余高,因为 36 台喷气发动机中万一有一台发生了故障,其他众多台发动机依然可以保证安全着陆。

(2)欧洲空客公司 A3 创新中心的复合电动垂直起降飞行器设计方案

欧洲空客公司的 A3 创新中心位于美国硅谷,其开发研制的复合电动垂直起降飞行器取名"伐诃纳(Vahana)",采用串列翼气动布局倾转机翼构型方案,前后两个机翼上分别安装了 4 个倾转旋翼,共计 8 个,如图 12-29 所示。

2018 年 1 月 31 日,该机全尺寸原型机在美国俄勒冈州彭德尔顿无人机试验场成功完成了首次悬停飞行测试,升空飞行 5 m 后安全着陆。整个首飞过程采用全自动驾驶模式,未搭载乘客,共持续了 53 s,次日进行了第二次试飞。项目团队接下来将会进行进一步的飞行测试,包括飞行状态转换和前飞等。

该项目的目标是验证电推进技术与自动化感知和避障技术,为空客更大的城市空中机动研究和发展项目打基础,其三个月的测试计划最终将以完成一个完整的飞行任务结束,即该机先垂直起飞,然后过渡到前飞状态,再自动探测和避开一个空中目标,然后过渡回到垂直降落飞行状态,在自动探测和避开地面的一个障碍物后选择安全的着陆地点。

图 12-29   空客公司 A3 创新中心的复合电动垂直起降飞行器产品 Vahana

欧洲空客公司 A3 创新中心的复合电动垂直起降飞行器产品"伐诃纳(Vahana)",采用串列翼气动布局方案,通过反复多次的自主飞行实验,结果表明:倾转旋翼在前后串列的两个机翼上安装布置的自由度高,具有宽阔的重心位置布置区域,有助于解决机载乘员和设备位置与飞行稳定性之间的冲突。

(3)大众汽车集团(中国)的复合电动垂直起降飞行器设计方案

大众汽车集团成立于 1938 年,总部位于德国沃尔夫斯堡,是欧洲最大的汽车公司,也是世界汽车行业中最具实力的跨国公司之一。大众汽车在中国拥有两家轿车合资企业,1984 年上海大众汽车开始它辉煌的历史篇章,1990 年又在长春签署了一汽大众成立合资企业的协议,目前在中国全国范围内已拥有 14 家企业,主要生产轿车及其零部件。

2022 年 7 月 27 日,大众汽车集团(中国)对外发布了首款电动垂直起降飞行器原型机,并将其命名为"飞虎(V.MO)"。这一概念原型机是基于现有的自动驾驶解决方案和零排放电动技术,旨在探索下一代三维交通旅客出行解决方案,包括城市空中交通市场与城市交通向空域的拓展。该机型采用串列翼气动布局固定旋翼构型方案,前后两个固定机翼长 11.2 m,跨度 10.6 m,呈现串联 X 翼结构,具有 8 个垂直升力旋翼和 2 个用于水平飞行的推力涵道风扇。动力系统为纯电动,具有自动化驾驶全自主飞行能力,可以搭载 4 名乘客和行李,最大飞行距离为 200 km,如图 12-30 所示。

图 12-30　大众汽车集团(中国)的复合电动垂直起降飞行器解决方案

虽然大众集团刚刚公布了这一概念,该公司也透露了其雄心勃勃的计划,以提高产量,并建立其他几个原型。将在今年晚些时候进行几次飞行测试,以优化这一概念。预计一架改进的原型机将在 2023 年夏末进行进一步的飞行测试。

(4)中国上海峰飞航空科技公司的复合电动垂直起降飞行器设计方案

上海峰飞航空科技有限公司于 2019 年 09 月 26 日成立,总部位于中国上海市,是中国国内最早投入大型电动垂直起降飞行器自动驾驶飞行器赛道的科技企业之一。

2021 年 10 月,上海峰飞航空科技有限公司自主研发的自动驾驶电动垂直起降飞行器载人飞行器 V1500M,成功完成首飞测试。该机采用串列翼气动布局固定旋翼构型方案,由安装在机体支架上的 8 个电动升力螺旋桨提供向上的升力,像多旋翼无人机一样垂直起飞,在飞至一定高度后进行过渡阶段转换飞行,然后由 2 套位于机体支架后部的尾推螺旋桨提供向前飞行的推力,可如固定翼飞机一样进行快速巡航飞行,如图 12-31 所示。

图 12-31　上海峰飞航空科技公司的复合电动垂直起降飞行器 V1500M

上海峰飞航空科技公司 V1500M 复合电动垂直起降飞行器的动力装置采用纯电系统,整机机身使用高强度碳纤维复合材料一体成型技术,重量轻强度高刚性好,维护也更为简便。机身长度 10.3 m,机翼翼展 12.8 m,机身高度 3.1 m,最大起飞质量 1 500 kg,最大载客数量 3~4 人,巡航速度 200 km/h,载客飞行最大航程 250 km。V1500M 作为自动驾驶飞行器,搭载多冗余飞控系统,无需飞行驾驶员,还可选装整机降落伞,以确保飞行安全。根据各国现有的适航法规政策,运营初期需要 1 名安全员,而随着技术的进步和法规政策的完善,将来安全员的座位可以让给乘客或额外的行李。据悉,V1500M 目标定于 2024 年取得适航认证,正式上市开展商用试点。

(5)加拿大地平线飞机公司的复合电动垂直起降飞行器设计方案

加拿大地平线飞机(Horizon Aircraft)公司是由两位航空工程师出身的父子俩创立的,总部位于加拿大安大略省多伦多市。该公司提出的复合电动垂直起降飞行器产品采用串列翼气动布局固定旋翼构型方案,命名为"钙石 X5(Cavorite X5)",是一个非常独特的电动垂直起降飞行器设计方案,如图 12-32 所示。

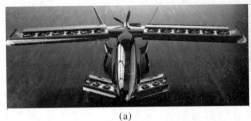

(a)　　　　　　　　　　　　　　(b)

图 12-32　加拿大地平线飞机公司的电动垂直起降飞行器设计方案

(a)垂直起降时机翼上下表面滑动打开；　(b)前飞和巡航飞行时机翼上下表面闭合

加拿大地平线飞机公司的复合电动垂直起降飞行器"钙石 X5"配有 1 个推进螺旋桨,位于机身尾部;前后串列的两个机翼上共嵌入 16 个涵道风扇,其中后机翼上每边各嵌入 6 个,前机翼上每边各嵌入 2 个。在每个机翼上都安装有可移动的整体活动盖板,可以覆盖所有的涵道风扇,以确保机翼翼型形状的完整。当该复合电动垂直起降飞行器进行垂直起降或悬停飞行时,覆盖在涵道风扇上面的活动盖板分为前后两个整体,分别向前和向后滑动,离开涵道风扇所处的空间位置,使涵道风扇能够完全暴露出来,进行正常旋转工作,产生向上的升力,支撑电动垂直起降飞行器垂直起降或空中悬停。当该复合电动垂直起降飞行器进行前飞和巡航飞行时,涵道风扇全部停止旋转,机翼前后两边的两个整体活动盖板分别向机翼中心线滑动,最后合拢完全覆盖了涵道风扇所处的空间位置,并形成正确完整的固定机翼外形和翼型剖面形状,以确保机翼能够在推进螺旋桨推动下向前飞行时产生足够的升力。

该机翼展 15.3 m,机身长 11.6 m,机身高 2.8 m。采用油电混合动力推进系统,涵道风扇由电动机驱动,燃油航空发动机驱动推力螺旋桨工作,以及在飞行中为电池阵列充电,同时还提供额外的系统冗余。可搭载一名飞行员和 4 名乘客,最大飞行速度为 445 km/h,最大航程为 500 km。

12.2.5　复合电动垂直起降飞行器三翼面气动布局分析

1.复合电动垂直起降飞行器三翼面气动布局的定义

复合电动垂直起降飞行器三翼面气动布局的定义是:在三翼面气动布局固定翼无人机基础上,增加安装多个由电动机驱动的升力旋翼系统及适合人员乘坐的座舱、座椅和相关设备。三翼面气动布局是在常规气动布局基础上加装了一副前置翼,即前翼+机翼+平尾。它融合了常规气动布局和鸭翼气动布局两者的诸多优点。不同于鸭翼气动布局的是,其主翼前方的一对前置翼是不可动的,只能产生涡流的作用,不能算作鸭翼。这种设计的优势在于操纵效率高,配平阻力小,迎角特性佳。缺点在于其在高速和小迎角时的阻力比正常布局大,稳定性变化幅度较大。

三翼面气动布局在失速特性、气动效率、起降性能、操纵稳定性、可靠性、安全性以及经济性等方面都比常规气动布局优越,这种布局能够改善飞行器巡航性能和结构设计。

三翼面气动布局与常规气动布局相比较,有以下优点和缺点:

(1)优点

1)三翼面气动布局总升力特性比常规气动布局好,能提供更大的升力。由于增加了一对前翼,可保证大迎角有足够的低头恢复力矩,从而能改善大迎角特性,提高最大升力,并且尾翼与机翼之间垂直间隔的变化对升力不产生影响。

2)三翼面气动布局能更有效地实现直接力控制。增加一个前置翼操纵自由度,与机翼的前、后缘襟翼及水平尾翼结合在一起可进行立轴和横轴方向的直接力控制,从而达到对飞行轨迹的精确控制。

3)在巡航飞行状态下,三翼面气动布局的阻力大于常规气动布局的阻力。巡航阻力随着前置翼迎角的增加,尾翼迎角的减小,前置翼与机翼间距离的增加,以及尾翼与机翼间垂直间隔的减小而增大的。

4)三翼面气动布局能够增大飞行器静不稳定度,充分发挥主动控制技术的潜力。

5)在高升力情况下,三翼面气动布局比常规气动布局具有更好的阻力特性,而且尾翼与机翼间垂直间隔的变化对高升力阻力没有影响。

6)三翼面气动布局具有更强的抗失速抗尾旋能力。当飞机遇到强扰动气流(如阵风)时,特别是遇到风切变时,3 个翼面均能产生滚转阻尼,使气流扰动迅速衰减。在低空的湍流中飞行时,前置翼起纵向振荡和抖振阻尼器作用,可提高飞行安全性和稳定性。

7)三翼面气动布局可减轻机翼上的载荷,使载荷分配更合理。

8)在相同的外形尺寸下,由于三翼面气动布局飞行器的前翼提供了有效的辅助平衡力矩,可使机身长度缩短,升力增大,机翼总面积减少,起飞质量可增加 50%。

(2)缺点

1)控制复杂,配平难度大。在小迎角下,前置翼产生的涡流起增加机翼升力的作用,但是当迎角增大到一定程度后,前置翼产生的涡流会发生破裂,导致非线性气动力陡升,引起稳定性和操纵性变差。

2)由于增加了前置翼,导致全机重量增加。

2.复合电动垂直起降飞行器三翼面气动布局的案例

中国西北工业大学航空学院的复合电动垂直起降飞行器设计方案。西北工业大学航空学院智能飞行器综合设计团队研发的复合电动垂直起降飞行器取名"鸿鹄",于 2022 年 11 月在西安试飞成功。该机采用三翼面气动布局倾转旋翼构型,如图 12-33 所示,是西北工业大学航空学院智能飞行器综合设计团队,在十余年电动航空技术积累之上推出的旗舰机型。

2022 年 1 月,西北工业大学航空学院智能飞行器综合设计团队以无人机飞行控制系统设计及仿真技术的相关成果作价投资,组建成立了陕西化羽先翔智能科技有限公司。该公司是中国西北地区首家致力于电动垂直起降飞行器 整机研发的初创型科技公司,瞄准未来民用无人物流快递、应急救援等蓝海市场,以垂直起降型支线物流无人机及其系统设备设计、服务与销售为主业,以多系列、高负载、长航时机型为主要产品研发方向。不到一年时间,该公司就完成了 3 款不同比例缩比验证机的试飞。该机试飞成功后,该团队科技成果转化企业(陕西化羽先翔智能科技有限公司)与幸福航空有限责任公司、西安上游星控股集团分别签订了采购100 架和 20 架"鸿鹄"电动垂直起降飞行器的意向订单。该团队相关负责人表示:意向订单签订后，团队将很快会研制"鸿鹄"电动垂直起降飞行器全尺寸样机，同步开展适航审定工作，加速推进应用市场的探索与开拓，争取早日让"鸿鹄"电动垂直起降飞行器服务于各行各业。

图 12-33　西北工业大学航空学院的复合电动垂直起降飞行器产品"鸿鹄"

习　题

1. 什么是复合？什么是复合无人机？
2. 复合无人机的总体结构包括哪几部分？
3. 复合无人机飞行过程可以分为几个阶段？简述每个阶段的内容。
4. 安装在固定翼无人机上的升力旋翼系统对复合无人机性能有哪些影响？
5. 复合无人机气动布局的倾转旋翼与倾转机翼两种构型有何特点？
6. 简述复合电动垂直起降飞行器常规气动布局的定义。
7. 简述美国乔比航空公司的复合电动垂直起降飞行器设计方案。
8. 简述美国维斯克公司的复合电动垂直起降飞行器设计方案。
9. 简述 JDC 科技有限公司的复合电动垂直起降飞行器设计方案。
10. 简述瑞士杜福尔公司的复合电动垂直起降飞行器设计方案。
11. 简述美国弓箭手电动飞机公司的复合电动垂直起降飞行器设计方案。
12. 简述复合电动垂直起降飞行器飞翼气动布局的定义。
13. 简述意大利阿古斯塔·韦斯特兰公司的复合电动垂直起降飞行器设计方案。
14. 简述复合电动垂直起降飞行器鸭翼气动布局的定义。
15. 简述复合电动垂直起降飞行器串列翼气动布局的定义。
16. 简述德国百合花电动飞机公司的复合电动垂直起降飞行器设计方案。
17. 简述中国上海峰飞航空科技公司的复合电动垂直起降飞行器设计方案。
18. 简述加拿大地平线飞机公司的复合电动垂直起降飞行器设计方案。
19. 简述复合电动垂直起降飞行器三翼面气动布局的定义。
20. 简述中国西北工业大学航空学院的复合电动垂直起降飞行器设计方案。

参 考 文 献

[1] 王适存.直升机空气动力学[Z].南京:南京航空学院,1985.

[2] 高正,陈仁良.直升机飞行动力学[M].北京:科学出版社,2015.

[3] 张呈林,郭才根.直升机总体设计[M].北京:国防工业出版社,2006.

[4] 刘沛清.空气螺旋桨理论及其应用[M].北京:北京航空航天大学出版社,2006.

[5] 曹义华.现代直升机旋翼空气动力学[M].北京:北京航空航天大学出版社,2015.

[6] 贺天鹏,张俊,曾国奇.旋翼无人机系统设计[M].北京:国防工业出版社,2016.

[7] 符长青,曹兵.多旋翼无人机技术基础[M].北京:清华大学出版社,2016.

[8] 曹义华.直升机飞行力学[M].北京:北京航空航天大学出版社,2005.

[9] 朱宝鎏.固定翼无人机空气动力学[M].北京:航空工业出版社,2006.

[10] 季斌南.别样风景:无人机起飞与回收[J].兵器知识,2000(6):12-15.

[11] 许晓平,周洲.先进无人机翼型气动设计方法研究[J].北京:飞行力学,2009(4):24-27.

[12] 陆志良,等.空气动力学[M].北京:北京航空航天大学出版社,2009.

[13] 王宝国,刘淑艳,刘艳明,等.空气动力学基础[M].北京:国防工业出版社,2009.

[14] 杨华保.飞机原理与构造[M].2版.西安:西北工业大学出版社,2011.

[15] 王大海,杨俊,余江.飞行原理[M].成都:西南交通大学出版社,2006.

[16] 邢琳琳,高培新.飞行原理[M].北京:北京航空航天大学出版社,2016.

[17] 丘宏俊.简明飞机飞行原理[M].西安:西北工业大学出版社,2014.

[18] 李祥,黄钰,张焰.军事侦察无人机空气动力学[J].中国科技纵横,2016,4(23):79-80.

[19] 聂资,陈铭.电动直升机飞行性能计算和分析[J].北京航空航天大学学报,2012(9):1139-1143,1153.

[20] 许震宇,周华,杨志刚.电动力轻型飞机的研制[J].航空科学技术,2007(6):26-30.

[21] 广州亿航智能技术有限公司.未来交通:城市空中交通系统白皮书[R].广州:广州亿航智能技术有限公司,2020.

[22] 梁向东.电动飞行器及其关键技术的研究探析[J].航空科学技术,2020,31(6):1-6.

[23] MOORE M D. NASA Puffin electric tailsitter VTOL concept[R]. AIAA 2010-9345,2010.

[24] LAWRENCE D A, MOHSENI K. Efficiency analysis for long-duration electric MAVs[R]. AIAA 2005-7090,2005.

[25] STEPANIAK M J, van GRAAS F, de HAAG M U. Design of an electric propulsion system for a quadrotor unmanned aerial vehicle [J]. Journal of Aircraft, 2009, 46(3):874-882.

［26］ HIDEKI K. Development trends and prospects for eVTOL：a new mode of air mobility［R］. Mitsui & Co. Global Strategic Studies Institute Monthly Report，2018.

［27］ VERTICAL Flight Society. The future of vertical flight：how do we get there? ［Z］. Vertical Flight Society，2020.

［28］ ALESSANDRO B，ENRICO C. Electric VTOL configurations comparison［J］. Aerospace，2019,6(3):26.